普通高等教育"十一五"国家级规划教材

普通高等院校大学数学系列教材

微积分（下）
修订版

萧树铁　扈志明　编著

清华大学出版社
北京

内容简介

全书分上、下两册。下册包括二元函数、二元函数的偏导数和全微分、重积分、向量值函数的积分、无穷级数、常微分方程6章内容。书中每节都配有适量的习题，每章配有部分具有一定难度的复习题，书末对大部分题目都给出了答案或提示。

本书结构严谨，例题与插图丰富，叙述直观清晰、通俗易懂，可供普通高等院校非数学专业的学生使用。

本书封面贴有清华大学出版社防伪标签，无标签者不得销售。
版权所有，侵权必究。举报：010-62782989，beiqinquan@tup.tsinghua.edu.cn。

图书在版编目(CIP)数据

微积分.下/萧树铁，扈志明编著.—修订版.—北京：清华大学出版社，2008.4
(2025.1重印)
(普通高等院校大学数学系列教材)
ISBN 978-7-302-17210-9

Ⅰ.微… Ⅱ.①萧… ②扈… Ⅲ.微积分－高等学校－教材 Ⅳ.O172

中国版本图书馆 CIP 数据核字(2008)第 034812 号

责任编辑：佟丽霞　王海燕
责任校对：赵丽敏
责任印制：杨　艳

出版发行：清华大学出版社
　　　网　　址：https://www.tup.com.cn，https://www.wqxuetang.com
　　　地　　址：北京清华大学学研大厦A座　邮　编：100084
　　　社 总 机：010-83470000　　　邮　购：010-62786544
　　　投稿与读者服务：010-62776969，c-service@tup.tsinghua.edu.cn
　　　质量反馈：010-62772015，zhiliang@tup.tsinghua.edu.cn

印 装 者：涿州市般润文化传播有限公司
经　　销：全国新华书店
开　　本：170mm×230mm　　印张：14.75　　字数：262千字
版　　次：2008年4月第1版　　　　　　　印次：2025年1月第12次印刷
定　　价：45.00元

产品编号：029322-06

普通高等院校大学数学系列教材
编委会名单

主 任 萧树铁

编 委 王萼芳 龚光鲁 扈志明
计东海 张静

序

  大学数学系列课程"微积分"、"线性代数"和"概率论与数理统计"是大学理工、管理等各专业的重要基础课程.随着我国经济的高速发展,高等教育的日益普及,需要培养出大批应用型工程技术人员.同重点大学相比,以培养应用型人才为主的普通高校在教学目标、教学内容、教学方式等方面都有很大的不同.而这类普通高校学生规模更大,但师资力量和教学条件却相对较弱.因此,编写高质量的面向此类高校的教材,对于促进教学改革,提高我国高等教育的教学质量,更具迫切性和非常重要的现实意义.

  为此,我们组织清华大学、北京大学、哈尔滨理工大学、北京联合大学等高校的老师,编写了这套面向普通高校的"普通高等院校大学数学系列教材",包括《微积分》、《线性代数》、《概率论与数理统计》及与每门课程主教材配套的教师用书(习题详细解答)、电子教案和学习指导.本套教材的作者均长期从事大学数学的教学工作,学术水平高,教学经验丰富,并编写出版过相关的教材,对大学数学系列课程的教学内容和课程体系改革有深入的研究.同时,来自于普通高校教师的参与使本套教材更有针对性,更符合当前这类高校培养目标的要求和基础数学教学的实际情况.

  本套教材编写的主要原则是:强调各门课程整体的理念、基本方法和适当的应用.由于这三门课都属于基础课程,所以对其内容的改革应当慎重.这套教材内容涵盖了教育部发布的"工科类本科数学基础课程教学基本要求".在取材方面,不是简单地对内容进行增删,而是在努力深入的基础上尽量做到"浅出".

  本套教材的全部讲授时间大约为 250 学时,其中微积分

140学时,线性代数50学时、概率论与数理统计60学时. 教师还可以根据本校的实际情况对课时作一定的增减,重要的是每门课都应配置适当学时(例如,总学时的1/3左右)的习题课.

清华大学出版社对本套教材的编写和出版给予了各方面的支持,佟丽霞编辑为本书做了大量的组织和文字工作.

尽管作者都有良好的愿望和多年的教学经验,但由于这一工作的难度较大,时间又比较仓促,各方面的问题肯定不少. 欢迎广大师生和各方人士提出宝贵意见,以便进一步修改.

萧树铁

2006年4月

前言

本书自 2006 年出版以来已连续印刷了 4 次. 同时收到不少的意见和建议.

最近在北京、南京、广州等地召开的有关普通高等院校微积分教学的研讨会上, 也围绕这本教材进行了讨论. 在此基础上, 我们对第一版进行了修订.

在本书第一版的"前言"中, 我们提到了有关本书内容安排的原则. 在教学中如何具体地体现这些原则, 当然有赖于使用本教材的广大师生的创造. 乘本书修订之机, 这里再多说几句.

微积分这门课程, 是一般大专院校绝大多数学生的必修课. 对其中一部分学生来说, 也许是他们大学阶段惟一的一门数学课. 而在当今时代, 数学修养已经是衡量一个人潜在能力的重要标志. 因此我们的重点应该是在这门课的教学中, 力求使学者通过清晰的直觉和必要的推理, 比较全面地、形象地理解这门课的基本内容, 而不只是孤立地、表面地、形式地背诵一些结论.

本书的对象是普通高等院校的学生. 在现行的教育体制下, 他们的入学分数一般是中等, 入学后数学课的学时偏少. 因而需要把数学教学的内容作适当的精简. 但在精简中必须注意不能削弱对学生"清晰的直觉和必要的推理"这方面的训练; 也不能把理应启发、引导学生思维的教材变成只剩下一堆彼此不相干的定理、公式和"题型"的堆砌.

为了落实这种理念, 在本版中, 我们进一步强调了基本内容之间的联系, 即弄清新知识和原有知识之间的逻辑关系以及新知识彼此间的联系. 前者如初等数学和微积分之间的异同 (不同之处在于有理数中的有限运算和实数中的无穷运算,而其中很多运算规则又是相同的),一元微积分和二元微积分之间的异同;后者如可导与可微,导数与积分(都是利用无穷小化不均匀为均匀,但一个是无穷小之商,另一个是无穷小的无穷和),以及各种积分(一维定积分,二维曲线积分,二重积分等)的牛顿-莱布尼茨公式等.此外,本书还尽可能从多种角度来阐明一些基本概念和方法,例如求定积分时不同微元的选取,求多元函数极值中必要条件的引出等.希望这些安排能有助于学者对微积分的全面理解.

  清晰的直觉除了有助于得到真正的知识以外,也是记住这些知识的重要方法.微积分是一门以极限为主要工具,以函数的各种性质为主要研究对象的基础课.应该尽可能使学者学完后,在头脑中留下一些比较鲜明的形象.所以本书增加了一些曲线和曲面的图形,把一些通过推理所得的函数的重要性质体现于典型的图像之中(诸如曲线的升降、对称、凹凸、弯曲、连续、光滑、微分和积分中值公式等).对一些一般书中往往只给出定义的梯度、散度和旋度这些重要的概念,本书也说明了它们的几何与物理意义.

  为了便于读者自学,在本版中,还增加了一批比较简明的例题和习题.在内容方面,增加了一节"广义积分".

  对于对本书提出意见的读者,编者在此表示诚挚的谢意,并希望更多的读者对本书提出批评和建议.

编 者
2007 年 12 月

第一版前言

本书是为普通高等院校非数学专业的学生编写的.考虑到这类院校学生的特点,这本教材从内容上作了一些改动.由于微积分这门课程已有近 300 年的历史,经过长时期的锤炼,对内容作重大精简的空间已经很小了.故所作的改动主要是相对当前流行的教材而言的.

时下国内流行的教材基本上是在 20 世纪 50 年代前苏联各类"高等数学"教材的基础上加工精练而成的,其内容大致都包括两部分:微积分及数学分析,前者已被历史证明是一个强有力的工具,后者主要为前者奠定一个坚实的理论基础,其自身已发展为数学的一个强大的分支.在一般情况下,它们各有其重要性,但从教学的角度来看,作为教学内容,对不同的学习者,二者之间的分寸的确不易把握.

笛卡儿曾经说过,只有两种方法使人们得到真正的知识:清晰的直觉和必要的推理.这句话对微积分的教学很有现实意义.直觉必须尽可能"清晰",这是对微积分教材的基本要求,尽管做到这一点的难度很大;而推理则应根据不同的对象确定其"必要"的程度.总的来说,应该在教学内容的安排上,尽可能使学者都能体会到这两者的作用.通过学习,能把微积分看成一个整体.所谓必要的推理,就是根据它们在整体中所处的地位给它一个合适的安排,而不是使学生只知道一些名词、一些彼此孤立的定理及其证明.

本书力图按此原则来安排内容.首先,对本书的核心内容——微分和积分基本上使其"返璞归真".例如,为了描述不均匀(非线性)变化和不规则几何图形的某些性质,引入无穷小量及线性逼近的概念(微分)是很直观很自然的,但它的合理性则需要大量的推理,这就是极限理论.本书强调了前者,而对极限理论只作了我们认为是起码必要的推理.同样,在积分部分我们没有从黎曼-达布和出发而直接从微分的反运算入手引入了定积分并推出了牛顿-莱布尼茨公式,这样不仅节省了课时,而且突出了微积分的统一性,突出了微积分应用的有力工具——微元法.

  对于微积分早期描述函数性态的一些直观性较强的命题,本书尽可能加以证明,以完成一个从直观到理性的认识过程,例如罗尔定理,微分和积分的中值定理,微积分基本定理,等等;有一些属于数学分析范畴的命题则只给出直观的描述而不加证明,例如闭区间上连续函数的某些性质等;还有少数直观性不强,但很有用的内容,例如洛必达法则,也给出了必要的推理说明.此外,在进行推理前,应说明这种推理的必要性,例如极限的惟一性,泰勒公式等.

  人们得到的知识还必须在使用中得到巩固和深化,尤其是像微积分这种基础性的知识,因此计算和应用应该是不可缺少的内容.除了较多的例题之外,本书还附有大量的习题,这就需要有相应的习题课加以配合.近年来基本上取消习题课的消极后果已经有所体现,应当很好总结一下.

  书中带 * 号的小字部分是供学生阅读的,不必在课堂上讲授.

  编写本书的目的,只是试图为普通高等院校的学生提供一本比较合适的教材.由于我们自己在这方面的经验也很缺乏,因此特别需要广大师生的批评帮助,以期能不断改进.

编 者

2006 年 1 月

目 录

第7章　二元函数 ··· 1

7.1　二元函数及其图形 ··· 1
    7.1.1　二元函数的概念 ··· 1
    7.1.2　二元函数的图形 ··· 3
习题 7.1 ··· 9
7.2　函数运算 ·· 10
习题 7.2 ··· 11
7.3　多元函数的参数表示和空间极坐标与球坐标
      表示 ·· 11
习题 7.3 ··· 14
7.4　二元函数的极限及其连续性 ···································· 14
    7.4.1　二元函数在一点附近的性态、
           无穷小量 ·· 14
    7.4.2　函数在一点的极限及在一点的
           连续性 ·· 19
习题 7.4 ··· 24
复习题 7 ··· 25

第8章　二元函数的偏导数和全微分 ······················· 27

8.1　偏导数的概念 ·· 27
    8.1.1　二元函数的偏导数 ····································· 27
    8.1.2　二元函数的全微分和泰勒公式 ··············· 30
习题 8.1 ··· 37
8.2　函数的方向导数和梯度向量 ································· 39
习题 8.2 ··· 42

8.3 微分的进一步应用 ·················· 43
    8.3.1 曲面在一点的切平面和法线 ········· 43
    8.3.2 二元函数的极值和条件极值 ········· 46
 习题 8.3 ································· 51
 复习题 8 ································ 52

第 9 章 重积分 ···················· 54

  9.1 累次积分和二重积分 ··················· 54
    9.1.1 曲面下的体积 ··················· 54
    9.1.2 函数在一般区域上的二重积分 ······ 57
 习题 9.1 ································· 61
  9.2 二重积分的计算 ······················· 62
    9.2.1 长方形上二重积分的计算 ·········· 62
    9.2.2 一般区域上二重积分的计算 ········ 64
 习题 9.2 ································· 68
  9.3 二重积分中的变量代换 ················· 69
    9.3.1 变量代换的雅可比行列式 ·········· 69
    9.3.2 二重积分的极坐标变换 ············ 70
 习题 9.3 ································· 75
  9.4 二重积分的应用 ······················· 76
    9.4.1 平面薄板的质心 ·················· 76
    9.4.2 曲面的面积 ······················ 78
 习题 9.4 ································· 80
  9.5 三重积分 ····························· 81
    9.5.1 直角坐标系下的三重积分 ·········· 81
   *9.5.2 柱坐标系和球坐标系下的三重积分 ···· 86
 习题 9.5 ································· 91
 复习题 9 ································ 92

第 10 章 向量值函数的积分 ············ 94

  10.1 曲线积分 ···························· 94

  10.1.1 向量场 ·· 95

  10.1.2 数值函数在曲线上的积分 ······················ 98

  10.1.3 向量值函数在曲线上的积分 ·················· 101

 习题 10.1 ·· 103

 10.2 平面曲线积分与路径无关的条件、格林公式 ········ 105

  10.2.1 平面曲线积分的牛顿-莱布尼茨公式 ········ 105

  10.2.2 平面曲线积分与路径无关的条件 ············ 106

  10.2.3 格林公式（平面区域上重积分的牛顿-莱布尼茨公式） ·· 107

 习题 10.2 ·· 117

 10.3 曲面积分 ·· 119

  10.3.1 数值函数在曲面上的积分 ······················ 120

  10.3.2 向量值函数在有向曲面上的积分 ············ 122

 习题 10.3 ·· 125

 10.4 三重积分的高斯公式与斯托克斯公式 ··················· 126

 习题 10.4 ·· 134

 复习题 10 ·· 135

第 11 章 无穷级数 ·· 137

 11.1 数列与数项级数的基本概念 ······························ 137

  11.1.1 数列 ··· 137

  11.1.2 数项级数的概念 ··································· 139

  11.1.3 收敛级数的性质 ··································· 141

 习题 11.1 ·· 143

 11.2 正项级数 ·· 144

  11.2.1 比较判敛法 ··· 145

  11.2.2 比值判敛法 ··· 147

 习题 11.2 ·· 148

 11.3 任意项级数 ·· 149

  11.3.1 交错级数 ·· 149

  11.3.2 绝对收敛与条件收敛 ··························· 150

习题 11.3 ……………………………………………………………… 151
11.4 幂级数 ………………………………………………………… 152
  11.4.1 幂级数的收敛半径 ……………………………… 152
  11.4.2 幂级数的性质 …………………………………… 157
习题 11.4 ……………………………………………………………… 158
11.5 函数的幂级数展开和傅里叶级数展开 ……………………… 158
  11.5.1 泰勒级数 ………………………………………… 159
  11.5.2 函数展开为幂级数举例 ………………………… 160
  11.5.3 函数在$[-\pi,\pi)$区间上的傅里叶展开 ………… 164
  11.5.4 一般区间$[-l,l)$上的傅里叶级数、函数按正(余)
     弦级数展开 ……………………………………… 167
习题 11.5 ……………………………………………………………… 170
11.6 广义积分 ……………………………………………………… 172
  11.6.1 无穷积分 ………………………………………… 172
  11.6.2 瑕积分 …………………………………………… 175
习题 11.6 ……………………………………………………………… 177
复习题 11 …………………………………………………………… 177

第 12 章　常微分方程 ……………………………………………… 179

12.1 基本定义 ……………………………………………………… 179
习题 12.1 ……………………………………………………………… 182
12.2 解常微分方程的一些初等方法 ……………………………… 182
习题 12.2 ……………………………………………………………… 189
12.3 二阶线性常系数微分方程 …………………………………… 190
习题 12.3 ……………………………………………………………… 194
12.4 二阶常系数线性方程的应用 ………………………………… 195
复习题 12 …………………………………………………………… 201

习题答案 ……………………………………………………………… 203

二 元 函 数

第 7 章

7.1 二元函数及其图形

7.1.1 二元函数的概念

前面已经讲过,函数就是一种对应关系. 如果 x,y 表示两个可变化的实数,而且 y 的变化由 x 惟一确定,我们就说 y 是 x 的一元函数,记为 $y=f(x)$,其中称 x 为自变量,而称 y 为因变量. x 的变化范围称为函数 $f(x)$ 的定义域,实数 $y=f(x)$ 的变化范围称为函数的值域.

如果我们研究的对象有三个变量 x,y,z,其中变量 z 依赖于 x,y(即 x,y 的值确定后,z 的值也随之确定),但 x,y 之间没有彼此依赖的关系,这时就说 z 是自变量 x,y 的一个**二元函数**,记为 $z=f(x,y)$,其中 x,y 称为自变量,它们的变化范围称**为函数的定义域**(它一般是一个平面区域). 实数 $z=f(x,y)$ 的变化范围称为函数的**值域**. 例如,对一个底半径为 r,高为 h 的圆柱体,其体积 $V=\pi r^2 h$ 及其表面积 $S=2\pi rh+2\pi r^2$ 都是自变量 r,h 的二元函数,它们的定义域是半无界的四分之一平面:$0<r<+\infty, 0<h<+\infty$. 又如,在某个平面区域 D(例如一个县的范围)中引进了坐标,使 D 中的任意一点可以用平面坐标 (x,y) 来表示,那么这一点的海拔高度 z 就是 x,y 的二元函数 $z=f(x,y)$,这个函数的定义域就是 D,而值域就是区间 $[a,b]$,其中 a,b 分别是全县最低和最高处的海拔高度.

定义 7.1 设 D 是平面上的实数点 (x,y) 的一个非空集合,f 是定义在 D 上的一个对应关系. 如果对任意点 $(x,y)\in D$ 都有一个惟一的实数 z 通过 f 与之对应,我们就说 f 是定义在

D 上的一个二元函数,记为
$$z = f(x,y), \quad (x,y) \in D,$$
其中 (x,y) 称为自变量, z 称为因变量; D 称为函数的定义域,而集合 $\{z | z = f(x,y), (x,y) \in D\}$ 称为函数的值域.

平面上的点 (x,y) 可以看成是一个向量,所以二元函数也可以看成是一个平面向量到实数域 $\mathbb{R}$ 的一个对应.

可以类似地定义任意 n 元函数. 例如,一些生活中常碰到的如大气中一点的温度、湿度等都是这点的位置(体现为它在三维空间的坐标 (x,y,z))及时间 t 的四元函数.

　　＊如果 A,B 分别表示两个集合,则集合 $A \times B$ 就表示所有的元素对 (a,b) 所组成的集合,其中 $a \in A, b \in B$. 用这个符号,上述圆柱体积和其表面面积作为 r,h 的二元函数,其定义域就可以写成 $(0, +\infty) \times (0, +\infty)$.

一般二元函数在平面上定义域的结构要比一元函数的定义域(直线上的点集)复杂. 本书不会对它们进行研究,只是把一些常碰到的名词列在下面,请读者将它们与直线上的情况加以比较.

(1) **邻域**　平面 $\mathbb{R}^2$ 上一个点 $A(a,b)$ 的 δ 邻域是指平面上所有与点 (a,b) 的距离 $\sqrt{(x-a)^2 + (y-b)^2}$ 小于正实数 δ 的点 (x,y) 的集合. 记为 $U(A, \delta)$.

邻域是一个基本的定义,由此而得到下面一系列定义.

(2) **内点**　S 是平面上的一个点集. 所谓 S 的内点,指的是平面中满足下列条件的点 A: 对此点 A 存在正实数 δ,使 $U(A, \delta) \subset S$.

(3) **边界点**　所谓 S 的边界点,指的是平面中满足下列条件的点 A: 对任意 $\delta > 0$, $U(A, \delta)$ 都不包含于 S,而 $U(A, \delta) \cap S \neq \varnothing$(空集).

(4) **开集**　指平面 $\mathbb{R}^2$ 上这样的集合:集合中的每一点都是内点.

(5) **闭集**　如果 $\mathbb{R}^2 \setminus S$ 是开集,则称 S 是闭集.

(6) **集合的内部**　平面集合 S 的内部就是 S 中所有内点的集合.

(7) **集合的边界**　平面集合 S 的全体边界点所组成的集合. 记为 ∂S.

(8) **集合的闭包**　平面集合 S 的闭包就是集合 $S \cup \partial S$,记为 $\overline{S}$.

(9) **连通集**　一个平面集合 D,如果其中任意两点都可以用位于 D 内部的有限条直线段连接起来,就说 D 是一个连通集.

(10) **区域**　平面上的连通开集就称为区域. 如果对某个区域存在两个实数 k, K,使得对此区域中所有点 $P(x,y)$,都满足不等式 $k \leqslant x \leqslant K, k \leqslant y \leqslant K$,则称这个区域是**有界区域**;否则就称为**无界区域**.

例 7.1　$z = ax + by, a, b$ 为常数,这是一个标准的二元线性函数,它在三维空间中表示一张平面. 它的定义域是全平面 $\mathbb{R}^2$ 或 $\mathbb{R} \times \mathbb{R}$.

例 7.2　$z = \sqrt{1 - x^2 - y^2}$. 这是一个以原点为中心,半径为 1 的上半球

面,定义域为$\{(x,y)|x^2+y^2\leqslant 1\}$.

例 7.3 $f\left(\dfrac{x}{z},\dfrac{y}{z}\right)=0$. 这是一个以原点为顶点的锥面(见例 6.12),定义域为全平面;即对$\forall x,y\in\mathbb{R}$,这个方程确定惟一的一个值 z.

例 7.4 $z=a^2x^2+b^2y^2$. 这是一个椭圆抛物面,定义域为全平面.

例 7.5 $z=xy$. 这是一个马鞍面,定义域为全平面.

例 7.2~例 7.5 的图形见 6.5 节.

与一元函数的情况一样,求函数定义域的一般办法是:当自变量都有实际背景时,其实际变化的范围就是函数的定义域;当自变量没有具体的实际意义,但函数有明显的表达式时,函数的定义域就是使表达式中的运算都有意义的那些实数的集合.

以上我们讨论了一元函数 $y=f(x)$ 和二元函数 $z=f(x,y)$. 它们分别是直线上点(实数)和平面区域上点(二维向量)与实数之间的对应. 其共同点是它们对应的都是实数;不同点是自变量,一个是实数,而另一个则是向量.

有没有把实数或向量对应到二维(或多维)向量的函数呢? 当然是有的. 例如对于地面上任一点 (x,y),在它 1000 米高空中相应点 $(x,y,1000)$ 的风速就是一个向量 $\boldsymbol{v}=(v_x,v_y,v_z)$,括号中的变量分别表示在 x,y,z 方向的风速. 对于不同的点 (x,y),对应的风速 $\boldsymbol{v}$ 未必相同,在规定了点 (x,y) 的范围后,就得到一个依赖于两个自变量 x,y 的三个函数: $v_x=f(x,y)$, $v_y=g(x,y)$, $v_z=h(x,y)$,给定一个 (x,y),就得到所对应的一个三维向量 $\boldsymbol{v}=(v_x,v_y,v_z)$,这就是一个取值为三维向量的二元函数.

凡是取值为向量的函数都叫做**向量值函数**,不管它们的自变量取实数值还是向量值.

7.1.2　二元函数的图形

二元函数的表示方法有以下三种:列表表示,数学表达式表示和图形表示. 用数学表达式来表示函数又分为显函数形式与隐函数形式. 对于二元函数来说,所谓显函数形式就是常用的 $z=f(x,y)$ 形式;而隐函数形式则是用一个三元方程的一个解来表示一个函数:一个三元方程 $F(x,y,z)=0$ 只能解出一个未知数,在某个范围内可以把 x,y 看成参数而解出 z,得到 $z=f(x,y)$,也可以把 x,z 看成参数解出 y,得到 $y=g(x,z)$. 所以一个 n 元方程一般表示一个 $n-1$ 元函数. 再推广一下:含有 n 个变量,m 个方程的方程组一般可以解出 m 个显函数(当然要有条件). 至于用图形来表示一个二元函数,又分为用三维曲面表示和用平面等值线表示.

所谓一个函数的等值线(或等高线),是指曲面 $z=f(x,y)$ 和平面

$z=a$ (a 是任意常数) 相交所得的平面曲线在 xOy 平面上的投影, 即 $\{(x,y) \mid f(x,y)=a\}$.

* 并不是任何一个三元方程一定可以解出一个变量为其他两个变量的函数. 例如, 在方程

$$x^2+(x-1)^2+y^2+(y+1)^2+z^2=0$$

中, 给定其中任意两个变量的一对实数值, 都无法找到另外一个变量的实数值使之满足方程. 有一些使方程有解的充分条件, 这里就不提了.

下面举几个图形表示函数的例子.

例 7.6 $z=x-2y$.

这是一个平面. 图 7.1 是它的三维图形, 图 7.2 是它的平面等值线图.

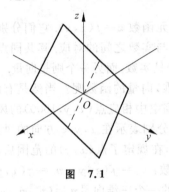

图 7.1

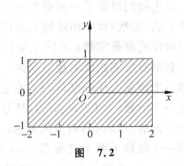

图 7.2

例 7.7 $z=x^2-y^2$.

这是一个双曲抛物面 (马鞍面). 图 7.3 是它的三维图形, 图 7.4 是它的平面等值线.

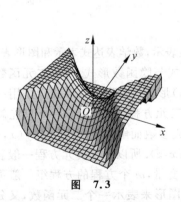

图 7.3

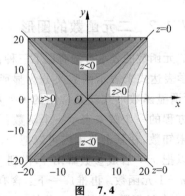

图 7.4

如果把图 7.3 看做是一座山的话, 可以看出, 如果我们站在 O 点, 沿着平面直线 y 轴正反两个方向走都是下山的路; 而沿着 x 轴往正反两方向走就都

是上山的路. 换句话说,对于这个马鞍面和平面 $x=0$ 所交的曲线而言,O 点是这条曲线的极大值点;而对于马鞍面和平面 $y=0$ 所交的曲线而言,O 点是这条曲线的极小值点. 曲面上具有这种性质的点称为**鞍点**.

例 7.8　$z=x^3+y^3-3x^2-3y^2$.

图 7.5 是它的曲面图形,图 7.6 是它的等值线图.

如果把这个曲面看成是一座小山的一部分,则可以看出,它在 $-1\leqslant x,y\leqslant 3$ 这个范围内,在点 $(0,0)$ 有一个峰,高度与海平面平(其他地方低于海平面). 此外,从图上还可以看出,在这个范围内,曲面在点 $(2,2)$ 有一个低谷(高度为 $z=-8$);此外还有两个鞍点:$(2,0)$,$(0,2)$.

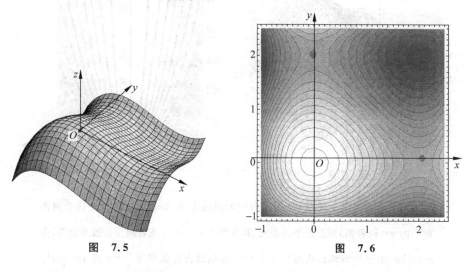

图 7.5　　　　　图 7.6

例 7.9　$z=\dfrac{1}{x^2+y^2+1}$.

图 7.7 和图 7.8 分别是这个函数的曲面表示和等值线表示. 这个曲面只在 $(0,0)$ 处有一个峰,高度为 1.

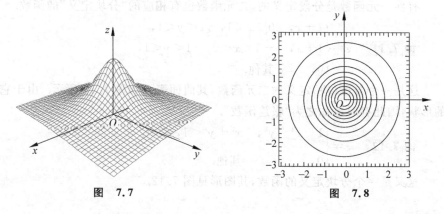

图 7.7　　　　　图 7.8

从图 7.8 和图 7.6 还可以看出：如果任意两条相邻的等值线 $z=h, z=k$ 的高度差 $h-k$ 相等，例如一个表示海拔高度的地形图，高度每差 10m 画一条等值线，如 100m, 110m, 120m, …，则等值线分布越密的地方说明这些地方山势越陡峻，因为经过很短的平面距离就会形成较大的高度差。

例 7.10 $z = e^{-\frac{x^2}{y}} (y > 0)$.

这个函数的三维图形和等值线图如图 7.9 和图 7.10 所示。

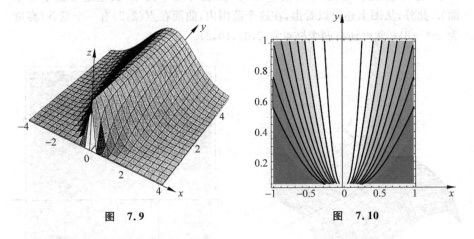

图 7.9　　　　　　　　　　图 7.10

由于函数的定义域为 $y > 0$，所以它的值域为 $0 < z \leqslant 1$. 等值线是这个曲面和平面 $z = k$(常数)所交的平面曲线，其方程为 $e^{-\frac{x^2}{y}} = k$. 或者换个常数来化简，令 $c = -\ln k$，由于 $0 < k \leqslant 1$，从而 $0 \leqslant c < +\infty$，等值线方程就成为 $\frac{x^2}{y} = c$ 或 $y = \frac{1}{c} x^2$.

这是一族(随 c 而变)典型的抛物线，而且常数 c 越小，抛物线向上的开口也越小；对于常数 $c = 0$(或 $k = 1$)，对应的等值线是直线 $x = 0$(即 y 坐标轴)，所对应的函数值是 $z = 1$. 这些都可以从图上看出。

有些一元函数是分段定义的，二元函数也有相应的"分块定义"的函数。

例 7.11 $z = \begin{cases} 1-x, & 0 \leqslant x < 1, -1 < y < 1, \\ 1+x, & -1 < x < 0, -1 < y < 1, \\ 0, & \text{其他}. \end{cases}$

这是一个分段(块)定义的二元函数，其曲面表示如图 7.11 所示。由于它的形状，因此有时也称之为"帐篷函数"。

例 7.12 $z = \begin{cases} 1 - x^2 - y^2, & x^2 + y^2 < 1, y > 0, \\ 0, & \text{其他}. \end{cases}$

这又是一个分块定义的函数，其图形见图 7.12.

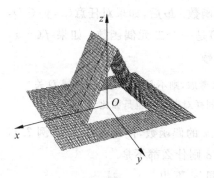

图 7.11   图 7.12

例 7.13 $z = \begin{cases} \sqrt{1-y^2}, & x=0, -1 \leqslant y \leqslant 1, \\ \sqrt{1-x^2}, & y=0, -1 \leqslant x \leqslant 1, \\ 0, \end{cases}$

这也是一个分块定义的函数,其图形如图 7.13 所示.

和一元函数一样,在以上二元函数的例子中,以平面为图形的**线性函数** $z=ax+by$ 是最简单而且也是最重要的. 它说明函数值 z 与作为自变量的向量 (x,y) 成"正比",即如果向量 (x,y) 数乘 k 倍而成为 $k(x,y)=(kx,ky)$,则相应的函数值 z 也增加(或减少) k 倍,即 $kz=a(kx)+b(ky)$. 人们常用线性函数来逼近某个函数在一点的值.

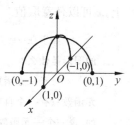

图 7.13

下面仿照一元函数引进一些常用的名词.

定义 7.2 对于二元函数 $z=f(x,y)$,如果存在两个实数 m 和 M,使得对定义域中所有点 (x,y),下面的不等式成立:

$$m \leqslant f(x,y) \leqslant M,$$

则称 $f(x,y)$ 是**有界函数**,m 叫做 $f(x,y)$ 的**下界**,M 叫做 $f(x,y)$ 的**上界**.

如果 m,M 中只有一个存在,则称 $f(x,y)$ 是**半有界**的;如果 m,M 都不存在,则称 $f(x,y)$ 是一个**无界函数**.

在上面所列的 8 个函数图形的例子中,只有例 7.6~例 7.8 是无界函数,其他都是有界函数.

定义 7.3 设二元函数 $z=f(x,y)$ 的定义域 D 关于原点对称,如果对任意的 $(x,y) \in D$,都有 $f(-x,y)=f(x,y)$,则称函数对于变量 x 是偶函数;如果都有 $f(-x,y)=-f(x,y)$,则称函数对于变量 x 是奇函数. 同样可以

定义函数 $f(x,y)$ 对变量 y 的偶函数和奇函数. 最后,如果对任意 $(x,y) \in D$,都有 $f(-x,-y) = f(x,y)$,则称 $f(x,y)$ 是一个二元偶函数;如果 $f(-x,-y) = -f(x,y)$,则称它是一个二元奇函数.

* 如果函数 $f(x,y)$ 只是对于变量 x 来考虑,则不必要求它的定义域 D 关于原点对称,只要关于 y 轴对称就可以了.同样对变量 y 也是如此.

本节中的例 7.10 和例 7.12 是对变量 x 的偶函数,例 7.7,例 7.9,例 7.11 及例 7.13 是二元偶函数,而例 7.6 和例 7.8 则什么都不是.

在一元函数 $y=f(x)$ 中,如果自变量 x 不出现,则它表示一条与 x 轴平行的直线,因为在这条直线上,x 可以取任何值. 而在二元函数 $z=f(x,y)$ 中,如果有一个变量,例如 x 不出现,则它的图形就是一个以 yOz 平面上的曲线 $z=f(y)$ 为准线,母线与 x 轴平行的柱面(图 7.14).因为在此柱面上,x 可以任意取值.

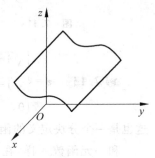

图 7.14

* 如果在 $z=f(x,y)$ 中 x,y 都不出现,这个式子的图形是什么?

* 对于二元函数来说,没有单调增加或单调减少的概念. 这是因为一个一元函数只有一个自变量和一个因变量,它们都是实数,而实数是可以比较大小的. 说一个一元函数在某一区间是单调增加的,就意味着当自变量的值在此区间内由小变大(或由大变小)时,因变量(函数值)也由小变大(或由大变小),即两个变量的变化方向相同;如果说它在此区间是单调减少的,即指两个变量的变化相反. 对二元函数 $z=f(x,y)$ 来说,因变量(函数值)z 固然是一个可比大小的实数,但它的自变量 (x,y) 却是一个不能比大小的向量.因此自变量的"增加"或"减少"就没有意义,也就谈不上二元函数的单调变化了.

* 一个二元函数如何定义它的反函数? 一元函数 $y=f(x)$ 代表两个实数 $x \to y$ 的一个对应,如果把变量 x 变为 y,则它的反函数 f^{-1} 就把变量 y 变为 x. 这里的前提是函数 f 不能把不同的 x 对应到同一个 y,否则反函数就变成多值了. 现在看二元函数 $z=f(x,y)$,它代表二维向量 (x,y) 和实数 z 的一个对应,如果按处理一元函数的思路,反函数(如果有的话)f^{-1} 就应该把实数 z 对应到一个二维向量 (x,y),而且每个 z 只能对应于惟一的向量 (x,y). 而这一点对一般函数来说是做不到的. 因为一般的函数都有自己的等值线,也就是给定一个 z 后,与之对应的所有点 (x,y) 所组成的曲线,一般不会只包含一个点. 于是在通常情况下,我们不去考虑二(多)元函数的反函数问题.

习题 7.1

1. 求下列函数在指定点的值：

   (1) $f(x,y)=2x^2-y^2, f(1,2), f(2,1)$；

   (2) $f(x,y)=\dfrac{x+y}{x-y}, f(1,-1), f(1,2)$；

   (3) $f(x,y)=2x\sqrt{y}+y\sqrt{x}+1, f(1,2), f(2,1)$；

   (4) $f(x,y)=xy\mathrm{e}^{x^2+y^2}, f(0,0), f(1,1), f(-1,-1)$；

   (5) $f(x,y)=x\ln y-2y\ln x, f(1,\mathrm{e}), f(\mathrm{e},1)$；

   (6) $f(x,y)=x\sin y+y\cos x, f(\pi,\pi), f(-\pi,-\pi)$；

   (7) $f(x,y,z)=x\mathrm{e}^{\frac{y}{z}}, f(1,1,1), f(1,0,1)$；

   (8) $f(x,y,z)=\dfrac{x\ln yz+y\ln zx+z\ln xy}{x+y+z}, f(1,2,3), f(3,2,1)$.

2. 求下列函数的定义域：

   (1) $f(x,y)=4-2x-3y$；　　　(2) $f(x,y)=\dfrac{1}{x-y}$；

   (3) $f(x,y)=\sqrt{y-x^2}$；　　　(4) $f(x,y)=\dfrac{xy}{x^2-y^2}$；

   (5) $f(x,y)=\ln(x^2+y^2-1)$；　(6) $f(x,y)=\dfrac{1+\sin xy}{xy}$；

   (7) $f(x,y)=\arcsin(x^2+y^2)$；　(8) $f(x,y)=\dfrac{y}{\sqrt{x-y^2}}$；

   (9) $f(x,y,z)=\dfrac{x+y+z-1}{\sqrt{x^2+y^2+z^2-1}}$.

3. 说明下列函数的图形，并画出简图：

   (1) $f(x,y)=x$；　　　　　　(2) $f(x,y)=x+y$；

   (3) $f(x,y)=x^2+y^2$；　　　 (4) $f(x,y)=4-x^2-y^2$；

   (5) $f(x,y)=\sqrt{9-x^2-y^2}$；　(6) $f(x,y)=9-x^2$；

   (7) $f(x,y)=6-\sqrt{x^2+y^2}$；　(8) $f(x,y)=\sqrt{36-4x^2-9y^2}$.

4. 指出下列函数的等值线，并画出简图：

   (1) $f(x,y)=y-x^2$；　　　　(2) $f(x,y)=x^2-y^2$；

(3) $f(x,y) = 4 - x^2 - y^2$;   (4) $f(x,y) = y - \sin x$;

(5) $f(x,y) = 144 - 9x^2 - 16y^2$.

5. 求下列函数的定义域,指出它们是否是开集？并说明理由.

(1) $f(x,y) = \sqrt{x}\ln(x+y)$;   (2) $f(x,y) = \sqrt{y - x^2}$;

(3) $f(x,y) = \dfrac{e^{\frac{x}{y}}}{x - y^2}$;   (4) $f(x,y) = \arcsin\dfrac{x}{y}$.

7.2 函数运算

因为二元函数的值仍为实数,所以二元函数的四则运算与一元函数的情形没有什么不同.

定义 7.4 设函数 $f(x,y), g(x,y)$ 的定义域为 $D, k \in \mathbb{R}$,则对它们进行四则运算的结果（和、差、积、商）还是一个函数,它们的定义域不变,而函数值则由下列式子定义：

(1) $(f+g)(x,y) = f(x,y) + g(x,y)$;

(2) $(kf)(x,y) = kf(x,y)$;

(3) $(fg)(x,y) = f(x,y)g(x,y)$;

(4) $(f/g)(x,y) = f(x,y)/g(x,y), g(x,y) \neq 0$.

其中左端前一个括号内表示对两个函数进行四则运算后所得的函数,这些函数在 (x,y) 的值等于右端的值.

函数的复合 和一元函数一样,二元函数也有复合的问题. 例如 $z = f(x,y) = xy + \ln(x^2 + y^2 + 1)$, $x = g(u,v) = u + v$, $y = h(u,v) = u - v$, 则有复合函数

$$z = f(g(u,v), h(u,v)) = u^2 - v^2 + \ln(2u^2 + 2v^2 + 1).$$

又例如以原点为顶点,以平面 $z = 1$ 上的曲线 $f(x,y) = x^2 + 4y^2 - 1 = 0$ 为准线的锥面方程 $z^2 = x^2 + 4y^2$, 它就来自复合函数的方程 $f(x/z, y/z) = 0$.

函数的复合不一定要求自变量的个数相同,例如在函数 $z = f(x,y)$ 中,如果令 $x = g(t), y = h(t)$, 则复合函数是一个一元函数,

$$z = f(x,y) = f(g(t), h(t)) = F(t).$$

例 7.14 根据统计,哺乳动物的耗氧量 C 与它所在外部温度 $T(\text{℃})$ 与体内温度 U 之差成正比：$C = \dfrac{2.5(T-U)}{m^{2/3}}$, 其中 m 为动物体重（单位：kg）.

如果时间较长,例如一年,则 T 和 m 都会随时间变化,因而它们都是时间 t 的函数,即 $T=f(t), m=g(t)$. 这样就得到一个复合函数 $C(T,m)=2.5(f(t)-U)g(t)^{-2/3}$,它是一个 t 的一元函数.

习题 7.2

1. 求指定的表达式:

(1) $f(x,y)=x^3+y^3-xy^2\sin\dfrac{x}{y}$,求 $f(tx,ty)$;

(2) $f(x,y,z)=x^z+z^{x+y}$,求 $f(x+y,x-y,xy)$.

2. 求复合函数 $F(f(t),g(t))$ 的表达式:

(1) $F(x,y)=xy^2, f(t)=t\cos^2 t, g(t)=\sec t$;

(2) $F(x,y)=e^x+e^y, f(t)=2\ln t, g(t)=e^t$.

7.3 多元函数的参数表示和空间极坐标与球坐标表示

在一般情况下,空间的曲面可以看成是一族空间曲线运动的轨迹. 而一条空间曲线可以看成是一族空间点随时间运动的轨迹.

例如,可以把一条空间曲线写成参数形式

$$\begin{cases} x=x(u), \\ y=y(u), \\ z=z(u). \end{cases}$$

可以这样来理解这种表示方式:一条空间曲线,由一个点在不同时间 u 的位置 (x,y,z) 来确定. 那么这条曲线的运动轨迹,也就是在确定时刻 u 的位置 (x,y,z) 就应该满足这个方程. 例如 $x(t)=t^2, y(t)=3t, z(t)=\dfrac{t-1}{t+1}$,则在时刻 $t=1$ 时,点的位置就应该在 $(1,3,0), t=3$ 时,点的位置就在 $\left(9,9,\dfrac{1}{2}\right)$,等等.

同样,一个空间曲面,可看成由一条曲线随时间 t 运动而形成:

$$\begin{cases} x=x(u,v), \\ y=y(u,v), \\ z=z(u,v). \end{cases}$$

其中为了对称,我们把时间 t 用字母 v 来代替. 这种表示形式就叫做曲面的

参数表示或曲面的**参数方程**.

反过来,给定一个曲面的参数方程,一般也可以把它变成一个前面常用的显函数 $z=f(x,y)$.

例如,假设由前两个方程可以把 u,v 解出来,$u=u(x,y)$,$v=v(x,y)$,把它们代入第三个方程,有 $z=z(u(x,y),v(x,y))=f(x,y)$,这样就得到一个表示曲面的二元函数.

* 在以上的推理中,请注意条件"假设前两个方程可以把 u,v 解出来",因为即使是由两个方程来解两个未知数,也未必能保证有惟一解. 例如 $x=u+v$,$y=u+v+1$. 当然如果前两个方程解不出来,可以换为后两个方程,或第一、第三个方程联立求解,但必须假设这三组方程中至少有一组可解.

例 7.15 求(双曲抛物面)$z=xy$ 的参数方程.

解 要得到它的一种参数表示,可以取 $u=x,v=y$,则得到

$$\begin{cases} x=u, \\ y=v, \quad -\infty<u,v<+\infty. \\ z=uv, \end{cases}$$

例 7.16 求(椭圆抛物面)$z=x^2+y^2$ 的参数方程.

解 同上,它的一种参数表示为

$$\begin{cases} x=u, \\ y=v, \quad -\infty<u,v<+\infty. \\ z=u^2+v^2, \end{cases}$$

例 7.17 求(球面)$x^2+y^2+z^2-r^2=0$ 的参数方程,其中 r 是球面的半径.

解 选参数 u,v 如图 7.15 所示,得到

$$\begin{cases} x=r\cos\theta\sin\varphi, \\ y=r\sin\theta\sin\varphi, \quad 0\leqslant\theta<2\pi,0\leqslant\varphi\leqslant\pi. \\ z=r\cos\varphi, \end{cases}$$

其中半平面"$\theta=$ 常数"与球面的交线称为球面上的**经线**,锥面"$\varphi=$ 常数"与球面的交线称为球面上的**纬线**.

* 如果 $P(x,y,z)$ 是三维空间的一个点,由图 7.15 及对应的式子可以看出:P 点的空间直角坐标 (x,y,z) 可以由三个参数 (r,θ,φ) 惟一确定,因此 (r,θ,φ) 又叫做点 P 的**球坐标**. 在球坐标中,"$r=$ 常数"就表示一个球面.

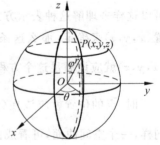

图 7.15

7.3 多元函数的参数表示和空间极坐标与球坐标表示

例 7.18 求(柱面)$x^2+y^2=R^2$ 的参数方程,其中 R 是柱面的半径.

解 选参数 r,θ,z 如图 7.16 所示,得到
$$\begin{cases} x=r\cos\theta, \\ y=r\sin\theta, \quad 0<r<+\infty, 0\leqslant\theta<2\pi, -\infty<z<+\infty. \\ z=z, \end{cases}$$

(r,θ,z) 称为三维空间中点 $P(x,y,z)$ 的**柱坐标**或**空间极坐标**. $r=R$ 就是以 R 为半径的柱面.

例 7.19 求(星形球面)$x^{\frac{2}{3}}+y^{\frac{2}{3}}+z^{\frac{2}{3}}=1$ 的参数方程(见图 7.17).
$$\begin{cases} x=\cos^3 u\cos^3 v, \\ y=\sin^3 u\cos^3 v, \quad 0\leqslant u,v<2\pi. \\ z=\sin^3 v. \end{cases}$$

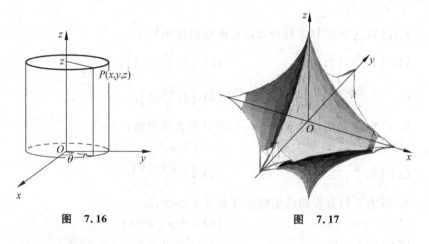

图 7.16 　　　　　　　　　　图 7.17

例 7.20 (螺旋面) (见图 7.18)
$$\begin{cases} x=v\cos u, \\ y=v\sin u, \\ z=au. \end{cases}$$

这里从例 7.15～例 7.20 都有 5 个变量 x,y,z,u,v(或 x,y,z,r,θ),其中 u,v(或 r,θ)是自变量,x,y,z 是因变量(函数),所以每个例子都是一个二元(指函数的自变量有两个)三维(指函数的值都是三维向量)向量值函数.

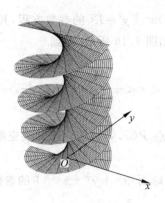

图 7.18

习题 7.3

1. 已知点 P 的柱坐标 (r,θ,z)，求它的直角坐标：
   (1) $\left(1,\dfrac{\pi}{2},2\right)$；
   (2) $\left(2,\dfrac{3\pi}{2},-1\right)$；
   (3) $\left(3,\dfrac{7\pi}{6},1\right)$；
   (4) $\left(4,\dfrac{5\pi}{3},6\right)$．

2. 已知点 P 的球坐标 (r,θ,φ)，求它的直角坐标：
   (1) $(1,0,\pi)$；
   (2) $(2,\pi,0)$；
   (3) $\left(3,\dfrac{\pi}{6},\dfrac{2\pi}{3}\right)$；
   (4) $\left(4,\dfrac{3\pi}{4},\dfrac{4\pi}{3}\right)$．

3. 写出下列方程的柱坐标形式和球坐标形式：
   (1) $x^2+y^2=2x$；
   (2) $x+y+z=1$；
   (3) $z=x^2-y^2$；
   (4) $x^2+y^2+z^2=x+y+z$．

7.4 二元函数的极限及其连续性

7.4.1 二元函数在一点附近的性态、无穷小量

1. 无穷小量

和一元函数一样，以上我们都把函数作为一个整体来看待．下面我们就把注意力转向二元函数在一点附近的性态，这主要是指：如果二元函数 $f(x,y)$ 的定义域是一个区域 D，而点 A 是 D 的一个内点或边界点，则我们要研究当 D 的一串内点 P 无限趋于点 A 时，它们的函数值 $f(P)$ 是否也会无限

趋于某个确定的值(特别是当 A 为 D 的内点时,$f(P)$ 是否会无限地趋于 $f(A)$). 由于我们已经知道了什么是一元函数在一点处的极限,下面就用比较直观的方式把它们推广到二元函数,看看可能产生什么新的问题. 先看图 7.3,取点 A 为 $(0,0)$,它在函数的定义域(全平面)中,$f(0,0)=0$. 如果我们不把 $(0,0)$ 直接代入,而让 (x,y) 以任意方式无限趋于 $(0,0)$,则 $f(x,y)$ 的值也会无限趋于 0.

这里要特别注意"任意方式"这四个字. 在讨论一元函数在一点处的极限时,其实也有类似的情况. 在讨论极限 $\lim\limits_{x\to a}f(x)$ 时,我们曾经谈到"左极限"和"右极限"的问题. 也就是说在 $x\to a$ 的"任意方式"中,至少包括下面两种不同的趋向方式:一种是 x 从 a 的左边无限趋近于 a,另一种是 x 从 a 的右边无限趋近于 a,这两个极限未必都存在,即使都存在,二者也未必相等;只要出现这类情况,都说明极限 $\lim\limits_{x\to a}f(x)$ 不存在. 由于是一维问题,x 的活动范围只能在坐标轴上点 a 的左边或右边,x 趋于 a 也只能从左、从右或忽左忽右地逼近它;但到了二维以上,例如在平面上,一个点的周围就不能简单地用"左、右"来概括,于是情况就复杂了.

请看图 7.12,函数的定义域是全平面. 我们看点 $O(0,0)$,如果取点 P 沿 y 轴的负方向无限趋于 $O(0,0)$,则函数值将无限地趋于 0,因为沿这条线,$f(P)\equiv 0$;但如果 P 沿 y 轴的正方向无限趋于 O,则函数值将无限地趋于 1;再如果点 P 沿 x 轴的正(或负)方向无限趋于 O 点,则其函数值将都无限地趋于 0.

* 还有更复杂的情况,看图 7.9 和图 7.10. 这个函数的定义域是 $y>0$,点 $A(0,0)$ 是它的一个边界点. 如果点 $P(x,y)$ 沿着正 y 轴(即 $x=0$ 而 $y>0$)无限趋于点 A,则由于函数 $z=e^{-\frac{x^2}{y}}$ 的值沿此直线恒等于常数 1,因而其趋向的值也是 1;但如果点 P 沿定义域中的一条抛物线 $y=x^2$ 无限地趋于点 A,由于此函数在这条抛物线上取值恒为常数 e^{-1},因而其函数值也将无限地趋于 e^{-1}. 同样的道理,如果点 P 沿抛物线 $y=\dfrac{1}{c}x^2$(其中 c 可取任意正常数)无限趋于点 A,则相应的函数值将无限趋于 e^{-c}. 也就是说,对同一个点,自变量沿着不同的路径趋近于它,函数值会趋向于不同的值.

因此在讨论一个二元函数在某一点 A 的极限状态时,就要考虑自变量(它们是二维向量)趋于点 A 的方式. 在通常情况下,我们一般不去仔细分析这个"方式"问题,而全面地问当自变量"以各种不同方式"趋于这个点时,函数值是否都趋于同一个数.

下面就要弄清"趋于"或"无限趋于"的严格含义了. 一般来说,一串点"趋于"或"无限趋于"某一点的意思就是指这串点离此点"越来越近",或是说其距离越来越小. 所谓两点之间的"距离",对于一维(直线)情况,在选定了坐标以后,直线上两点 x 和 y 之间的距离就是非负实数 $|x-y|$. 对于二维(平面)情况,在确定直角坐标系以后,平面上两点 $P(a,b), Q(c,d)$ 的距离是非负实数 $\sqrt{(a-c)^2+(b-d)^2}$.

无论是一维还是二维,常把两点 P, Q 的距离记为 $|P-Q|$ 或 $d(P,Q)$.

如果二元函数的定义域是无界的,如例 7.6～例 7.13,就有一个自变量趋向无穷的问题.

在一维的条件下,自变量只能趋于 $+\infty$ 或 $-\infty$ 或交替地朝两个方向趋于无限;对二维来说,情况要复杂得多,好在我们约定只讨论自变量 (x,y)(注意:它是一个有大小有方向的向量)的大小(与坐标原点的距离)无限增大而不论其方向,也就是所谓 (x,y)"趋于"∞,即指向量 (x,y) 的大小 $|(x,y)|$(实数)趋于 $+\infty$.

看例 7.6～例 7.13,它们的定义域都是无界域. 当 $(x,y) \to \infty$ 时,例 7.6～例 7.8 及例 7.10 中函数值的趋向都依赖于自变量的走向. 以例 7.7 为例,当点 (x,y) 沿 x 轴(即 $y=0$)趋于 ∞ 时,函数值 x^2-y^2 趋于 $+\infty$;当点 (x,y) 沿 y 轴(即 $x=0$)趋于 ∞ 时,函数值趋于 $-\infty$;而当点 (x,y) 沿直线 $x=y$ 趋于 ∞ 时,函数值却趋于 0(参见图 7.3 和图 7.4). 在例 7.9、例 7.11、例 7.12 及例 7.13 中,当点 $(x,y) \to \infty$ 时,函数值都趋于 0.

现在,我们就可以仿照讨论对一元函数在一点处求极限的办法来讨论二元函数的极限. 先从无穷小量开始.

定义 7.5 我们称二元函数 $f(x,y)$ 是一个点 $P(a,b)$ 处的**无穷小量**(简称无穷小),如果对任意给定的小实数 $\varepsilon>0$,都能找到一个相应的小实数 $\delta>0$,使得只要点 $Q(x,y)$ 满足 $|P-Q|=d(P,Q)<\delta$,就能使 $|f(x,y)|<\varepsilon$.

这个定义是"当点 $Q(x,y)$ 以任意方式无限趋于点 $P(a,b)$ 时,$f(x,y)$ 的值也无限趋于 0"的严格说法.

例如,函数 $z=f(x,y)=xy$ 在点 $P(0,0)$ 处是一个无穷小量. 这一点可以根据定义来说明:如果选定 $\varepsilon=10^{-8}$,问题就是要去找一个小的正实数 δ,使得只要自变量 $Q(x,y)$ 与 $P(0,0)$ 的距离 $\sqrt{x^2+y^2}$ 不超过 δ,实数 $|xy|$ 与 0 的距离也就不会超过 $\varepsilon=10^{-8}$. 利用不等式 $|xy| \leqslant \frac{1}{2}(x^2+y^2)$,为了使 $|xy|<10^{-8}$,

可以取 $\frac{1}{2}(x^2+y^2)=10^{-8}$，这个式子的左边正好是 (x,y) 与 $(0,0)$ 之间距离平方的一半；这个距离最大不超过 δ. 我们用它代入，就得到 $\delta^2 \leqslant 2\times 10^{-8}$，即 $\delta \leqslant \sqrt{2\times 10^{-8}}$.

最后总结一下：对于所选的 $\varepsilon = 10^{-8}$，我们取相应的 $\delta = \sqrt{2\times 10^{-8}}$，于是只要点 (x,y) 与 $(0,0)$ 的距离不超过这个 δ，则在这些点上的函数值 xy 必满足

$$|xy| \leqslant \frac{1}{2}(x^2+y^2) \leqslant \frac{1}{2}\delta^2 \leqslant \frac{1}{2}\times 2\times 10^{-8} = 10^{-8} = \varepsilon.$$

注意：一个函数是不是无穷小量取决于在哪一个点. 例如，函数 x^2+y^2 在点 $(0,0)$ 处是无穷小量，而在任何其他点它都不是无穷小量.

定义 7.6　我们称二元函数 $f(x,y)$ 是一个在 ∞ 处的无穷小量，如果对任意给定的小实数 $\varepsilon>0$，都能找到一个相应的大实数 $N>0$，使得只要点 $Q(x,y)$ 满足 $|(x,y)|=d(Q,O)>N$，就能使 $|f(x,y)|<\varepsilon$（O 为坐标原点）.

这个定义就是"当 (x,y) 趋向于无限时，$f(x,y)$ 的值将无限趋于 0"的严格说法.

请读者试着自己给出"当点 $Q(x,y)$ 无限趋于点 $P(a,b)$ 时，$f(x,y)$ 的值将无限增大"的严格表述.

定义 7.7　函数 $f(x,y)$ 在一点 (a,b) 处称为**无穷大量**，如果函数 $1/f(x,y)$ 在这一点是一个无穷小量.

以下是一些无穷小量的例子：$(x^2+y^2)^k(k>0)$ 在点 $(0,0)$ 处；$\log(1+x^2+y^2)$ 在点 $(0,0)$ 处；$e^{\frac{-1}{x^2+y^2}}$ 在点 $(0,0)$ 处；$(x^2+y^2)^k(k<0)$ 在 $(x,y)\to\infty$；$e^{-x^2-y^2}$ 在 $(x,y)\to\infty$ 等. 而例 7.11 和例 7.19 中的两个函数在点 $(0,0)$ 都不是无穷小量.

　　*从无穷小量的定义可以推出，对任何一个点，一个只取常数值的二元函数在这一点为无穷小量的充分必要条件是这个常数值为零.

2. 无穷小量的运算和无穷小量的阶

设二元函数 f,g,h 等都是在点 (a,b) 处的无穷小量，它们的四则运算就是普通函数的四则运算.

我们感兴趣的是两个无穷小量经过四则运算后的结果是否仍然是一个无穷小量.

与一元函数一样，容易证明下面的结论（这里不证）：

(1) 在同一点(包括∞)处的有限个无穷小量之和(差)仍是一个在这一点处的无穷小量.

(2) 在一点处的无穷小量乘上一个在这一点附近的有界二元函数仍是在这一点处的无穷小量.

在同一点处的两个无穷小量相除,就可能出现各种不同的情况. 请看下面点$(0,0)$处三个不同的无穷小量:

$$f(x,y) = \sqrt{x^2+y^2}, \quad g(x,y) = x^2+4xy^2+y^2, \quad h(x,y) = \ln(1+x^2+y^2).$$

记$\rho=\sqrt{x^2+y^2}$,则有两个函数之商$h/f=\ln(1+\rho^2)/\rho$,利用洛必达法则,当$\rho\to 0$时,这个比值趋于0,因而它在$(0,0)$这一点仍然是一个无穷小量. 再看

$$\frac{g(x,y)}{f^2(x,y)} = \frac{x^2+y^2+4xy^2}{x^2+y^2} = 1+4x\cdot\frac{y^2}{x^2+y^2},$$

当$(x,y)\to(0,0)$时,函数$\left|4x\cdot\dfrac{y^2}{x^2+y^2}\right|\leqslant 4|x|\to 0$,所以这两个函数之商趋于$1$,它不是一个无穷小量;但函数$g/f$在点$(0,0)$却是一个无穷小量.

对这些不同的情况可以归纳为以下的定义.

定义 7.8 设$f(x,y),g(x,y)$都是在点(a,b)处的无穷小量,而当$(x,y)\to(a,b)$时,函数$\dfrac{f(x,y)}{g(x,y)}$分别满足以下条件:

(1) $\dfrac{f(x,y)}{g(x,y)}\to 1$,这时我们称$f$和$g$在这一点处是**等价的无穷小量**,记为

$$f(x,y) \sim g(x,y), \quad (x,y)\to(a,b); \tag{7.1}$$

(2) $\dfrac{f(x,y)}{g(x,y)}\to 0$,即函数$\dfrac{f(x,y)}{g(x,y)}$也在$(a,b)$点处为无穷小量,这时我们称$f$是$g$在这一点处的**高阶无穷小量**,记为

$$f(x,y) = o(g(x,y)), \quad (x,y)\to(a,b). \tag{7.2}$$

因而在点(a,b)处的任意一个无穷小量$f(x,y)$都可记为$o(1)((x,y)\to(a,b))$;而上面所说的在同一点处无穷小的四则运算可简单地表示为:在(a,b)处,$o(1)+o(1)=o(1)$,$f(x,y)o(1)=o(1)$,f为任意一个在点(a,b)附近的有界函数.

用同样的方式可以定义在一点两个无穷大量相比的阶.

刚才所举的例子中,在点$(0,0)$,函数g,h都是f的高阶无穷小,g是函数f^2的等价无穷小. 即在点$(0,0)$处,f,g,h三个函数都是$o(1)$;而在它们

之间,有关系 $g=o(f), h=o(f), g\sim f^2$.

对任意一点 (a,b),人们通常用距离函数 $\rho=\sqrt{(x-a)^2+(y-b)^2}$ 作为一个判别无穷小阶的标准.

例如,在点 $(0,0)$ 处,$\rho\sim\tan\rho\sim\sin\rho$;在点 (a,b) 处,当 $k>1$ 时,ρ^k 是 ρ 的高阶无穷小,当 $0<k<1$ 时,ρ 是 ρ^k 的高阶无穷小;如果 $k<0$,则 ρ^k 是一个无穷大量,如果 $m<k<0$,则 ρ^m 是 ρ^k 的高阶无穷大.

等价无穷小量有下面性质:如果在同一点,$f\sim g, g\sim h$,则 $f\sim h$.

7.4.2 函数在一点的极限及在一点的连续性

1. 函数在一点处的极限

"无穷小"这一概念源于函数 $f(x,y)$ 的值趋于实数 0 这一特定条件(在自变量趋于某一定点或 ∞ 的条件下). 人们自然会想到,"$f(x,y)$ 的值趋于 0"的这个 0 可否被其他的非零值来代替呢?这应该是可以做到的. 设 C 为一个常数,如果在某一点 (a,b) 附近,$f(x,y)$ 可以表示为常数 C 和一个在 (a,b) 处的无穷小量之和,我们就说当 (x,y) 趋于点 (a,b) 时,$f(x,y)$ 有极限 C,记为

$$\lim_{(x,y)\to(a,b)} f(x,y) = C, \tag{7.3}$$

或

$$\lim_{\substack{x\to a\\ y\to b}} f(x,y) = C.$$

* 这种极限,一般称为二元函数在一点处的"二重极限". 有时我们会碰到求一个二元函数在一点处的"累次极限" $\lim\limits_{y\to b}\lim\limits_{x\to a} f(x,y)$,它的意思是:先让 y 保持不变,而令 x 单独无限趋于 a,如果这个极限存在,再令 y 无限趋于 b. 在一般情况下,二元函数在一点处的二重极限和累次极限之间并没有什么必然的联系.

根据上面无穷小量的严格定义,可以写出以下定义.

定义 7.9 我们称当自变量 $Q(x,y)$ 趋于定点 $P(a,b)$ 时,函数 $f(x,y)$ 以实数 C 为**极限**,如果对于任意给定的小实数 $\varepsilon>0$,总能找到相应的小实数 $\delta>0$,使得只要 (x,y) 满足 $0<|Q-P|<\delta$,就可以使 $|f(x)-C|<\varepsilon$.

* 类似于以前比较直观的说法,所谓 (x,y) 趋于 (a,b) 时,函数 $f(x,y)$ 以实数 C 为极限,就是指当自变量 (x,y) 以任意方式趋于固定点时,函数值也趋于实数值 C.

在这个定义中,第一个不等式还说明$(x,y)\neq(a,b)$,也就是说定义中并没有要求点(a,b)在函数的定义域内(但必须在函数定义域的闭包内),然而即使点(a,b)在f的定义域内,$f(a,b)$有意义,$f(a,b)$这个值和$\lim\limits_{(x,y)\to(a,b)}f(x,y)=C$也不一定有什么关系。

*一个简单的例子是把例 7.12 稍加改变,即把例 7.12 中函数的定义域(全平面)改为上半平面 $y>0$ 加上原点$(0,0)$。新的函数在 $y>0$ 及点$(0,0)$上取值不变,这时 $f(0,0)=0$,而 $\lim\limits_{\substack{(x,y)\to(0,0)\\y>0}}f(x,y)=1$。

现在我们可以对函数定义域中的点(x,y)"以任意方式"趋于定点(a,b)时,这些点上函数值的趋向作以下的分类:

(1) (x,y)以任何方式趋于(a,b),函数值 $f(x,y)$都趋于同一实数 C,我们称这种情况为 $f(x,y)$在(a,b)处有极限 C;

(2) (x,y)以任何方式趋于(a,b),函数值 $f(x,y)$都趋于 $+\infty$(或$-\infty$),我们称这种情况为 $f(x,y)$在(a,b)处趋于$+\infty$(或$-\infty$);

(3) 至少有两种不同的方式,当(x,y)以其中一种方式趋于(a,b)时,函数值趋于有限值 A 或$+\infty$(或$-\infty$);而当(x,y)以其中另外一种方式趋于(a,b)时,函数值趋于有限实数 $C\neq A$。对这种情况,我们就说函数 $f(x,y)$在(a,b)处没有极限或极限不存在。

*请考虑:以上的分类是否有重叠(即同一种情况可能归入不同的类)?是否包含了所有可能的情况?这两条是进行任何分类的基本要求。

以上讨论的固定点(a,b)是位于有限平面,请读者试一试写出当自变量(x,y)趋于无限时,函数 $f(x,y)$以 C 为极限的定义。

和一元函数的情况一样,二元函数在一点处的极限,如果存在,则一定是惟一的。

例 7.21 设 $f(x,y)=(x^2+y^2)\cos\dfrac{1}{x^2+y^2}$,试证 $\lim\limits_{(x,y)\to(0,0)}f(x,y)=0$。

证明 因为
$$|f(x,y)-0|=(x^2+y^2)\left|\cos\dfrac{1}{x^2+y^2}\right|\leqslant x^2+y^2,$$
所以,对任意的 $\varepsilon>0$,取 $\delta=\sqrt{\varepsilon}$,则当
$$0<\sqrt{x^2+y^2}<\delta$$
时,有
$$|f(x,y)-0|\leqslant x^2+y^2<\delta^2=\varepsilon,$$
故 $\lim\limits_{(x,y)\to(0,0)}f(x,y)=0$。

例 7.22 设 $f(x,y)=\dfrac{xy}{x-y}$,试证 $\lim\limits_{(x,y)\to(0,0)}f(x,y)$ 不存在.

证明 当 (x,y) 沿直线 $y=2x$ 趋向于 $(0,0)$ 时,

$$\lim_{\substack{(x,y)\to(0,0)\\y=2x}}f(x,y)=\lim_{x\to 0}\frac{2x^2}{-x}=0.$$

当 (x,y) 沿抛物线 $y=x+x^2$ 趋向于 $(0,0)$ 时,

$$\lim_{\substack{(x,y)\to(0,0)\\y=x+x^2}}f(x,y)=\lim_{x\to 0}\frac{x^2+x^3}{-x^2}=-1.$$

即当 (x,y) 以不同的方式趋向于 $(0,0)$,$f(x,y)$ 趋向于不同的值,所以 $\lim\limits_{(x,y)\to(0,0)}f(x,y)$ 不存在.

2. 函数极限的运算、函数在一点的连续性

在一点处求函数极限的过程中,常常需要做一些四则运算.下面的定理就是这些运算的规则,我们都不给出证明.

定理 7.1 假设函数 $f(x,y),g(x,y)$ 在点 (a,b) 处分别有极限 A,B,即

$$\lim_{(x,y)\to(a,b)}f(x,y)=A,\quad \lim_{(x,y)\to(a,b)}g(x,y)=B,$$

则有:(1) $\lim\limits_{(x,y)\to(a,b)}(f(x,y)\pm g(x,y))=A\pm B$;

(2) $\lim\limits_{(x,y)\to(a,b)}f(x,y)g(x,y)=AB$;

(3) $\lim\limits_{(x,y)\to(a,b)}\dfrac{f(x,y)}{g(x,y)}=\dfrac{A}{B}$,其中假设 $B\neq 0$.

例 7.23 求极限 $\lim\limits_{(x,y)\to(0,1)}\dfrac{\ln(1+xy)}{x}$.

解 $\lim\limits_{(x,y)\to(0,1)}\dfrac{\ln(1+xy)}{x}$

$=\lim\limits_{(x,y)\to(0,1)}\dfrac{\ln(1+xy)}{xy}\cdot y$

$=\lim\limits_{(x,y)\to(0,1)}\dfrac{\ln(1+xy)}{xy}\cdot \lim\limits_{(x,y)\to(0,1)}y$

$=1.$

前面说过,如果点 (a,b) 在函数 $f(x,y)$ 的定义域内,因而 $f(a,b)$ 为一实数.如果极限 $\lim\limits_{(x,y)\to(a,b)}f(x,y)$ 也存在,人们通常会认为这个极限值就是函数值 $f(a,b)$.上面已经有例子(小字)说明这种"认为"不一定是对的.

下面再看看 7.1.2 节中的几个例子.在例 7.6 中,$\lim\limits_{(x,y)\to(1,1)}(x-2y)=-1=f(1,1)$;在例 7.7 中,$\lim\limits_{(x,y)\to(0,0)}(x^2-y^2)=0=f(0,0)$;例 7.8、例 7.9 的情况

也类似；在例 7.10 中，只要点 (a,b) 在函数的定义域内（即 $b>0$），总有 $\lim\limits_{(x,y)\to(a,b)} e^{-\frac{x^2}{y}} = e^{-\frac{a^2}{b}}$，但在定义域的边界点 $(0,0)$，函数在这一点的极限不存在，即属于上面所说的第三种情况. 在例 7.11 中，$\lim\limits_{(x,y)\to(0,0)} f(x,y)=1=f(0,0)$；但在点 $(0,1)$，当 (x,y) 沿 $x=0, y>1$ 这种方式趋于点 $(0,1)$ 时，$f(x,y)$ 趋于 0；但当 (x,y) 以另一种方式，即沿 $x=0, y<1$ 趋于点 $(0,1)$ 时，$f(x,y)$ 则趋于 1，这说明函数在点 $(0,1)$ 处没有极限.

在这些例子中，我们除了关心函数在某一点处是否有极限以外，更重要的是这个极限值是否就是函数在这一点的值；也就是在一元函数中讨论过的函数在一点处的**连续性**问题. 下面的定义是比照一元函数给出的.

定义 7.10 如果函数 $f(x,y)$ 在其定义域内的某一点 (a,b) 有极限，而且这个极限值等于函数在这一点的值，即

$$\lim_{(x,y)\to(a,b)} f(x,y) = f(a,b), \tag{7.4}$$

则称函数 $f(x,y)$ 在 $(x,y)=(a,b)$ 这一点**连续**；否则就称函数 $f(x,y)$ 在这一点**不连续**或**有间断**，而称点 (a,b) 为函数 $f(x,y)$ 的**不连续点**或**间断点**.

*对二元函数来说，函数的不连续现象不仅可能发生在一个点，还可能出现在一段直线或曲线上，例如从图 7.11 上可以看出来，例 7.11 中的"帐篷函数"就有两段间断线：$y=1, -1<x<1$；以及 $y=-1, -1<x<1$. 例 7.12 中的函数也有一段间断线. 函数的间断甚至可能出现在定义域中的某个复杂的点集上.

由此可见，函数 $f(x,y)$ 在 (a,b) 处不连续，无非是以下两种情况：
(1) 函数在 (a,b) 处的极限不存在（或趋于 ∞）；
(2) 函数在 (a,b) 处的极限存在，但与 $f(a,b)$ 不相等.

和一元函数的情况一样，也可以从几何上看二元函数在一点的连续性. 如果把函数 $z=f(x,y)$ 看成是一片曲面，其上每一点的坐标为 $(x,y,f(x,y))$. 函数在点 $P(a,b)$ 处连续，就是当点 $(x,y,f(x,y))$ 在点 $(a,b,f(a,b))$ 附近沿曲面变动时，只要平面上两点 $P(a,b), Q(x,y)$ 之间的距离 $d(P,Q)$ 很小，则曲面上相应两点的纵向距离 $|f(x,y)-f(a,b)|$ 也就很小. 反过来，如果存在一个正数 d，使得在平面上点 (a,b) 无论多小的邻域中，都可以找到点 (x,y)，满足不等式 $|f(x,y)-f(a,b)|>d>0$. 这就说明函数 $f(x,y)$ 在这一点"不连续".

例 7.6～例 7.9 中的函数在其定义域（全平面）中的每一点都是连续的.

3. 连续函数的性质

定义 7.11 函数 $f(x,y)$ 在区域 D 上有定义，如果它在 D 内的任意一点都连续，则称函数在**区域 D 中连续**.

* 如果函数 $f(x,y)$ 在闭区域 $D\cup\partial D$ 上有定义,而区域 D 由一些子区域 D_1, $D_2,\cdots,D_k$ 组成: $D=D_1\cup D_2\cup\cdots\cup D_k$. 如果 $f(x,y)$ 在每一个闭子区域 $\bar{D_i}(i=1, 2,\cdots,k)$ 上都连续,则说 $f(x,y)$ 在 $\bar{D}$ 上"分块连续".

连续函数有以下性质:

(1) 如果两个函数 f,g 都在点 (a,b) 连续,则函数 $f\pm g, fg, |f|$, $f/g(g(a,b)\neq 0)$ 也都在点 (a,b) 连续.

(2) (复合函数的连续性) 如果函数 $f(x,y)$ 在点 (a,b) 连续,即
$$\lim_{(x,y)\to(a,b)} f(x,y) = f(a,b) = c;$$
又设一元函数 $g(u)$ 在 $u=c$ 连续,则
$$\lim_{(x,y)\to(a,b)} g(f(x,y)) = g(f(a,b)).$$
即复合函数 $g(f(x,y))$ 在点 (a,b) 连续.

(3) 如果函数 $f(x,y)$ 在点 (a,b) 连续而且 $f(a,b)>0(<0)$,则存在一个点 (a,b) 的小邻域 $U((a,b),\varepsilon)$,使得在此小邻域内 $f(x,y)$ 总是大于(或小于)零.

(4) (二元连续函数的介值定理) 如果函数 $f(x,y)$ 在区域 D 连续,而且在 D 内两点 P,Q 的值异号,即 $f(P)f(Q)<0$,则 D 内必有一点 U,使 $f(U)=0$.

* 函数 $z=f(x,y)$ 表示三维空间中的一个曲面. 方程 $f=0$ 可以看成是曲面 $z=f(x,y)$ 和平面 $z=0$ 的交线,线上的任何一点都满足方程 $f=0$. 所以严格说,方程 $f(x,y)=0$ 的解是一条平面曲线 $y=g(x)$, 对所有 $g(x)$ 的定义域内的点 x,都满足恒等式 $f(x,g(x))\equiv 0$. 性质(4)不过说明在所说的条件下,一定能找到平面曲线 $y=g(x)$ 上的一个点而已.

连续函数的性质(3),(4)的几何意义是很明显的. 前者说明只要 $f(a,b)$ 为正,则不论这个值多么小,由于它是连续变化的,所以在点 (a,b) 附近总有一个小范围使它仍保持正号,即不可能 (x,y) 一离开点 (a,b),函数立即变为非正. 这个性质刻画了函数在一点连续的特性.

(5) 如果函数 $f(x,y)$ 在有界闭区域 $D\cup\partial D$ 上连续,则其中存在两个点 $(a,b),(c,d)$,使得对闭域中的任意点 (x,y),都有
$$f(c,d) \leqslant f(x,y) \leqslant f(a,b). \tag{7.5}$$
这一条说的是连续函数在整个有界闭区域上的性质. $f(c,d)=m$ 叫做函数 $f(x,y)$ 在闭域上的**最小值**,(c,d) 叫做 f 的**最小值点**;相应地,$f(a,b)=M$ 叫做 f 的**最大值**,(a,b) 叫做 f 的**最大值点**.

要注意的是,最后这个性质对于开区域而言未必成立.

例 7.24 函数 $f(x,y)=x^2+y^2-1$ 在开区域 $x^2+y^2<1$ 中只有最小值 -1,而没有最大值.

第7章 二元函数

例 7.25 函数 $f(x,y) = \begin{cases} 1, & x \geq 0 \\ -1, & x < 0 \end{cases}$ 在全平面除了 y 轴以外都连续，且 $f(-1,y)f(1,y) = -1 < 0$，但在全平面没有使函数值等于零的点.

例 7.26 函数 $f(x,y) = x^2 - y^2$ 在全平面连续，但不存在它的最小值和最大值.

例 7.27 二元方程 $f(x,y) = y^2 + xy + 1 = 0$ 必有实根.

解 这里我们不用二元连续函数的介值定理，而用比较简单并为大家所熟悉的办法来解. 方程对变量 y 是一个二次多项式，我们把它解出来：

$$y = \frac{1}{2}(-x \pm \sqrt{x^2 - 4}) = g(x),$$

它的定义域是 $\{x \leq -2 \text{ 或 } x \geq 2\}$. 在这两条曲线上任取实数点都是 $f = 0$ 的实根，例如 $(2, -1), (4, -2 \pm \sqrt{3})$ 等.

例 7.28 二元方程 $f(x,y) = x^3 + y^3 - 2x^2 + y - 1 = 0$ 必有一个实根.

解 $f(x,y)$ 是一个在全平面连续的函数. 它满足 $f(0,1) = 1 > 0, f(1,0) = -2 < 0$；根据二元连续函数的介值定理，必有点 (a,b)，使得 $f(a,b) = 0$.

习题 7.4

1. 求下列极限的值：

(1) $\lim\limits_{\substack{x \to 1 \\ y \to 2}} \dfrac{3 - x - y}{4 + x - 2y}$；

(2) $\lim\limits_{\substack{x \to 1 \\ y \to 0}} \dfrac{\ln(x + e^y)}{\sqrt{x^2 + y^2}}$；

(3) $\lim\limits_{\substack{x \to 0 \\ y \to 0}} \dfrac{2 - \sqrt{xy + 4}}{xy}$；

(4) $\lim\limits_{\substack{x \to 0^+ \\ y \to 1}} \dfrac{x + y - 1}{\sqrt{x} - \sqrt{1 - y}}$；

(5) $\lim\limits_{\substack{x \to 0 \\ y \to 0}} \dfrac{x \sin(x^2 + y^2)}{x^2 + y^2}$；

(6) $\lim\limits_{\substack{x \to 0 \\ y \to 0}} \dfrac{1 - \cos xy}{e^{x^2 y^2} - 1}$；

(7) $\lim\limits_{\substack{x \to 2 \\ y \to 1}} \dfrac{\arcsin(xy - 2)}{\arctan(3xy - 6)}$；

(8) $\lim\limits_{\substack{x \to 0 \\ y \to 1}} e^{-\frac{1}{x^2 (y-1)^2}}$；

(9) $\lim\limits_{\substack{x \to 0 \\ y \to 0}} \left(x \sin \dfrac{1}{y} + y \sin \dfrac{1}{x} \right)$；

(10) $\lim\limits_{x \to 0} \lim\limits_{y \to 0} \dfrac{xy}{x^2 + y^2}$.

2. 证明下列极限不存在：

(1) $\lim\limits_{\substack{x \to 0 \\ y \to 0}} \dfrac{3x - 2y}{2x - 3y}$；

(2) $\lim\limits_{\substack{x \to 0 \\ y \to 0}} \dfrac{x^2 y^2}{x^2 y^2 + (x - y)^2}$；

(3) $\lim\limits_{\substack{x\to 0\\y\to 0}}\dfrac{xy}{x^2+y^2}$; (4) $\lim\limits_{\substack{x\to 0\\y\to 0}}\dfrac{xy}{x+y}$;

(5) $\lim\limits_{\substack{x\to 0\\y\to 0\\z\to 0}}\dfrac{4x+y-3z}{2x-5y+2z}$.

3. 证明：$\lim\limits_{\substack{x\to 0\\y\to 0}}\dfrac{xy}{\sqrt{x^2+y^2}}=0$.

4. 求下列函数的间断点：

(1) $f(x,y)=\dfrac{\sin xy}{x}$;

(2) $f(x,y)=\dfrac{y^2+2x}{y^2-2x}$;

(3) $f(x,y)=\dfrac{x^2 y^2}{y^2-2x}$;

(4) $f(x,y)=\begin{cases}\dfrac{x}{3x+5y}, & (x,y)\neq(0,0),\\ 0, & (x,y)=(0,0).\end{cases}$

5. 证明下列函数在定义域中任意一点 (a,b) 处，$f(x,y)-f(a,b)$ 都是无穷小量(即 f 在 (a,b) 处连续).

(1) $f(x,y)=xy$; (2) $f(x,y)=x+2y$;

(3) $f(x,y)=\dfrac{y}{x}$; (4) $f(x,y)=\sqrt{x^2+y^2}$.

6. 已知函数 $f(x,y)$ 在点 $P_0(x_0,y_0)$ 处连续，且 $f(x_0,y_0)>0$，试用反证法证明：存在 $\delta>0$，使得 $f(x,y)>\dfrac{1}{3}f(x_0,y_0)$ 对任意的 $(x,y)\in U(P_0,\delta)$ 都成立.

复习题 7

1. 证明极限 $\lim\limits_{\substack{x\to 0\\y\to 0}}\dfrac{xy^2}{x^2+y^4}$ 不存在.

2. 已知 $f(x,y)=x^3+x^2y+xy^2+y^3+100$，证明方程 $f(x,y)=0$ 存在无穷多组实根.

3. 已知函数 $f(x,y)$ 在 $\mathbb{R}^2$ 上连续，且 $\lim\limits_{\substack{x\to\infty\\y\to\infty}}f(x,y)=-\infty$，证明存在一点

(x_0, y_0),使得 $f(x_0, y_0) \geq f(x, y)$ 对任意的 (x, y) 都成立.

4. 已知函数 $f(x, y)$ 在 $\mathbb{R}^2$ 上非负连续,且不恒等于零,若 $\lim\limits_{\substack{x \to \infty \\ y \to \infty}} f(x, y) = 0$,试证存在 (x_0, y_0) 使得 $f(x_0, y_0) \geq f(x, y)$ 对任意的 (x, y) 都成立.

5. 设 $f(x, y)$ 是 $\mathbb{R}^2$ 上的连续函数,c 为实数,令
$$E = \{(x, y) \in \mathbb{R}^2 \mid f(x, y) > c\},$$
证明点集 E 是 $\mathbb{R}^2$ 中的开集.

二元函数的偏导数和全微分

第 8 章

8.1 偏导数的概念

8.1.1 二元函数的偏导数

对一元函数来说,函数在一点的导数表示函数在这一点对自变量的变化率(具体的如速率、密度、电阻等).作为一种几何表示,函数用一段曲线来代表,而函数在某一点对于自变量的变化率就用曲线在这一点切线的斜率(导数)来表示.

如何把这种概念推广到二(或更高)维呢? 假设给定的二元函数是 $z=f(x,y)$,其定义域中的某一固定点记为 (a,b). 一个简单的办法是把这个二元函数先看成是一元函数,即先假定函数中的第二个变量 y 取定为常数值 b,于是函数就变成 x 的一元函数 $f(x,b)$,我们可以在点 $x=a$ 处对这个一元函数关于 x 求导数(如果它存在)$\dfrac{\mathrm{d}f(x,b)}{\mathrm{d}x}\Big|_{x=a}=f'(a,b)$. 同样,把 f 的第一个变量 x 先固定为常数 a,f 就变成一个一元函数 $f(a,y)$,这样又可以在点 b 对 y 求导数 $\dfrac{\mathrm{d}f(a,y)}{\mathrm{d}y}\Big|_{y=b}=f'(a,b)$. 注意这两个式子右端的形式是一样的. 为了区别,我们把这两个式子分别写为

$$\frac{\partial f(x,y)}{\partial x}\Big|_{(a,b)} = f_x(a,b), \quad \frac{\partial f(x,y)}{\partial y}\Big|_{(a,b)} = f_y(a,b),$$

(8.1)

并读作"二元函数 $f(x,y)$ 对 x(或对 y)的**偏导数**在 (a,b) 处的值".

从几何上看,量 $\dfrac{\partial f(x,y)}{\partial x}\bigg|_{(a,b)}$ 就是函数 f 所表示的曲面 S 和平面 $y=b$ 所交的曲线 c_1 上点 (a,b) 处切线的斜率;而 $\dfrac{\partial f(x,y)}{\partial y}\bigg|_{(a,b)}$ 则为曲面 S 和平面 $x=a$ 的交线 c_2 上点 (a,b) 处的切线斜率(见图 8.1). 它们分别是二元函数 $f(x,y)$ 沿曲面 S 上曲线 c_1 和 c_2 的变化率.

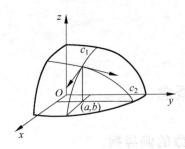

图 8.1

例 8.1 设 $f(x,y)=y^2+xy$,求在点 (a,b) 处的偏导数 $f_x(a,b),f_y(a,b)$.

解 $f_x=y,f_y=2y+x$,所以 $f_x(a,b)=b,f_y(a,b)=2b+a$.

例 8.2 设 $f(x,y)=x^y$,求 $f_x(x,y),f_y(x,y)$.

解 在 $f(x,y)=x^y$ 中将 y 看做常数,关于 x 求导得
$$f_x(x,y)=yx^{y-1}.$$
类似地,在 $f(x,y)=x^y$ 中将 x 看做常数,关于 y 求导得
$$f_y(x,y)=x^y\ln x.$$

例 8.3 已知 $xy=z$,求 $\dfrac{\partial z}{\partial x},\dfrac{\partial x}{\partial y},\dfrac{\partial y}{\partial z}$.

解 由 $z=xy$ 得 $\dfrac{\partial z}{\partial x}=y$.

将原式化为 $x=\dfrac{z}{y}$,关于 y 求导得 $\dfrac{\partial x}{\partial y}=-\dfrac{z}{y^2}$.

将原式化为 $y=\dfrac{z}{x}$,关于 z 求导得 $\dfrac{\partial y}{\partial z}=\dfrac{1}{x}$.

在此例中,
$$\dfrac{\partial z}{\partial x}\cdot\dfrac{\partial x}{\partial y}\cdot\dfrac{\partial y}{\partial z}=y\cdot\left(-\dfrac{z}{y^2}\right)\cdot\dfrac{1}{x}=-\dfrac{z}{xy}=-1.$$

这说明偏导数的记号 $\dfrac{\partial z}{\partial x}$ 等只能是一个整体记号,不能看做分子 ∂z 与分母 ∂x

的商. 这与一元函数导数的记号 $\dfrac{\mathrm{d}y}{\mathrm{d}x}$ 可以看做是 $\mathrm{d}y$ 与 $\mathrm{d}x$ 的商不同.

类似于一元函数,下面讨论多元复合函数求偏导的法则. 设有二元函数 $z=f(u,v)$,而 $u=\varphi(x,y), v=\psi(x,y)$. 以 u,v 为中间变量得到复合函数

$$z = f(\varphi(x,y),\psi(x,y)) = g(x,y).$$

如果 $f(u,v), f_u(u,v)$ 以及 $f_v(u,v)$ 都是 (u,v) 的连续函数,$\varphi(x,y),\psi(x,y)$ 有偏导数,则复合函数 $f(\varphi(x,y),\psi(x,y))$ 对 x 和 y 的偏导数分别为

$$\frac{\partial z}{\partial x} = f_u \frac{\partial \varphi}{\partial x} + f_v \frac{\partial \psi}{\partial x},$$

$$\frac{\partial z}{\partial y} = f_u \frac{\partial \varphi}{\partial y} + f_v \frac{\partial \psi}{\partial y}.$$

这个式子称为复合函数求导数的"链式法则".

例 8.4 求函数 $z=\dfrac{1}{\sqrt{x^2+y^2+1}}$ 对 t 的导数 $\dfrac{\mathrm{d}z}{\mathrm{d}t}$,其中 $x=2t+\sin t, y=t^2+1$.

解 $\dfrac{\mathrm{d}z}{\mathrm{d}t} = \dfrac{\partial z}{\partial x}\dfrac{\mathrm{d}x}{\mathrm{d}t} + \dfrac{\partial z}{\partial y}\dfrac{\mathrm{d}y}{\mathrm{d}t}$

$$= \frac{-x}{(\sqrt{x^2+y^2+1})^3} \cdot (2+\cos t) + \frac{-y}{(\sqrt{x^2+y^2+1})^3} \cdot (2t)$$

$$= -\frac{(2t+\sin t)(2+\cos t) + 2t(t^2+1)}{[(2t+\sin t)^2 + (t^2+1)^2 + 1]^{3/2}}.$$

例 8.5 求函数 $z=u^2+u-1$ 对 x,y 的偏导数,其中 $u=\mathrm{e}^{x^2+y^2}$.

解 $\dfrac{\partial z}{\partial x} = \dfrac{\mathrm{d}z}{\mathrm{d}u}\dfrac{\partial u}{\partial x} = (2u+1)\mathrm{e}^{x^2+y^2} \cdot (2x) = 2x(2\mathrm{e}^{x^2+y^2}+1)\mathrm{e}^{x^2+y^2},$

$\dfrac{\partial z}{\partial y} = \dfrac{\mathrm{d}z}{\mathrm{d}u}\dfrac{\partial u}{\partial y} = (2u+1)\mathrm{e}^{x^2+y^2} \cdot (2y) = 2y(2\mathrm{e}^{x^2+y^2}+1)\mathrm{e}^{x^2+y^2}.$

例 8.6 求函数 $z=uv$ 对 x,y 的偏导数,其中 $u=\dfrac{x}{y}, v=\dfrac{y}{x}$.

解 $\dfrac{\partial z}{\partial x} = \dfrac{\partial z}{\partial u}\dfrac{\partial u}{\partial x} + \dfrac{\partial z}{\partial v}\dfrac{\partial v}{\partial x} = v \cdot \dfrac{1}{y} + u \cdot \left(-\dfrac{y}{x^2}\right) = \dfrac{1}{x} - \dfrac{1}{x} = 0,$

$\dfrac{\partial z}{\partial y} = \dfrac{\partial z}{\partial u}\dfrac{\partial u}{\partial y} + \dfrac{\partial z}{\partial v}\dfrac{\partial v}{\partial y} = v \cdot \left(-\dfrac{x}{y^2}\right) + u \cdot \dfrac{1}{x} = -\dfrac{1}{y} + \dfrac{1}{y} = 0.$

例 8.4 是一个自变量,两个中间变量. 例 8.5 是两个自变量,一个中间变量,例 8.6 是两个自变量,两个中间变量,它们都可以利用链式法则.

例 8.7 已知 $f(u,v), f_u(u,v)$ 及 $f_v(u,v)$ 都连续,$z=f\left(xy, \dfrac{x}{y}\right)$,求

$\dfrac{\partial z}{\partial x}, \dfrac{\partial z}{\partial y}$.

解 根据复合函数的链导法则,

$$\dfrac{\partial z}{\partial x} = f_u \dfrac{\partial u}{\partial x} + f_v \dfrac{\partial v}{\partial x}$$

$$= f_u\left(xy, \dfrac{x}{y}\right)y + f_v\left(xy, \dfrac{x}{y}\right)\dfrac{1}{y};$$

$$\dfrac{\partial z}{\partial y} = f_u \dfrac{\partial u}{\partial y} + f_v \dfrac{\partial v}{\partial y}$$

$$= f_u\left(xy, \dfrac{x}{y}\right)x + f_v\left(xy, \dfrac{x}{y}\right)\left(-\dfrac{x}{y^2}\right)$$

$$= x\left[f_u\left(xy, \dfrac{x}{y}\right) - \dfrac{1}{y^2}f_v\left(xy, \dfrac{x}{y}\right)\right].$$

8.1.2 二元函数的全微分和泰勒公式

在一元函数中,如果已知函数及其导数在一点 a 处的值,我们就能用线性化的方法近似地求出在点 a 附近其他点处的函数值.到了二维,能否根据已知二元函数及其两个偏导数在一点 (a,b) 处的值来近似地求出 (a,b) 附近点处的函数值呢?

回忆一元的情况:当时用的是局部地"以直代曲",即用函数在一点 a 处的切线来近似代替函数在这一点附近的曲线,用 $f(a)+f'(a)h$(微分)来近似函数值 $f(a+h)$. 对于二维的情况,曲面代替了曲线,问题就是如何由 $f(a,b)$ 及在这一点函数的偏导数来近似地求附近其他点处的函数值 $f(a+h,b+k)$. 这里就自然想到把一元函数的微分定义(见(4.1)式)形式地推广到二维,就是先**假设**

$$f(a+h,b+k) = f(a,b) + Ah + Bk + o(\rho), \quad \text{其中 } \rho = \sqrt{h^2+k^2}. \tag{8.2}$$

这里 A,B 是不依赖于 h,k(但可以依赖于 a,b)的常数.

我们假设这个式子对使 ρ 充分小的一切 h 和 k 都成立,为了求 A,B,在(8.2)式中取 $k=0$,则得到

$$\dfrac{f(a+h,b)-f(a,b)}{h} = A + \dfrac{o(\rho)}{h} = A + \dfrac{o(h)}{h},$$

令 $h \to 0$,右端第一项是常数,第二项的极限为 0,于是推出 $\left.\dfrac{\partial f(x,y)}{\partial x}\right|_{(a,b)} = A$;

同样的推理可以推出 $\left.\dfrac{\partial f(x,y)}{\partial y}\right|_{(a,b)} = B$. 于是就引出下面的定义和命题.

8.1 偏导数的概念

定义 8.1 设点 (a,b) 及其某个小邻域 U 都位于二元函数 $z=f(x,y)$ 的定义域内，如果对所有满足条件 $(a+h,b+k)\in U$ 的点，(8.2)式都成立，则称二元函数在点 (a,b) 处可微，如果在函数的定义域 D 内每点都可微，则称 $f(x,y)$ 是 D 内的可微函数.

命题 8.1 假设在点 (a,b) 处(8.2)式成立，则二元函数 $f(x,y)$ 在点 (a,b) 处的两个偏导数 $\left.\dfrac{\partial f(x,y)}{\partial x}\right|_{(a,b)}, \left.\dfrac{\partial f(x,y)}{\partial y}\right|_{(a,b)}$ 都存在，而且下式成立：

$$f(a+h,b+k)=f(a,b)+f_x(a,b)h+f_y(a,b)k+o(\rho),\quad \rho\to 0, \tag{8.3}$$

其中以自变量增量 h,k 为新自变量的二元线性函数

$$df|_{(a,b)}=f_x(a,b)h+f_y(a,b)k=f_x(a,b)dx+f_y(a,b)dy \tag{8.4}$$

称为函数 f 在点 (a,b) 处的**微分**或"**全微分**"；$h=dx, k=dy$ 称为自变量的微分.

* 在命题 8.1 中，我们强调：(1)说一个函数的微分，必须指出是在哪一点；如果没有明确指出，那就意味着是函数定义域内的任意一点. (2)函数 $f(x,y)$ 的微分 df 还是一个函数，但自变量不再是 x,y，而是它们的增量 $dx=\Delta x=h, dy=\Delta y=k$. (3) df 是其自变量的线性函数，而且当 $\rho\to 0$ 时它还是一个无穷小量. (4) df 与函数在这一点处的增量之差 $\Delta f-df=o(\rho)$，这就使人们可以在 h,k 充分小时，用它们的线性函数 df 来近似代替函数在这一点附近的增量.

* 在一元函数中，函数在一点可微与可导是同一回事，但在二元函数中，可微和可求偏导就不一样了. 微分是用来刻画函数在一点周围附近的变化，而可求偏导只刻画过此点函数沿两条特定曲线的变化率.

由二元函数连续性的定义，可以推出下面的命题.

命题 8.2 在一点处可微的二元函数必在这一点连续.

对于一元函数，函数在一点处连续是它在这一点可微的必要而非充分的条件. 而函数在一点处可微的必要且充分的条件是函数在这一点的导数存在. 连续，可微，导数这些都是重要的函数局部性质，在一元函数中它们之间有这些关系. 那么对二元函数呢？这些关系在二元的情况有什么变化吗？

* 上面说过，在二元函数中，在一点处连续或在一点处两个偏导数存在都是函数在这一点可微的必要条件. 也就是说，如果二元函数在一点可微，则它必在这一点连续，而且两个偏导数也都存在. 然而二元函数的连续和偏导数存在这二者本身却没有什么互推的关系. 这一点似乎有点奇怪，请看下面的例子.

例 8.8 二元函数 $f(x,y)=\sqrt{x^2+y^2}$ 在点 $(0,0)$ 连续，但由于 $\lim\limits_{x\to 0}\dfrac{f(x,0)-f(0,0)}{x}=\lim\limits_{x\to 0}\dfrac{\sqrt{x^2}}{x}=\lim\limits_{x\to 0}\dfrac{|x|}{x}$ 不存在，所以 $\left.\dfrac{\partial f(x,y)}{\partial x}\right|_{(0,0)}$ 不存在.

同样可以证明 $\dfrac{\partial f(x,y)}{\partial y}\bigg|_{(0,0)}$ 也不存在.

例 8.9 二元函数
$$z = f(x,y) = \begin{cases} \sqrt{1-x^2}, & y=0, -1 \leqslant x \leqslant 1, \\ \sqrt{1-y^2}, & x=0, -1 \leqslant y \leqslant 1, \\ 0, & \text{其他}. \end{cases}$$

这个函数在点 $(0,0)$ 不连续(因而不可微),但它的两个偏导数在这一点处都存在而且都等于 0.

* 这个例子也说明:对二元函数而言,函数在一点的两个偏导数都存在只是函数在这一点可微的必要条件而不是充分条件.

* 从一元函数的角度来看,很难想像在曲线的不连续点处竟然还有导数(切线).这种现象在二元函数中之所以可能发生,是因为二元函数在一点的连续性中,极限存在的要求很高(自变量以"任意方式"趋于一点),而在一点偏导数的存在性只要求自变量沿两个方向趋于这一点的极限存在就够了.例 8.9 说明这一点.

这里给出一个函数 $f(x,y)$ 在一点 (a,b) 处全微分存在的充分条件(不加证明):$f(x,y)$ 的偏导数 f_x, f_y 在点 (a,b) 处连续.

和一元函数一样,二元函数也有其**偏导函数**. 如果函数 $f(x,y)$ 在它的定义域内每一点都有两个偏导数 f_x, f_y,则 f_x, f_y 分别称为是函数 $f(x,y)$ 对于自变量 x 和 y 的**偏导函数**.

一个二元函数的方程(隐函数)$F(x,y)=0$ 在一定的条件下可以在某一点 $x=a$ 的附近"解出"一个一元显函数 $y=f(x)$(一条曲线),即对一切 x,恒等式 $F(x,f(x))=0$ 成立. 在这条曲线上的一点处,其切线的斜率是 $\dfrac{\mathrm{d}y}{\mathrm{d}x} = y' = f'(x) = \tan\alpha$,其中 α 是此切线与 x 轴的交角. 如果希望直接通过 F 来表示切线的斜率,只需把方程 $F(x,y)=0$ 两边求全微分:$F_x\mathrm{d}x + F_y\mathrm{d}y = 0$,就得到 $\dfrac{\mathrm{d}y}{\mathrm{d}x} = f'(x) = \tan\alpha = -\dfrac{F_x}{F_y}$. 进一步看,这条从切点出发的切线是一个向量 $(\cos\alpha, \sin\alpha)$(称为曲线在这一点的切向量),如果只看向量的方向而不考虑其大小,则也可以写成 $(1, \tan\alpha) = \left(1, -\dfrac{F_x}{F_y}\right) = \dfrac{1}{F_y}(F_y, -F_x)$,因此不计大小的切向量可以表示为 $(\mathrm{d}x, \mathrm{d}y)$ 或 $(F_y, -F_x)$.

* 把上面的结果推广到空间的曲面. 一个三元函数 $F(x,y,z)=0$ 在一定条件也可以"解出"一个二元显函数 $z=f(x,y)$,即后者对一切 x,y 满足方程

$F(x,y,f(x,y))=0$. 如何直接由函数 $F(x,y,z)$ 来表示函数 $f(x,y)$ 的偏导数呢? 为此我们分别对这两个等式的两边求全微分,得到 $dz=f_x dx+f_y dy$ 以及

$$F_x dx + F_y dy + F_z dz = F_x dx + F_y dy + F_z(f_x dx + f_y dy)$$
$$= (F_x + F_z f_x) dx + (F_y + F_z f_y) dy$$
$$= 0.$$

由于自变量的微分 dx, dy 可以任意取,如果取 $dy=0, dx \neq 0$. 则有 $F_x + F_z f_x = 0$;同样,取 $dx=0, dy \neq 0$,就得到 $F_y + F_z f_x = 0$,所以,由方程 $F(x,y,z)=0$ 所确定的二元函数 $z=f(x,y)$ 的两个偏导数直接用 F 来表达就是

$$\frac{\partial f}{\partial x} = -\frac{F_x}{F_z}, \quad \frac{\partial f}{\partial y} = -\frac{F_y}{F_z}.$$

几何上看,这两个式子说明:在曲面 $F=0$ 上,沿 x,y 方向曲线在同一点的两条切线(它们分别位于与 xOz 平面及与 yOz 平面平行的平面上. 见图 8.1)方向分别为 $(1,0,f_x), (0,1,f_y)$,或 $(F_z,0,-F_x), (0,F_z,-F_y)$.

例如球面方程 $F(x,y,z) = x^2 + y^2 + z^2 - 1 = 0$,在 $z>0$ 处解得 $z = \sqrt{1-x^2-y^2}$,在其上一点 $(0,0,1)$ 处,沿 x 及 y 方向的切线方向分别为 $(2,0,0)$ 及 $(0,2,0)$,或使其单位化后为 $(1,0,0), (0,1,0)$.

* 也可以利用复合函数的求导法来求隐函数的偏导数. 若二元函数 $F(x,y)$ 具有一阶连续偏导数,且 $F(x,y)=0$ 确定了一个隐函数 $y=y(x)$,在 $F(x,y)=0$ 两端关于 x 求导,将 y 看做是中间变量得

$$F_x + F_y \frac{dy}{dx} = 0,$$

所以 $\dfrac{dy}{dx} = -\dfrac{F_x}{F_y}$.

类似地,若三元函数 $F(x,y,z)$ 具有一阶连续偏导数,且 $F(x,y,z)=0$ 确定了一个二元隐函数 $z=z(x,y)$,则在此方程两端分别关于 x,y 求导,将 z 看做是中间变量得

$$F_x + F_z \frac{\partial z}{\partial x} = 0,$$
$$F_y + F_z \frac{\partial z}{\partial y} = 0,$$

所以 $\dfrac{\partial z}{\partial x} = -\dfrac{F_x}{F_z}, \dfrac{\partial z}{\partial y} = -\dfrac{F_y}{F_z}$.

对于函数 $f(x,y)$ 的两个偏导函数,我们还可以分别求它们对 x、对 y 的偏导数: $\dfrac{\partial}{\partial x} f_x(x,y) = f_{xx}(x,y), \dfrac{\partial}{\partial y} f_y(x,y) = f_{yy}(x,y)$,并称之为 $f(x,y)$ 的对 x、对 y 的二阶偏导数.

函数 f_x, f_y 在一点处除了可以分别对 x,y 求导数以外,前者还可以对 y,后者还可以对 x 分别求偏导数(如果这些偏导数都存在): $\dfrac{\partial f_x}{\partial y}, \dfrac{\partial f_y}{\partial x}$,并把它

们分别记为 f_{xy} 及 f_{yx}，或 $\dfrac{\partial^2 f}{\partial x \partial y}$，$\dfrac{\partial^2 f}{\partial y \partial x}$，通常称它们为函数 $f(x,y)$ 的二阶混合偏导数. 例如, 对于函数 $f(x,y)=x^2-y^2$, 就有 $f_x=2x, f_y=-2y, f_{xx}=2$, $f_{yy}=-2, f_{xy}=0, f_{yx}=0$. 对于函数 $f(x,y)=\ln(x^2+y^2)$, 就有 $f_x=\dfrac{2x}{x^2+y^2}$, $f_y=\dfrac{2y}{x^2+y^2}, f_{xy}=\dfrac{-4xy}{(x^2+y^2)^2}, f_{yx}=\dfrac{-4xy}{(x^2+y^2)^2}$.

在上述例子中,我们看出 $f_{xy}=f_{yx}$, 它是不是一个一般的规律呢? 答案是否定的. 这个等式成立的一个充分条件是: 如果二元函数 f_{xy} 和 f_{yx} 都是 x,y 的连续函数, 则等式 $f_{xy}=f_{yx}$ 成立.

用同样的程序,可以定义三阶及更高阶的各种偏导数. 有了函数高阶偏导数的概念,我们就可以引入高阶(全)微分. 例如:

$$\begin{aligned} d^2 f(x,y) &= d(df) = d(f_x dx + f_y dy) = d(f_x)dx + d(f_y)dy \\ &= (f_{xx}dx + f_{xy}dy)dx + (f_{yx}dx + f_{yy}dy)dy \\ &= f_{xx}(dx)^2 + 2f_{xy}dxdy + f_{yy}(dy)^2, \end{aligned}$$

其中用到了 $f_{xy}=f_{yx}$.

二阶以上的微分这里就不具体写出来了.

* 一个在其定义域中有若干阶(至少二阶)连续导数的函数一般被称为**光滑函数**.

与一元函数一样,二元函数在一点 (a,b) 处的微分就是它在 (a,b) 附近某一点 $(a+h,b+k)$ 处函数值增量的线性(一次)近似. 有了二阶微分,就可以进行二次近似了. 如果函数在一点处 n 阶可微, 就可以得到二元函数的 n 阶泰勒公式. 这里我们不去仔细讨论, 只是仿照一元的情况 ((4.4)式) 作类似的描述.

如果函数 $f(x,y)$ 在点 (a,b) 处二阶可微,则当 $\rho=\sqrt{h^2+k^2}$ 充分小时,有下列表示式:

$$\begin{aligned} f(a+h,b+k) = & f(a,b) + (f_x(a,b)h + f_y(a,b)k) \\ & + \frac{1}{2!}(f_{xx}(a,b)h^2 + 2f_{xy}(a,b)hk + f_{yy}(a,b)k^2) \\ & + o(\rho^2). \end{aligned} \quad (8.5)$$

记 $x=a+h, y=b+k$, 则上式具有以下形式:

$$\begin{aligned} f(x,y) = & f(a,b) + (f_x(a,b)(x-a) + f_y(a,b)(y-b)) \\ & + \frac{1}{2!}(f_{xx}(a,b)(x-a)^2 + 2f_{xy}(a,b)(x-a)(y-b) \\ & + f_{yy}(a,b)(y-b)^2) + o((x-a)^2 + (y-b)^2). \end{aligned} \quad (8.6)$$

(8.5)式,(8.6)式就叫做函数 $f(x,y)$ 在点 (a,b) 处的二阶泰勒展开式.

例 8.10 求函数 $z=e^{x^2+xy+y^2}$ 的二阶偏导函数.

解 $z_x=(2x+y)e^{x^2+xy+y^2}$, $z_y=(x+2y)e^{x^2+xy+y^2}$.

$z_{xx}=(2+4x^2+4xy+y^2)e^{x^2+xy+y^2}$,

$z_{yy}=(2+x^2+4xy+4y^2)e^{x^2+xy+y^2}$,

$z_{xy}=(1+(2x+y)(x+2y))e^{x^2+xy+y^2}$.

例 8.11 设 $z=yf\left(\dfrac{x}{y}\right)+xy\left(\dfrac{y}{x}\right)$,其中函数 f,g 具有二阶连续导数,求 $x\dfrac{\partial^2 z}{\partial x^2}+y\dfrac{\partial^2 z}{\partial x\partial y}$.

解 $\dfrac{\partial z}{\partial x}=yf'\left(\dfrac{x}{y}\right)\dfrac{1}{y}+g\left(\dfrac{y}{x}\right)+xg'\left(\dfrac{y}{x}\right)\left(-\dfrac{y}{x^2}\right)$

$=f'\left(\dfrac{x}{y}\right)+g\left(\dfrac{y}{x}\right)-\dfrac{y}{x}g'\left(\dfrac{y}{x}\right)$,

$\dfrac{\partial^2 z}{\partial x^2}=f''\left(\dfrac{x}{y}\right)\dfrac{1}{y}+g'\left(\dfrac{y}{x}\right)\left(-\dfrac{y}{x^2}\right)+\dfrac{y}{x^2}g'\left(\dfrac{y}{x}\right)-\dfrac{y}{x}g''\left(\dfrac{y}{x}\right)\left(-\dfrac{y}{x^2}\right)$

$=\dfrac{1}{y}f''\left(\dfrac{x}{y}\right)+\dfrac{y^2}{x^3}g''\left(\dfrac{y}{x}\right)$,

$\dfrac{\partial^2 z}{\partial x\partial y}=f''\left(\dfrac{x}{y}\right)\left(-\dfrac{x}{y^2}\right)+g'\left(\dfrac{y}{x}\right)\dfrac{1}{x}-\dfrac{1}{x}g'\left(\dfrac{y}{x}\right)-\dfrac{y}{x^2}g''\left(\dfrac{y}{x}\right)\dfrac{1}{x}$

$=-\dfrac{x}{y^2}f''\left(\dfrac{x}{y}\right)-\dfrac{y}{x^2}g''\left(\dfrac{y}{x}\right)$,

所以 $x\dfrac{\partial^2 z}{\partial x^2}+y\dfrac{\partial^2 z}{\partial x\partial y}=0$.

例 8.12 设非负函数 $z=z(x,y)$ 由方程

$$x^2-6xy+10y^2-2yz-z^2+18=0$$

确定,求 $\dfrac{\partial z}{\partial x},\dfrac{\partial^2 z}{\partial x^2}$ 在 $(9,3)$ 处的值.

解 在方程 $x^2-6xy+10y^2-2yz-z^2+18=0$ 两端关于 x 求导,将 z 看成中间变量,得

$$2x-6y-2y\dfrac{\partial z}{\partial x}-2z\dfrac{\partial z}{\partial x}=0. \qquad ①$$

在①式两端关于 x 求导,将 $\dfrac{\partial z}{\partial x}$ 看成中间变量,得

$$2-2y\dfrac{\partial^2 z}{\partial x^2}-2\left(\dfrac{\partial z}{\partial x}\right)^2-2z\dfrac{\partial^2 z}{\partial x^2}=0. \qquad ②$$

将 $x=9, y=3$ 代入原方程得
$$z^2 + 6z - 27 = 0,$$
因为 z 非负,所以解得 $z=3$.

将 $x=9, y=3, z=3$ 代入①式得 $\left.\dfrac{\partial z}{\partial x}\right|_{(9,3)} = 0$.

将 $x=9, y=3, z=3, \left.\dfrac{\partial z}{\partial x}\right|_{(9,3)} = 0$ 代入②式得 $\left.\dfrac{\partial^2 z}{\partial x^2}\right|_{(9,3)} = \dfrac{1}{6}$.

例 8.13 求函数 $z = \sin(1 + \sqrt{x^2 + y^2})$ 在任意点 (x,y) 处的全微分.

解
$$\begin{aligned}
dz &= \dfrac{\partial}{\partial x}(\sin(1+\sqrt{x^2+y^2}))dx + \dfrac{\partial}{\partial y}(\sin(1+\sqrt{x^2+y^2}))dy \\
&= \cos(1+\sqrt{x^2+y^2}) \cdot \dfrac{x}{\sqrt{x^2+y^2}}dx + \cos(1+\sqrt{x^2+y^2}) \cdot \dfrac{y}{\sqrt{x^2+y^2}}dy \\
&= \cos(1+\sqrt{x^2+y^2}) \dfrac{xdx + ydy}{\sqrt{x^2+y^2}}.
\end{aligned}$$

例 8.14（复合函数求微分）设 $z = x^2 + y^2, x = 2t, y = t^2$, 求 z 对 t 的微分.

解 $dz = 2xdx + 2ydy = 4t\dfrac{dx}{dt}dt + 2t^2\dfrac{dy}{dt}dt = (8t + 4t^3)dt$.

例 8.15 上题中如果 $x = 2u\sin v, y = u^2 + v^2$, 求对 u, v 的全微分.

解
$$\begin{aligned}
dz &= 2xdx + 2ydy = 4u\sin v\left(\dfrac{\partial x}{\partial u}du + \dfrac{\partial x}{\partial v}dv\right) + 2(u^2+v^2)\left(\dfrac{\partial y}{\partial u}du + \dfrac{\partial y}{\partial v}dv\right) \\
&= (8u\sin^2 v + 4u(u^2+v^2))du + (8u^2\sin v\cos v + 4v(u^2+v^2))dv.
\end{aligned}$$

例 8.16 对某个对象进行度量得到一个数值 A, 其误差为 ΔA. 量 $|\Delta A|$ 称为测量的误差（或绝对误差）,而量 $|\Delta A/A|$ 则称为所测值的相对误差.

现在测到一个比值 $A = 127/312$, 在相同的单位下,分子的误差为 1, 分母的误差为 2, 求 A 的误差和相对误差.

解 记 $A = x/y$, 用微分来近似代替误差：
$$dA = dx/y - xdy/y^2 = 1/312 - 127 \times 2/312^2$$
$$\approx 0.0032 - 0.0026 \approx 0.0006;$$
相对误差为 $|\Delta A/A| \approx 0.0006 \times 312/127 \approx 0.0015$.

例 8.17 如果椭圆 $\dfrac{x^2}{a^2} + \dfrac{y^2}{b^2} = 1$ 的长、短半轴 a, b 都随时间 t 增长,假设它们的增长速率分别为 3cm/min 和 2cm/min, 问当 $a = 200$cm, $b = 180$cm 时, 椭圆面积 A 的增长速率是多少？

解 已知椭圆面积为 $A = \pi ab$, 由 $\dfrac{da}{dt} = 3, \dfrac{db}{dt} = 2$, 可知

$$\frac{dA}{dt} = \frac{\partial A}{\partial a}\frac{da}{dt} + \frac{\partial A}{\partial b}\frac{db}{dt} = 3\pi b + 2\pi a = (540+400)\pi = 940\pi \, \text{cm}^2/\text{min}.$$

例 8.18 求 $A = \sqrt{82 \times 37}$ 的近似值.

解 记 $A(x,y) = \sqrt{xy}$. 注意题中根号内的两个数近似于另外两个数 9 和 6 的平方,于是问题就化为求函数值 $A(81+1, 36+1)$ 即 $A(x+\Delta x, y+\Delta y)$ 的形式.

利用 $A(x+\Delta x, y+\Delta y) \approx A(x,y) + A_x(x,y)\Delta x + A_y(x,y)\Delta y$,其中

$$A_x(x,y) = \frac{1}{2}\sqrt{\frac{y}{x}}, \quad A_y(x,y) = \frac{1}{2}\sqrt{\frac{x}{y}},$$
$$x=81, \quad y=36, \quad \Delta x = \Delta y = 1,$$

于是得到

$$A = \sqrt{82 \times 37} = \sqrt{81 \times 36} + \frac{1}{2}\left(\sqrt{\frac{36}{81}} + \sqrt{\frac{81}{36}}\right)$$
$$= 54 + \frac{1}{2}\left(\frac{2}{3} + \frac{3}{2}\right) = 55.083.$$

而更准确的值是 55.082.

习题 8.1

1. 求下列函数的偏导数:

   (1) $z = x^2 y + xy^2$;

   (2) $z = \dfrac{xy}{x^2+y^2}$;

   (3) $z = e^{xy}(\sin x + \cos y)$;

   (4) $z = \ln(x^2+y^2)$;

   (5) $z = \arcsin(xy)$;

   (6) $z = \arctan(x+y)$;

   (7) $z = (1+xy)^x$;

   (8) $u = e^{x+y+z}$;

   (9) $u = \sqrt{x^2+y^2+z^2}$;

   (10) $u = e^{xyz}(1+xyz)$.

2. 求下列函数的全微分:

   (1) $z = xy + \dfrac{x}{y}$;

   (2) $z = \ln(1+x^2+y^2)$;

   (3) $u = \dfrac{1}{x^2+y^2+z^2}$;

   (4) $u = \left(\dfrac{x}{y}\right)^z$.

3. 求下列函数在指定点的全微分值:

   (1) $z = \ln\sqrt{1+x^2+y^2}, (1,1)$;

   (2) $z = e^{\frac{x}{y} - \frac{y}{x}}, (1,-1)$.

4. 求下列函数的二阶偏导数：

(1) $z = x^4 + y^4 + x^2 y^2$;

(2) $z = x + y + \dfrac{1}{xy}$;

(3) $z = \ln(x + \sqrt{x^2 + y^2})$;

(4) $z = \arctan \dfrac{y}{x}$.

5. 证明：

(1) $z = e^{-(\frac{1}{x} + \frac{1}{y})}$ 满足 $x^2 \dfrac{\partial z}{\partial x} + y^2 \dfrac{\partial z}{\partial y} = 2z$;

(2) $u = \sqrt{x^2 + y^2 + z^2}$ 满足 $\dfrac{\partial^2 u}{\partial x^2} + \dfrac{\partial^2 u}{\partial y^2} + \dfrac{\partial^2 u}{\partial z^2} = \dfrac{2}{u}$.

6. $f(x, y, z) = xy^2 + yz^2 + zx^2$, 求 $\dfrac{\partial^2 f(0,0,1)}{\partial x^2}$, $\dfrac{\partial^2 f(1,0,2)}{\partial x \partial z}$, $\dfrac{\partial^3 f(2,0,1)}{\partial x \partial z^2}$.

7. 利用复合函数微分法求下列函数的(偏)导数：

(1) $z = x^2 y^3, x = t^3, y = t^2$;

(2) $z = e^x \sin y + e^y \sin x, x = t, y = 2t$;

(3) $z = x^2 - y \ln x, x = \dfrac{s}{t}, y = s^2 t$;

(4) $u = \sqrt{x^2 + y^2 + z^2}, x = s^2 t, y = \cos st, z = \sin st$;

(5) $z = \arctan \dfrac{x}{y}, x = s + t, y = s - t$.

8. 设函数 f 可微，证明：

(1) $z = xy + xf\left(\dfrac{y}{x}\right)$ 满足 $x \dfrac{\partial z}{\partial x} + y \dfrac{\partial z}{\partial y} = z + xy$;

(2) $z = \dfrac{1}{2}[f(x - cy) + f(x + cy)]$ 满足 $\dfrac{\partial^2 z}{\partial y^2} = c^2 \dfrac{\partial^2 z}{\partial x^2}$.

9. 求下列隐函数的偏导数 $\dfrac{\partial^2 z}{\partial x^2}, \dfrac{\partial^2 z}{\partial x \partial y}$

(1) $z = z(x, y)$ 满足 $e^z = xyz$;

(2) $z = z(x, y)$ 满足 $3x^2 z + y^3 = xyz^3$.

10. 已知函数 f 可微，$z = z(x, y)$ 满足方程 $f\left(x + \dfrac{z}{y}, y + \dfrac{z}{x}\right) = 0$，证明 $x \dfrac{\partial z}{\partial x} + y \dfrac{\partial z}{\partial y} = z - xy$.

11. 利用微分求下列函数的近似值：

(1) $f(x, y) = e^{xy}$, 求 $f(1.02, 0.97)$ ($e \approx 2.718$);

(2) $f(x, y) = \sqrt{x^2 + y^2}$, 求 $f(3.01, 3.99)$;

(3) $f(x,y)=x^y$,求 $f(1.98,1.03)$ ($\ln 2 \approx 0.693$).

12. 写出下列函数在指定点的二阶泰勒公式:

(1) $f(x,y)=\cos x\cos y$,$(0,0)$;

(2) $f(x,y)=\sqrt{1+y^2}\cos x$,$(0,1)$.

8.2 函数的方向导数和梯度向量

二元函数 $f(x,y)$ 在一点 (a,b) 的两个偏导数,实际上是函数所代表曲面上两条特殊曲线在这一点处的普通导数,这两条曲线分别是过这一点而分别平行于 yOz 坐标面和 zOx 坐标面的两个平面与曲面的交线. 两个偏导数就可以看成是曲面在这一点沿 x 和 y 方向的变化率(或曲面上两条曲线的斜率).

人们自然会问: 过曲面上点 $(a,b,f(a,b))$ 而在曲面上的曲线何止千万,为什么只挑出这两条呢? 事实上要全面考查曲面在此点沿各个不同方向的变化率,可以采用类似的方法(即下面要讨论的"方向导数"). 而之所以首先讨论关于 x 和 y 的偏导数,一是由于它们是一元函数导数的直接推广,另外还由于通过它们可以表示曲面上任意方向的导数. 下面就来说明这一点.

我们知道: 和一元函数不同,对一个二(多)元函数而言,$z=f(x,y)$ 没有增减(或升降)的概念. 这是因为二(多)元函数的自变量是一个不能比较大小的向量. 然而如果把函数 $z=f(x,y)$ 所代表的曲面 S 看成是一座山的表面,当人站在山上一点 $(a,b,f(a,b))$ 时,他应该能感觉到: 从这一点出发,沿不同的方向走,他是在"上升"还是"下降"(或不升不降). 具体地说,过这一点任意作一个平面,它与坐标平面 xOy 面垂直并与其交于直线 L,又与曲面 S 交于曲线 C(见图8.2). 假设直线 L 的方向余弦为 l: $(\cos\alpha,\sin\alpha)$,则 L 的参数方程为 $x=a+t\cos\alpha$,$y=b+t\cos\beta$,其中参数 $t(t>0)$ 是 L 上一点到点 (a,b) 的距离. 而曲面 S 上曲线 C 的方程就是

$$z=f(a+t\cos\alpha,b+t\cos\beta).$$

当过 (a,b) 的方向 l 确定后,这就是一个以 t 为自变量的一元函数.

现在我们就可以讨论当点 $(a+t\cos\alpha, b+t\cos\beta)$ 在点 (a,b) 附近沿直线 L 变动

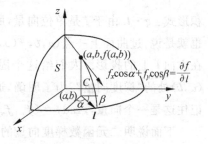

图 8.2

时,曲面上曲线 C 的升降问题了. 为此我们求平面曲线 C 在点 (a,b) 处的变化率.

$$\lim_{t\to 0^+} \frac{f(a+t\cos\alpha, b+t\cos\beta) - f(a,b)}{\sqrt{(t\cos\alpha)^2 + (t\cos\beta)^2}}$$

$$= \lim_{t\to 0^+} \frac{f(a+t\cos\alpha, b+t\cos\beta) - f(a,b)}{t}, \tag{8.7}$$

通常把这个极限记为 $\left.\dfrac{\partial f}{\partial l}\right|_{(a,b)}$.

(8.7)式这种形式的极限还需要作进一步的论证,因为它虽然是二元函数,却又只依赖于一个变量 t.

如果进一步假设 $f(x,y)$ 在点 (a,b) 处可微,则由微分的定义,上式的分子为

$$f(a+t\cos\alpha, b+t\cos\beta) - f(a,b)$$

$$= \frac{\partial f}{\partial x} t\cos\alpha + \frac{\partial f}{\partial y} t\cos\beta + o(\sqrt{(t\cos\alpha)^2 + (t\cos\beta)^2})$$

$$= \left(\frac{\partial f}{\partial x}\cos\alpha + \frac{\partial f}{\partial y}\cos\beta\right) t + o(t),$$

因而(8.7)式中的极限存在,而且等于

$$\frac{\partial f}{\partial x}\cos\alpha + \frac{\partial f}{\partial y}\cos\beta = \left.\frac{\partial f}{\partial l}\right|_{(a,b)}. \tag{8.8}$$

定义 8.2 设函数 $f(x,y)$ 在点 $P(a,b)$ 处可微,l 为由 P 出发,以 $(\cos\alpha, \cos\beta)$ 为方向余弦的向量,则量 $\left.\dfrac{\partial f}{\partial x}\right|_{(a,b)}\cos\alpha + \left.\dfrac{\partial f}{\partial y}\right|_{(a,b)}\cos\beta$ 称为函数 $f(x,y)$ 在点 (a,b) 处沿方向 l 的**方向导数**,记为 $\left.\dfrac{\partial f}{\partial l}\right|_{(a,b)}$.

方向导数(8.8)是两个向量 $\boldsymbol{g} = \left(\left.\dfrac{\partial f}{\partial x}\right|_{(a,b)}, \left.\dfrac{\partial f}{\partial y}\right|_{(a,b)}\right)$, $\boldsymbol{l} = (\cos\alpha, \cos\beta)$ 的内积形式:$\boldsymbol{g} \cdot \boldsymbol{l}$. 由于 $\boldsymbol{l}$ 是单位向量,所以这个内积就表示向量 $\boldsymbol{g}$ 在 $\boldsymbol{l}$ 上的投影. 也就是说,过曲面上一点 $(a,b,f(a,b))$ 沿方向 l 的方向导数就是固定向量 $\boldsymbol{g}$ 在方向 l 上的投影. 人们给这个固定向量 $\boldsymbol{g}$ 一个特定的名词:函数 f 在点 (a,b) 处的"梯度向量". 为了明确,通常把 f 的梯度向量 $\boldsymbol{g}$ 记为 $\mathrm{grad} f$ 或 ∇f. 记住这是一个向量,$\mathrm{grad} f = (f_x, f_y)$,这里省略了所在点的记号.

下面说明二元函数梯度向量的几何意义,在函数 $z = f(x,y)$ 的等值线图(图 8.3)上,过点 (a,b) 的等值线 Γ 的方程是 $f(x,y) = f(a,b) = k$. 两边求微

分,得到 $f_x dx + f_y dy = 0$,或在点 (a,b), $(f_x, f_y) \cdot (dx, dy) = 0$. 这个式子说明过点 (a,b), $f(x,y)$ 的梯度方向 (f_x, f_y) 与过这一点 Γ 的切方向 (dx, dy) 正交,所以二元函数 $f(x,y)$ 在一点 (a,b) 处的梯度向量就和函数的等值线在 (a,b) 的法向量成比例(方向相同).

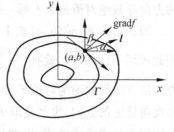

图 8.3

以上所讨论的方向导数及梯度等问题可以类似地推广到高维空间.

例 8.19 在以原点为圆心、半径为 2 的上半球面 $z = \sqrt{4 - x^2 - y^2}$ 上,取一点 $P(\sqrt{2}, 0, \sqrt{2})$. 求函数在这一点的梯度向量以及沿此方向的方向导数;如果取平面上与 x 轴夹角为 $45°$ 的方向 l,求此函数在此点沿 l 的方向导数.

解 (1) 函数在点 $(\sqrt{2}, 0)$ 处的梯度向量为

$$(z_x, z_y)_{(\sqrt{2}, 0)} = \left(-\frac{x}{\sqrt{4-x^2-y^2}}, -\frac{y}{\sqrt{4-x^2-y^2}} \right)_{(\sqrt{2}, 0)}$$
$$= (-1, 0) = -(1, 0).$$

可见梯度向量就是 x 轴上单位向量的负向量,根据定义,函数沿此方向的方向导数就是 $-(1,0) \cdot (-(1,0)) = 1$.

(2) 如果取 $\alpha = 45°$,则 l 的方向数为 $\left(\frac{1}{\sqrt{2}}, \frac{1}{\sqrt{2}} \right)$,沿 l 方向的方向导数就是

$$(-1, 0) \cdot \left(\frac{1}{\sqrt{2}}, \frac{1}{\sqrt{2}} \right) = -\frac{1}{\sqrt{2}}.$$

最后我们再算一个与梯度方向垂直,即 $\alpha = \frac{\pi}{2}$ 这个方向的方向导数,与此相应的方向余弦为 $(0, 1)$,而方向导数则是 $(-1, 0) \cdot (0, 1) = 0$.

从这个例子来看,同一函数在同一点处的不同方向的方向导数不尽相同,比较例中的三个方向导数:使其绝对值最大的方向是函数的梯度方向(这里就是 x 轴的负方向);其次是与 x 轴交于 $45°$ 角的方向;最小的是与梯度向量正交的方向,它的方向导数为零,即在这点附近,沿此方向走没有坡度.

从这个例子可以看出,对于确定的函数及点,沿不同的方向有不同的方向导数. 接下来的问题自然就是问:在这些不同的方向导数中,沿哪一个方向

的方向导数绝对值最大？哪一个最小(即等于零)？

回到第 6 章，对(6.5)式中的等式两边取绝对值，即得 $|\boldsymbol{a}\cdot\boldsymbol{b}|\leqslant|\boldsymbol{a}||\boldsymbol{b}|$. 把此式用于(8.8)式，就有 $\left|\dfrac{\partial f}{\partial l}\right|_{(a,b)}\leqslant|\text{grad}f||\boldsymbol{l}|=|\text{grad}f|$. 这说明沿任何方向的方向导数的绝对值不会超过梯度向量的大小，但如果所取的方向就是梯度向量 $\boldsymbol{g}$ 的方向，也就是取 $\boldsymbol{l}=\boldsymbol{g}/|\boldsymbol{g}|$，则等式(6.5)中的余弦项为 1，于是上面的不等式成了等式，也就是说，方向导数的绝对值沿函数的梯度方向取最大值；同样由(6.5)式及(8.8)式，如果取 $\boldsymbol{l}$ 与梯度方向垂直，则其方向导数为零，方向导数的绝对值最小. 设过点 (a,b) 的等值线为 Γ，则在此点沿 S 函数的梯度方向 $\text{grad}f$(也就是过此点 Γ 的法线方向)曲面高度的变化率最大，所以有时又把梯度方向称为"最速下降(上升)"的方向. 而过此点与 Γ 相切的方向就是使方向导数最小(零值)的方向，沿此方向曲面高度的变化率为零.

例 8.20 设有一小山，取它的底面所在的平面为 xOy 坐标面，其底部所占的区域为 D，已知小山的高度函数为 $h(x,y)=75-x^2-y^2+xy$. 对于 D 中的点 (x_0,y_0)，问 $h(x,y)$ 在该点沿平面上什么方向的方向导数最大？并写出最大方向导数与 (x_0,y_0) 的关系式 $g(x_0,y_0)$.

解 根据梯度概念可知 $h(x,y)$ 在 (x_0,y_0) 处沿该点梯度向量方向的方向导数最大，且最大值就是梯度向量的长度. 由于
$$\text{grad}h(x_0,y_0)=(h_x,h_y)_{(x_0,y_0)}=(y_0-2x_0,x_0-2y_0),$$
所以
$$\begin{aligned}g(x_0,y_0)&=\sqrt{(y_0-2x_0)^2+(x_0-2y_0)^2}\\&=\sqrt{5x_0^2+5y_0^2-8x_0y_0}.\end{aligned}$$

习题 8.2

1. 求下列函数的梯度向量：

   (1) $f(x,y)=x^2y+2xy$；   (2) $f(x,y)=xe^{xy}$；

   (3) $f(x,y)=xy^2\sin x$；   (4) $f(x,y)=\dfrac{xy^2}{x+y}$；

   (5) $f(x,y,z)=xy^2e^{y-z}$；   (6) $f(x,y,z)=xy\ln(x+y+z)$.

2. 求下列函数在指定点 P 沿给定方向 $\boldsymbol{v}$ 的方向导数：

(1) $f(x,y)=xy^2, P(2,1), \boldsymbol{v}=4\boldsymbol{i}-3\boldsymbol{j}$；

(2) $f(x,y)=2x^2+xy+y^2, P(3,2), \boldsymbol{v}=\boldsymbol{i}-\boldsymbol{j}$；

(3) $f(x,y)=e^{-xy}, P(1,-1), \boldsymbol{v}=\boldsymbol{i}+2\boldsymbol{j}$；

(4) $f(x,y)=x\ln y^2, P(1,e), \boldsymbol{v}=\sqrt{3}\boldsymbol{i}+\boldsymbol{j}$；

(5) $f(x,y,z)=\cos(x+y+z), P\left(\dfrac{\pi}{3},\dfrac{\pi}{6},0\right), \boldsymbol{v}=\boldsymbol{i}+2\boldsymbol{j}+3\boldsymbol{k}$；

(6) $f(x,y,z)=xy^2+yz^2+zx^2, P(1,0,1), \boldsymbol{v}=\boldsymbol{i}-\boldsymbol{j}+\boldsymbol{k}$.

3. 对下列函数在指定点求一个单位向量，使该函数沿此方向增加最快，并求出最快变化率：

(1) $f(x,y)=x^2-y^3, P(1,2)$；

(2) $f(x,y)=e^x\sin y, P\left(0,\dfrac{3}{\pi}\right)$；

(3) $f(x,y,z)=xyz, P(1,1,1)$；

(4) $f(x,y,z)=\arctan(x+y+z), P(1,1,1)$.

4. 设函数 $f(x,y), g(x,y)$ 可微，证明：

(1) $\nabla(f(x,y)+g(x,y))=\nabla f(x,y)+\nabla g(x,y)$；

(2) $\nabla(kf(x,y))=k\nabla f(x,y), k$ 是实数；

(3) $\nabla(f(x,y)g(x,y))=f(x,y)\nabla g(x,y)+g(x,y)\nabla f(x,y)$；

(4) $\nabla\left(\dfrac{f(x,y)}{g(x,y)}\right)=\dfrac{g(x,y)\nabla f(x,y)-f(x,y)\nabla g(x,y)}{g^2(x,y)}$.

8.3 微分的进一步应用

前面已经讲过一些微分的应用．下面再讨论多元函数微分的另外一些用处：几何应用和求函数的极值．

8.3.1 曲面在一点的切平面和法线

假设函数 $f(x,y)$ 在点 (a,b) 处可微（即（8.2）式成立），则过这一点沿 x 轴方向和 y 轴方向，曲面 $z=f(x,y)$ 分别有两个切向量 $(1,0,f_x)$ 和 $(0,1,f_y)$，过这一点，以两个切向量为方向的两条直线就是曲面 $z=f(x,y)$ 在这一点的两条切线．过这两条相交的直线惟一地确定了一个平面，这个平面就称为曲面 $z=f(x,y)$ 过一点的**切平面**（见图 8.4）．

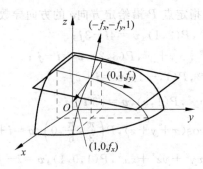

图 8.4

这个切平面的法线方向就称为曲面 $z=f(x,y)$ 在这一点的法线方向，它与两个切向量都正交，所以把它具体写出来就是这两个切向量的外积：

$$\boldsymbol{n}=(1,0,f_x)\times(0,1,f_y)=\begin{vmatrix}1&0&\boldsymbol{e}_1\\0&1&\boldsymbol{e}_2\\f_x&f_y&\boldsymbol{e}_3\end{vmatrix}=(-f_x,-f_y,1). \quad (8.9)$$

于是，过点 $(a,b,f(a,b))$ 的曲面切平面的方程就是

$$(x-a,y-b,z-f(a,b))\cdot(-f_x,-f_y,1)=0,$$

或

$$f_x(a,b)(x-a)+f_y(a,b)(y-b)-z+f(a,b)=0. \quad (8.10)$$

过同一点曲面的法线方程就是

$$\frac{x-a}{f_x(a,b)}=\frac{y-b}{f_y(a,b)}=\frac{z-f(a,b)}{-1}. \quad (8.11)$$

例 8.21 求椭球面 $x^2+4y^2+z^2-1=0$ 在点 $\left(\dfrac{1}{2},\dfrac{1}{4},\dfrac{1}{\sqrt{2}}\right)$ 处的法线和切平面的方程.

解 这是一个隐函数，即由一个三元方程所定义的二元函数. 由它可以解出两个二元函数：

$$z=\pm\sqrt{1-x^2-4y^2}$$

我们取正号这一个，即位于 xOy 平面以上的半椭球面（因为所给的点在它上面）.

先求两个偏导数的值：

$$z_x=\frac{-x}{\sqrt{1-x^2-4y^2}}, \quad z_x\left(\frac{1}{2},\frac{1}{4}\right)=-\frac{1}{\sqrt{2}},$$

$$z_y=\frac{-4y}{\sqrt{1-x^2-4y^2}}, \quad z_y\left(\frac{1}{2},\frac{1}{4}\right)=-\sqrt{2},$$

于是在这一点曲面的法方向为 $\left(\dfrac{1}{\sqrt{2}},\sqrt{2},1\right)$,法线方程为

$$\frac{x-1/2}{1/\sqrt{2}}=\frac{y-1/4}{\sqrt{2}}=\frac{z-1/\sqrt{2}}{1}.$$

曲面过这一点的切平面方程为

$$\frac{1}{\sqrt{2}}\left(x-\frac{1}{2}\right)+\sqrt{2}\left(y-\frac{1}{4}\right)+z-\frac{1}{\sqrt{2}}=0.$$

事实上,当曲面方程是 $F(x,y,z)=0$ 时,在函数下可微的条件下,可以证明曲面在点 (x_0,y_0,z_0) 处的法向量是

$$(F_x,F_y,F_z)_{(x_0,y_0,z_0)},$$

所以曲面在 (x_0,y_0,z_0) 处的切平面方程为

$$F_x\big|_{(x_0,y_0,z_0)}(x-x_0)+F_y\big|_{(x_0,y_0,z_0)}(y-y_0)$$
$$+F_z\big|_{(x_0,y_0,z_0)}(z-z_0)=0,$$

法线方程为

$$\frac{x-x_0}{F_x\big|_{(x_0,y_0,z_0)}}=\frac{y-y_0}{F_y\big|_{(x_0,y_0,z_0)}}=\frac{z-z_0}{F_z\big|_{(x_0,y_0,z_0)}}.$$

例 8.22 求曲面 $z-e^z+2xy=3$ 在点 $(1,2,0)$ 处的切平面方程和法线方程.

解 曲面在点 $(1,2,0)$ 处的法向量为

$$\boldsymbol{n}=(2y,2x,1-e^z)_{(1,2,0)}=(4,2,0),$$

所以曲面在该点的切平面方程为

$$4(x-1)+2(y-2)=0,$$

即 $2x+y-4=0$.

法线方程为 $\dfrac{x-1}{4}=\dfrac{y-2}{2}=\dfrac{z}{0}$,即 $\begin{cases} x-2y+3=0, \\ z=0. \end{cases}$

*这里我们还可以介绍一下空间曲线在一点的切线方程和法平面方程.设曲线的方程是

$$\begin{cases} x=x(t), \\ y=y(t), \\ z=z(t). \end{cases}$$

在 $t=t_0$ 处,$(x(t_0),y(t_0),z(t_0))=(a,b,c)$. 则过这一点的切向量为 $(x'(t_0),y'(t_0),z'(t_0))$. 过此点的切线方程就是

$$\frac{x-a}{x'(t_0)}=\frac{y-b}{y'(t_0)}=\frac{z-c}{z'(t_0)}.$$

而过此点又与切向量正交的平面(法平面)方程就是
$$(x-a, y-b, z-c) \cdot (x'(t_0), y'(t_0), z'(t_0))$$
$$= x'(t_0)(x-a) + y'(t_0)(y-b) + z'(t_0)(z-c)$$
$$= 0.$$

例 8.23 求螺旋线
$$\begin{cases} x = \cos t, \\ y = \sin t, \\ z = at \ (a \text{ 为常数}) \end{cases}$$
在 $t=0$,即点 $(1,0,0)$ 处的切线方程和法平面方程.

解 切线方程为
$$\frac{x-1}{-\sin 0} = \frac{y}{\cos 0} = \frac{z}{a}.$$
也就是下列两个平面的交线:
$$\begin{cases} x = 1, \\ ay - z = 0. \end{cases}$$
过此点的法平面方程为
$$y + az = 0.$$

8.3.2 二元函数的极值和条件极值

和一元函数一样,二(多)元函数也可以讨论其极大(小)值.

定义 8.3 如果二元函数 $z=f(x,y)$ 在点 (a,b) 处满足条件:可以找到正实数 δ,使得对任意满足 $|h|<\delta, |k|<\delta$ 的实数 h, k,都有
$$f(a,b) - f(a+h, b+k) > 0,$$
就称点 (a,b) 是函数 $f(x,y)$ 的一个(相对)极大值点,实数 $f(a,b)$ 是函数 $f(x,y)$ 的(相对)极大值.

可以类似地定义函数的(相对)极小值点和(相对)极小值.

在定义中,对函数本身并没有加什么条件. 在以下的分析中,为了利用微分这个工具,所以总是假定所讨论的函数都是可微的.

* 由定义可以看出,函数的极大极小问题是一个"局部性"的问题,也就是说,函数在一点处取到极大值,这个"极大"只管到这一点周围很小的范围内,即只有在这个范围内,函数值才是最大的.

* 从几何上看,如果把二元函数(曲面)看成一座山的表面 S,则在函数的极大值点处,S 有一个"顶峰",而在极小值点处,S 有一个"低谷".

如何来寻找函数的极大(小)值点呢？下面从几个方面来入手：

(1) 如果点(a,b)是函数f的极大值点,则在任何一个过此点并与z轴平行的平面与S的交线C(平面曲线)上,点(a,b)也是C的极大值点. 特别地,如果取C为S与平面$x=a$的交线(此时C的方程为$z=f(a,y),x=a$,它表示一个柱面和一个平面的交线),平面曲线C在$y=b$处取极大值,则$\dfrac{\partial f(x,y)}{\partial y}\bigg|_{(a,b)}=0$.

同理,取C为S与平面$y=b$的交线,则推出条件$\dfrac{\partial f(x,y)}{\partial x}\bigg|_{(a,b)}=0$.

同样的推理可用于函数在一点取得极小值的问题. 于是得到二元函数在一点(a,b)处取到极值的必要条件是

$$\dfrac{\partial f(x,y)}{\partial x}\bigg|_{(a,b)}=0 \quad 及 \quad \dfrac{\partial f(x,y)}{\partial y}\bigg|_{(a,b)}=0. \tag{8.12}$$

(2) 从几何上来看,函数在一点达到极大(小),即在这一点处,函数所表示的曲面到达顶峰(或低谷). 如果曲面在这一点有切平面,则这个切平面必然是水平的,或其法线必须与xOy平面垂直,即与z轴平行. 已经知道曲面在这一点的法线方向是$(-f_x,-f_y,1)$,要求它与向量$(0,0,1)$平行,就得到必要条件(8.12).

(3) 根据(8.5)式,把函数$f(x,y)$在(a,b)这一点处作泰勒展开：
$$f(a+h,b+k)-f(a,b)$$
$$=(f_x(a,b)h+f_y(a,b)k)+\dfrac{1}{2!}(f_{xx}(a,b)h^2$$
$$+2f_{xy}(a,b)hk+f_{yy}(a,b)k^2)+o(\rho^2).$$

如果函数在这一点取得极大值,则此式的左端对一切充分小的$|h|,|k|$都应恒小于零；但当$|h|,|k|$充分小时,右端的符号由第一个括号内和的正负来确定,由于h,k的符号可以任意选定,所以要使右端也恒小于零,必要条件就是两个系数$\dfrac{\partial f(x,y)}{\partial x}\bigg|_{(a,b)},\dfrac{\partial f(x,y)}{\partial y}\bigg|_{(a,b)}$都等于零.

从这三个方面来看,都得到一个二元可微函数在一点取得极值的必要条件：函数在这一点的两个偏导数都等于零或梯度为零(这样的点通常称为"驻点"). 至于充分条件,这里就不讨论了.

在大量对二(多)元函数取极值的问题中,有一类问题是经常碰到的,即所谓求函数"条件极值"的问题. 下面是一个典型的例子.

例8.24 设一条线的长度为1,请问如何用它围成一个面积最大的矩形？

解 如果矩形的长、宽分别设为x,y,这个问题的数学提法是：在条件

$2x+2y=1$ 的限制下,求函数 $f(x,y)=xy$ 的极大值点和极大值.

把它一般化,问题的提法就是:寻找点 (x,y),使它满足"约束条件"$\varphi(x,y)=0$,并使函数 $f(x,y)$ 以它为极值点.

在通常情况下,想到解这个问题的步骤并不困难.我们可以首先从方程 $\varphi(x,y)=0$ 解出 $y=y(x)$,然后把它代入 $f(x,y)$ 中,求一元复合函数 $f(x,y(x))$ 的极值,这样就把原问题变成一个一元函数求极值的问题了.

对于一些比较简单的问题,一般就是这样去做的.但常碰到的困难是隐函数难以具体解出来.人们经常采用的是拉格朗日"不定乘子法".

*对于一元函数的求极值问题,是否也有类似的"条件极值"的问题?

不定乘子法的几何考虑是这样的:在 xOy 平面上,画出函数 $f(x,y)$ 的等值线图,然后画出曲线 $C:\varphi(x,y)=0$.假设平面上的点 P 是函数的一个条件极值点,由于它满足约束条件,所以 $P\in C$.我们来看点 P 还应当满足什么条件,也就是要找出 P 是相对极值点的必要条件.

在点 P 附近,曲线 C 与函数 f 的不同等值线交于一些点 $F,G,H,\cdots$(见图 8.5),不妨假定 P 是函数 f 在 C 上的相对极小值点,这样就应该有 $f(P)<f(H)<f(G)<f(F)<\cdots$.最后曲线 C 就应该与等值线 $f(x,y)=f(P)$ 在此相切,即两条曲线在此有共同的切向量.

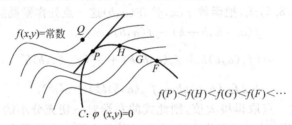

图 8.5

前面我们已经知道,曲线 $f(x,y)=f(P)$ 和 $\varphi(x,y)=0$ 在点 P 处的切线方向分别是 $(f_y,-f_x)$ 和 $(\varphi_y,-\varphi_x)$,说它们表示同一个方向就意味着
$$(f_y,-f_x)=\lambda(\varphi_y,-\varphi_x),$$
或
$$f_x-\lambda\varphi_x=0,\quad f_y-\lambda\varphi_y=0;$$
这两个方程加上表示约束条件的方程 $\varphi(x,y)=0$,就得到三个方程,这三个方程就表示 (x,y) 是条件极值问题解的必要条件.所谓"不定乘子法"就是用这三个方程来解三个未知量 x,y,λ.

有趣的是这三个方程正好是三元函数 $L(x,y,\lambda)=f(x,y)-\lambda\varphi(x,y)$ 的三个偏导数都为零的方程,它表示三元函数 L 取无条件极值的必要

条件

$$\begin{cases} L_x = f_x - \lambda \varphi_x = 0, \\ L_y = f_y - \lambda \varphi_y = 0, \\ L_\lambda = \varphi = 0. \end{cases} \quad (8.13)$$

例 8.25 求函数 $f(x,y) = y^2 - x^2$ 满足条件 $\dfrac{x^2}{4} + y^2 = 1$ 的最大值和最小值.

解 取 $F(x,y,\lambda) = y^2 - x^2 + \lambda\left(\dfrac{x^2}{4} + y^2 - 1\right)$,令

$$\begin{cases} F_x = -2x + \dfrac{1}{2}\lambda x = 0, \\ F_y = 2y + 2\lambda y = 0, \\ F_\lambda = \dfrac{x^2}{4} + y^2 - 1 = 0, \end{cases}$$

由上述第三个方程可知 x,y 不能同时等于 0.

当 $x \neq 0$ 时,解得

$$\begin{cases} x = 2, \\ y = 0, \end{cases} \quad 或 \quad \begin{cases} x = -2, \\ y = 0; \end{cases}$$

当 $y \neq 0$ 时,解得

$$\begin{cases} x = 0, \\ y = 1, \end{cases} \quad 或 \quad \begin{cases} x = 0, \\ y = -1. \end{cases}$$

由于

$$f(2,0) = f(-2,0) = -4,$$
$$f(0,1) = f(0,-1) = 1,$$

所以要求的最大值是 1,最小值是 -4.

例 8.26 求表面积为 a^2 而体积最大的长方体的体积.

解 设长方体的三个边长分别为 x,y,z,则问题就是求函数 $f(x,y,z) = xyz$ 在条件

$$2xy + 2yz + 2xz = a^2$$

下的最大值.

取 $F(x,y,z,\lambda) = xyz + \lambda(2xy + 2yz + 2xz - a^2)$,令

$$\begin{cases} F_x = yz + 2\lambda(y+z) = 0, \\ F_y = xz + 2\lambda(x+z) = 0, \\ F_z = xy + 2\lambda(y+x) = 0, \\ F_\lambda = 2xy + 2yz + 2xz - a^2 = 0, \end{cases}$$

因为边长 x,y,z 都不会等于 0，所以由上述前三个方程可得

$$\frac{x}{y}=\frac{x+z}{y+z}, \quad \frac{y}{z}=\frac{x+y}{x+z},$$

从而 $x=y=z$. 将此关系代入上述最后一式便得

$$x=y=z=\frac{\sqrt{6}}{6}a.$$

由此可知所求的最大体积为 $\frac{\sqrt{6}}{36}a^3$.

例 8.27 求函数 $f(x,y,z)=x+2y+3z$ 在柱面 $x^2+y^2=2$ 和平面 $y+z=1$ 交线上的最大值和最小值.

解 这是一个有两个约束条件的求极值问题. 与求解在一个约束条件下的条件极值类似, 取

$$F(x,y,z,\lambda,\mu)=x+2y+3z+\lambda(x^2+y^2-2)+\mu(y+z-1),$$

令

$$\begin{cases} F_x=1+2\lambda x=0, \\ F_y=2+2\lambda y+\mu=0, \\ F_z=3+\mu=0, \\ F_\lambda=x^2+y^2-2=0, \\ F_\mu=y+z-1=0, \end{cases}$$

解此方程组得

$$\begin{cases} x=1, \\ y=-1, \\ z=2, \end{cases} \text{或} \begin{cases} x=-1, \\ y=1, \\ z=0. \end{cases}$$

由于 $f(1,-1,2)=5, f(-1,1,0)=1$, 所以要求的最大值是 5、最小值是 1.

例 8.28 求函数 $f(x,y)=x^2-y^2+4$ 在椭圆域 $D=\left\{(x,y)\,\middle|\, x^2+\frac{y^2}{4}\leqslant 1\right\}$ 上的最大值和最小值.

解 $f(x,y)$ 在 D 上的最值只可能在 D 内偏导数都为零的点或边界 ∂D 上取得. 由

$$\begin{cases} f_x=2x=0, \\ f_y=-2y=0 \end{cases}$$

得驻点 $(0,0)$.

令 $F(x,y,\lambda)=x^2-y^2+4+\lambda\left(x^2+\frac{y^2}{4}-1\right)$, 由

$$\begin{cases} F_x = 2x + 2\lambda x = 0, \\ F_y = -2y + \dfrac{\lambda}{2}y = 0, \\ F_\lambda = x^2 + \dfrac{y^2}{4} - 1 = 0 \end{cases}$$

得

$$\begin{cases} x = 0, \\ y = \pm 2, \end{cases} \begin{cases} x = \pm 1, \\ y = 0. \end{cases}$$

由 $f(0,0)=4, f(0,\pm 2)=0, f(\pm 1,0)=5$ 可知,函数 $f(x,y)$ 在 D 上的最大值为 5,最小值为 0.

习题 8.3

1. 求下列曲面在指定点的切平面方程和法线方程:

(1) $x^2+y^2+z^2=16, (3,2,\sqrt{3})$;

(2) $x^2+y^2-z^2=9, (3,1,1)$;

(3) $z=\dfrac{x^2}{4}+\dfrac{y^2}{4}, (2,2,2)$;

(4) $z=\sqrt{x}+\sqrt{y}, (4,9,5)$.

2. 已知曲面 S 的方程是 $z=x^2-2xy-y^2-8x+4y$,求出 S 上切平面垂直于 z 轴的所有点.

3. 求曲面 $z=2x^2+3y^2$ 的与平面 $8x-3y-z=0$ 平行的切平面方程.

4. 证明曲面 $x^2+4y+z^2=0$ 与曲面 $x^2+y^2+z^2+6y+1=0$ 在点 $(0,-1,2)$ 处相切(即切平面相同).

5. 证明球面 $x^2+y^2+z^2=a^2$ 与锥面 $z=\sqrt{x^2+y^2}$ 垂直(即在相交处的切平面垂直).

6. 求下列函数的驻点:

(1) $f(x,y)=x^2+4y^2-2x$;

(2) $f(x,y)=xy^2-6x^2-3y^2$;

(3) $f(x,y)=x^3-y^3+6xy$;

(4) $f(x,y)=e^{2x}(x+y^2+2y)$.

7. 求下列函数在给定条件下的最大值或最小值:

(1) $f(x,y)=xy, \varphi(x,y)=x+y-1=0$,极大值;

(2) $f(x,y)=x^2+y^2, \varphi(x,y)=xy-3=0$,极小值;

(3) $f(x,y)=x^2+4xy+y^2, \varphi(x,y)=x-y-6=0$，极小值；

(4) $f(x,y,z)=x^2+y^2+z^2, \varphi(x,y,z)=x+3y-2z-12=0$，极小值.

8. 在斜边之长给定的直角三角形中，求出周长最大的直角三角形.

9. 求原点到曲面 $x^2y-z^2+9=0$ 上的点的距离的最小值.

10. 设直线 L 是平面 $x+y+z=8$ 与平面 $2x-y+3z=28$ 的交线，求原点到 L 上的点的距离的最小值.

11. 求下列函数在给定范围上的最大值和最小值：

(1) $f(x,y)=3x+4y, D=\{(x,y)|0\leqslant x\leqslant 1,-1\leqslant y\leqslant 1\}$；

(2) $f(x,y)=x^2+y^2, D=\{(x,y)|-1\leqslant x\leqslant 2,-2\leqslant y\leqslant 3\}$；

(3) $f(x,y)=x^2+y^2-x-y, D=\{(x,y)|x^2+y^2\leqslant 1\}$；

(4) $f(x,y)=4x^3y^2, D=\{(x,y)|x^2+y^2\leqslant 1\}$.

复习题 8

1. 说明函数 $f(x,y)$ 在点 (x_0,y_0) 处连续、偏导数存在及可微之间的关系.

2. 利用连续与可微的关系证明

$$f(x,y)=\begin{cases}\dfrac{xy}{x^2+y^2}, & (x,y)\neq(0,0),\\ 0, & (x,y)=(0,0)\end{cases}$$

在 $(0,0)$ 处不可微.

3. 利用全微分与偏导数的关系及可微的定义，证明

$$f(x,y)=\begin{cases}\dfrac{2xy}{\sqrt{x^2+y^2}}, & (x,y)\neq(0,0),\\ 0, & (x,y)=(0,0)\end{cases}$$

在 $(0,0)$ 处不可微.

4. 已知 $f(u,v)=\begin{cases}\dfrac{u^2v}{u^2+v^2}, & (u,v)\neq(0,0)\\ 0, & (u,v)=(0,0)\end{cases}$，求 $\dfrac{\partial f(0,0)}{\partial u}, \dfrac{\partial f(0,0)}{\partial v}$；

当 $u=u(x)=x, v=v(x)=x$ 时，求 $\dfrac{\partial f(0,0)}{\partial u}\dfrac{du(0)}{dx}+\dfrac{\partial f(0,0)}{\partial v}\dfrac{dv(0)}{dx}$ 与 $\dfrac{df(u(0),v(0))}{dx}$ 的值.

5. 求函数 $u=x^2+y^2+z^2$ 在椭球面 $\dfrac{x^2}{a^2}+\dfrac{y^2}{b^2}+\dfrac{z^2}{c^2}=1$ 上点 $P_0(x_0,y_0,z_0)$

处沿外法线方向的方向导数.

6. 在第一卦限内作椭球面 $\frac{x^2}{a^2}+\frac{y^2}{b^2}+\frac{z^2}{c^2}=1$ 的切平面,使该切平面与三个坐标面所围成的四面体的体积最小,求此切平面的切点和此最小体积的值.

7. 设 a,b,c 都是正实数,且 $a+b+c=k$,求 abc 的最大值,并证明
$$\sqrt[3]{abc} \leqslant \frac{1}{3}(a+b+c).$$

重积分

第9章

9.1 累次积分和二重积分

9.1.1 曲面下的体积

我们在 5.4 节中已经利用微元法初步讨论了用积分来求一些具有对称性的图形(例如旋转曲面)所包围的体积,在此基础上我们来作进一步的探讨.

如图 9.1,求在平面区域 $D=\{(x,y)\mid a\leqslant x\leqslant b, c\leqslant y\leqslant d\}$ 和其上曲面 $S: z=f(x,y)$ 之间的体积 V.

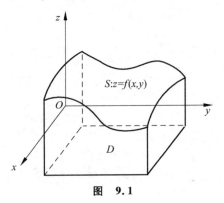

图 9.1

我们先从较简单的情形入手:首先假定函数 $f(x,y)$ 是一个只依赖变量 y 的非负函数,这时曲面 $S: z=f(y)$ 就由空间曲线 $x=0, z=f(y)$ 沿 x 轴平行移动而成(图 9.2),对区间 $[a,b]$ 内的任一点 x',过这一点的空间曲线 $x=x', z=f(y)$ 与它在 xOy 平面的投影直线之间的面积为 $\int_c^d f(y)\mathrm{d}y$. 在 x' 处取厚度 $\mathrm{d}x'$,则曲面 S 下

的体积微元为 $\mathrm{d}A = \left(\int_c^d f(y)\mathrm{d}y\right)\mathrm{d}x'$,根据微元法,$S$ 和 D 之间所包围的体积就是 $A = \int_a^b \left(\int_c^d f(y)\mathrm{d}y\right)\mathrm{d}x'$,一般就记为 $A = \int_a^b \left(\int_c^d f(y)\mathrm{d}y\right)\mathrm{d}x = \int_a^b \mathrm{d}x \int_c^d f(y)\mathrm{d}y$.

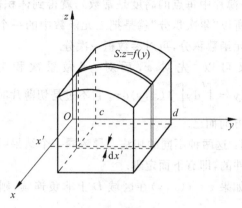

图 9.2

如图 9.3,对于一般的非负函数 $z = f(x,y)$,可以按同样的方法来求曲面下的体积.在区间 $[a,b]$ 上任取一点 x',则平面 $x = x'$ 上的曲线 $z = f(x',y)$ 与 xOy 平面上的直线 $x = x'$,$z = 0$ 之间的面积就是 $\int_c^d f(x',y)\mathrm{d}y$,再取厚度 $\mathrm{d}x'$,得到体积微元 $\mathrm{d}v = \left(\int_c^d f(x',y)\mathrm{d}y\right)\mathrm{d}x'$,于是 S 与 xOy 之间包围的体积就应该是 $V = \int_a^b \left(\int_c^d f(x',y)\mathrm{d}y\right)\mathrm{d}x'$,一般把它记为

$$V = \int_a^b \left(\int_c^d f(x,y)\mathrm{d}y\right)\mathrm{d}x = \int_a^b \mathrm{d}x \int_c^d f(x,y)\mathrm{d}y,$$

并把它叫做先对 y,后对 x 的累次积分.

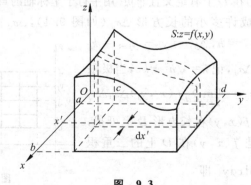

图 9.3

如果把曲面 S 与 D 之间的体积看成一个面包,则这种用累次积分求面包体积的方法可以看做是沿 x 轴方向切薄片,先求薄片的面积(一元函数积分),再把每个面积乘以薄片的厚度(它是一个无穷小量,因为只有在这种前提下才能假设每一薄片中每点的高度是常数),就得到体积微元,再对微元积分一次就得体积,所以"累次积分"就是把二元函数中的一个变量暂时看成常数(参数),先对一元函数积分,再对参数积一次分.

同样,我们又可以"先对 x,后对 y"做累次积分,也就是 $V = \int_c^d \left(\int_a^b f(x,y) \mathrm{d}x \right) \mathrm{d}y = \int_c^d \mathrm{d}y \int_a^b f(x,y) \mathrm{d}x$,它不过是切薄片时不是沿着 x 轴方向,而是沿着 y 轴方向而已.

大家自然会问:这两种不同的切法会导致同一个结果吗?与直观的看法不同,答案是有条件的,即有下面定理.

定理 9.1　如果 $z = f(x,y)$ 在区域 D 上非负连续,则下列累次积分存在且相等:

$$\int_a^b \mathrm{d}x \int_c^d f(x,y) \mathrm{d}y = \int_c^d \mathrm{d}y \int_a^b f(x,y) \mathrm{d}x. \tag{9.1}$$

定理 9.1 中函数 $f(x,y)$ 的连续性假设可以去掉或放松吗?放松是可以的,例如至少可以假设 $f(x,y)$ 在 D 上分块连续.但完全去掉则不行,因为在讨论一元函数积分时,就已经有限制:函数 $f(x)$ 是连续的(至少是分段连续的)!至于"非负",这是一个非本质的假设,下面可以看到它是可以去掉的.

追溯一元函数 $y = f(x)$ 积分的定义,其基本思想是把曲线下的面积细分为小矩形的面积 $f(x_i)h = f(x_i)\mathrm{d}x$,它们是 h 的无穷小量,最后的积分就是求当 $h \to 0$ 时的无穷多个无穷小量之和 $\lim_{n \to \infty} \sum_{i=1}^n f(x_i)h = \int_a^b f(x) \mathrm{d}x$.这种做法自然也可以用于二元函数.

设函数 $f(x,y)$ 在 D 上有定义且非负.用平行于坐标轴的直线 $x = x_i, y = y_j$ 将长方形 D 等分成许多小的长方形 $\Delta \sigma_{ij}$(如图 9.4),$\Delta \sigma_{ij} = \Delta x_i \Delta y_j = hk$,其中 $\Delta x_i = x_i - x_{i-1} = h$,$\Delta y_j = y_j - y_{j-1} = k$.
任取点 $(\bar{x}_i, \bar{y}_j) \in \Delta \sigma_{ij}$,记 $\lambda = \sqrt{h^2 + k^2}$,当极限 $\lim_{\lambda \to 0} \sum_{i,j} f(\bar{x}_i, \bar{y}_j) \Delta \sigma_{ij} = \lim_{\lambda \to 0} \sum_{i,j} f(\bar{x}_i, \bar{y}_j) \Delta x_i \Delta y_j$ 存在时,则称函数 $f(x,y)$ 在长方形 D 上可积,并称上述极限值是 $f(x,y)$ 在 D 上的二重积分,记作 $\iint_D f(x,y) \mathrm{d}x \mathrm{d}y$,即

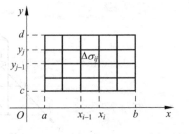

图　9.4

$$\iint_D f(x,y)\mathrm{d}x\mathrm{d}y = \lim_{\lambda \to 0} \sum_{i,j} f(\bar{x}_i, \bar{y}_j) \Delta x_i \Delta y_j, \qquad (9.2)$$

其中 $\mathrm{d}x\mathrm{d}y$ 称为直角坐标系中的面积元素.

当 $f(x,y)$ 连续非负时,二重积分 $\iint_D f(x,y)\mathrm{d}x\mathrm{d}y$ 表示的也是一个曲顶柱体的体积(如图9.5). 特别地,当 $f(x,y) \equiv 1$ 时, $\iint_D 1 \cdot \mathrm{d}x\mathrm{d}y$ 表示的是长方形 D 的面积,即 $\iint_D 1 \cdot \mathrm{d}x\mathrm{d}y = (b-a)(d-c)$.

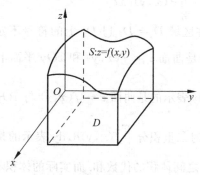

图 9.5

与定积分的存在性类似,对二重积分我们有以下结论:若 $f(x,y)$ 在 $D \cup \partial D$ 上连续,则二重积分 $\iint_D f(x,y)\mathrm{d}x\mathrm{d}y$ 存在.

二重积分和累次积分之间有什么关系呢?下面的定理回答了这个问题.

<u>定理9.2</u>　如果函数 $z=f(x,y)$ 在区域 $D \cup \partial D$ 上非负连续,则它的二重积分也存在,并与两个累次积分相等,即

$$\iint_D f(x,y)\mathrm{d}x\mathrm{d}y = \int_a^b \mathrm{d}x \int_c^d f(x,y)\mathrm{d}y = \int_c^d \mathrm{d}y \int_a^b f(x,y)\mathrm{d}x. \qquad (9.3)$$

9.1.2　函数在一般区域上的二重积分

设 S 是一个平面有界闭域, $f(x,y)$ 在 S 上有定号. 取长方形区域 $D = \{(x,y) | a \leqslant x \leqslant b, c \leqslant y \leqslant d\}$,使得 $S \subset D$(如图9.6).

令

$$F(x,y) = \begin{cases} f(x,y), & (x,y) \in S, \\ 0, & (x,y) \in D \setminus S. \end{cases}$$

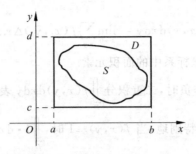

图 9.6

定义 $\iint\limits_{S} f(x,y)\mathrm{d}x\mathrm{d}y = \iint\limits_{D} F(x,y)\mathrm{d}x\mathrm{d}y.$

当函数 $f(x,y)$ 在区域 $D = D_1 \bigcup D_2$ 上的符号不定时(如图 9.7),积分 $\iint\limits_{D_1} f(x,y)\mathrm{d}x\mathrm{d}y$ 表示的是曲面 $z = f(x,y)$ 和 xOy 平面上的区域 D_1 之间的体积;积分 $\iint\limits_{D_2} f(x,y)\mathrm{d}x\mathrm{d}y$ 表示的是曲面 $z = f(x,y)$ 与 xOy 平面上的区域 D_2 之间的体积(取负值). 这时二重积分 $\iint\limits_{D} f(x,y)\mathrm{d}x\mathrm{d}y$ 表示的是曲面 $z = f(x,y)$ 与 xOy 平面上的区域 D 之间体积的代数和. 而实际的体积不会出现负值,所以对一个符号有正有负的二元函数来说,它与 xOy 平面之间所包围的体积实际上应该是二重积分 $\iint\limits_{D} |f(x,y)| \mathrm{d}x\mathrm{d}y.$

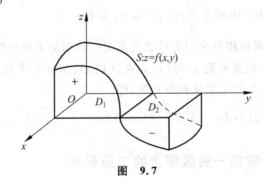

图 9.7

对一般有界区域上符号不定的函数的积分也都按此处理.

二重积分有如下一些性质:

性质 1(线性性质) 如果函数 $f(x,y), g(x,y)$ 在长方形 D 上可积,λ, μ 是任意实数,则函数 $\lambda f(x,y) + \mu g(x,y)$ 在 D 上可积,且

$$\iint\limits_{D} [\lambda f(x,y) + \mu g(x,y)]\mathrm{d}x\mathrm{d}y$$

$$= \lambda \iint_D f(x,y)\mathrm{d}x\mathrm{d}y + \mu \iint_D g(x,y)\mathrm{d}x\mathrm{d}y.$$

性质 2(可加性) 如果 $D = D_1 \cup D_2$,而且长方形 D_1, D_2 只在边界上重叠,则当 $f(x,y)$ 在 D 上可积时,有

$$\iint_D f(x,y)\mathrm{d}x\mathrm{d}y = \iint_{D_1} f(x,y)\mathrm{d}x\mathrm{d}y + \iint_{D_2} f(x,y)\mathrm{d}x\mathrm{d}y. \tag{9.4}$$

性质 3(有序性) 如果函数 $f(x,y), g(x,y)$ 在长方形 D 上都可积,而且在 D 上处处满足 $f(x,y) \leqslant g(x,y)$,则必有

$$\iint_D f(x,y)\mathrm{d}x\mathrm{d}y \leqslant \iint_D g(x,y)\mathrm{d}x\mathrm{d}y.$$

特别地,有

$$\left| \iint_D f(x,y)\mathrm{d}x\mathrm{d}y \right| \leqslant \iint_D |f(x,y)| \mathrm{d}x\mathrm{d}y,$$

$$mA(D) \leqslant \iint_D f(x,y)\mathrm{d}x\mathrm{d}y \leqslant MA(D), \tag{9.5}$$

其中 $A(D)$ 是 D 的面积,m, M 满足 $m \leqslant f(x,y) \leqslant M, (x,y) \in D$.

性质 4(中值定理) 如果函数 $f(x,y)$ 在长方形 D 上连续,则必有一点 $(\xi, \eta) \in D$,使得

$$\iint_D f(x,y)\mathrm{d}x\mathrm{d}y = f(\xi, \eta)A(D). \tag{9.6}$$

当 $f(x,y) \geqslant 0$ 时,这个性质的几何意义就是曲顶柱体的体积 $\iint_D f(x,y)\mathrm{d}x\mathrm{d}y$ 等于一个底面为 D,高为 $f(\xi, \eta)$ 的平顶柱体的体积.

例 9.1 设 $D = \{(x,y) \mid 0 \leqslant x \leqslant 3, 0 \leqslant y \leqslant 2\}$,

$$f(x,y) = \begin{cases} 2, & 0 \leqslant x \leqslant 2, 0 \leqslant y \leqslant 2, \\ 3, & 2 < x \leqslant 3, 0 \leqslant y \leqslant 2, \end{cases}$$

求二重积分 $\iint_D f(x,y)\mathrm{d}x\mathrm{d}y$.

解 令 $D_1 = \{(x,y) \mid 0 \leqslant x \leqslant 2, 0 \leqslant y \leqslant 2\}, D_2 = \{(x,y) \mid 2 < x \leqslant 3, 0 \leqslant y \leqslant 2\}$,根据二重积分的可加性,得

$$\iint_D f(x,y)\mathrm{d}x\mathrm{d}y = \iint_{D_1} f(x,y)\mathrm{d}x\mathrm{d}y + \iint_{D_2} f(x,y)\mathrm{d}x\mathrm{d}y.$$

又因为

$$\iint_{D_1} f(x,y)\mathrm{d}x\mathrm{d}y = 2A(D_1) = 2 \times 4 = 8,$$

$$\iint_{D_2} f(x,y)\mathrm{d}x\mathrm{d}y = 3A(D_2) = 3 \times 2 = 6,$$

所以 $\iint_D f(x,y)\mathrm{d}x\mathrm{d}y = 8 + 6 = 14.$

例 9.2 设平面薄板 D(不计厚度)在 xOy 平面内所占的区域是 $D = \{(x,y) \mid 0 \leqslant x \leqslant 2, 0 \leqslant y \leqslant 3\}$,若 D 的面密度函数 $\rho(x,y) = x$,求此薄板的质量 M.

解 根据二重积分的定义,可知薄板 D 的质量微元是 $\rho(x,y)\mathrm{d}x\mathrm{d}y$.于是它的总质量就是它在 D 上的二重积分,即 $M = \iint_D \rho(x,y)\mathrm{d}x\mathrm{d}y = \iint_D x\mathrm{d}x\mathrm{d}y.$

由于二重积分 $\iint_D x\mathrm{d}x\mathrm{d}y$ 的值恰好等于上底面为 $z=x$,下底面为 D 的一个特殊曲顶柱体的体积(图 9.8),在初等数学中我们已经知道求这个体积的公式,所以

$$M = \iint_D x\mathrm{d}x\mathrm{d}y = \frac{1}{2} \times 2 \times 2 \times 3 = 6.$$

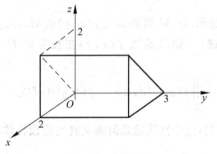

图 9.8

例 9.3 求函数 $f(x,y) = 2 + x$ 在 $D = \{(x,y) \mid 0 \leqslant x \leqslant 2, 0 \leqslant y \leqslant 3\}$ 上的平均值.

解 与一元函数的情况类似,一般把积分 $\dfrac{\iint_D f(x,y)\mathrm{d}x\mathrm{d}y}{A(D)}$ 称为函数 $f(x,y)$ 在 D 上的平均值.

在例 9.2 中已得到 $\iint_D x\mathrm{d}x\mathrm{d}y = 6$,又 $\iint_D 2 \cdot \mathrm{d}x\mathrm{d}y = 2A(D), A(D) = 6$,所以要求的平均值是

$$\frac{\iint_D f(x,y)\mathrm{d}x\mathrm{d}y}{A(D)} = \frac{\iint_D (2+x)\mathrm{d}x\mathrm{d}y}{A(D)} = \frac{2A(D)+6}{A(D)} = 3.$$

例 9.4 设 $D = \{(x,y) | 0 \leqslant x \leqslant 1, 0 \leqslant y \leqslant 1\}$,

$$f(x,y) = \begin{cases} 1, & (x,y) \in D, x,y \text{ 都是有理数}, \\ 0, & (x,y) \in D, x,y \text{ 都是无理数}, \end{cases}$$

证明 $\iint\limits_{D} f(x,y) \mathrm{d}x \mathrm{d}y$ 不存在.

证明 令 $x_i = \dfrac{i}{n}, y_j = \dfrac{j}{n}, i = 0, 1, 2, \cdots, n$, $j = 0, 1, 2, \cdots, n$, 则 $x = x_i, y = y_j$ 将 D 分成了许多小正方形 ΔD_{ij} (如图 9.9).

当取 $(\xi_i, \eta_j) = \left(\dfrac{i}{n}, \dfrac{j}{n}\right) \in \Delta D_{ij}, i, j = 1, 2, \cdots, n$

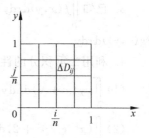

图 9.9

时,有

$$\sum_{i,j=1}^{n} f(\xi_i, \eta_j) \Delta x_i \Delta y_j = \sum_{i,j=1}^{n} 1 \times \dfrac{1}{n} \times \dfrac{1}{n} = \dfrac{1}{n^2} \times n^2 = 1,$$

从而 $\lim\limits_{n \to \infty} \sum\limits_{i,j=1}^{n} f(\xi_i, \eta_j) \Delta x_i \Delta y_j = 1$.

如果取 $\dfrac{i-1}{n} < \bar{\xi}_i < \dfrac{i}{n}, \dfrac{j-1}{n} < \bar{\eta}_j < \dfrac{j}{n}$, 且 $\bar{\xi}_i, \bar{\eta}_j$ 都是无理数, 则有

$\sum\limits_{i,j=1}^{n} f(\bar{\xi}_i, \bar{\eta}_j) \Delta x_i \Delta y_j = 0$, 即有 $\lim\limits_{n \to \infty} \sum\limits_{i,j=1}^{n} f(\bar{\xi}_i, \bar{\eta}_j) = 0$.

由此说明 $\iint\limits_{D} f(x,y) \mathrm{d}x \mathrm{d}y$ 不存在.

习题 9.1

1. 计算下列函数的二重积分 $\iint\limits_{D} f(x,y) \mathrm{d}x \mathrm{d}y$:

(1) $f(x,y) = \begin{cases} 1, & 0 \leqslant x \leqslant 1, 0 \leqslant y \leqslant 2, \\ 2, & 1 < x \leqslant 2, 0 \leqslant y \leqslant 2, \end{cases}$ $D = \{(x,y) | 0 \leqslant x \leqslant 2, 0 \leqslant y \leqslant 2\}$;

(2) $f(x,y) = \begin{cases} 2, & 0 \leqslant x \leqslant 3, 0 \leqslant y \leqslant 1, \\ 3, & 0 \leqslant x \leqslant 3, 1 < y \leqslant 2, \end{cases}$ $D = \{(x,y) | 0 \leqslant x \leqslant 3, 0 \leqslant y \leqslant 2\}$;

(3) $f(x,y) = \begin{cases} 1, & 0 \leqslant x \leqslant 1, 0 \leqslant y \leqslant 1, \\ 2, & 0 \leqslant x \leqslant 1, 1 < y \leqslant 2, \\ 3, & 1 < x \leqslant 2, 0 \leqslant y \leqslant 2, \end{cases}$ $D = \{(x,y) | 0 \leqslant x \leqslant 2, 0 \leqslant y \leqslant 2\}$.

2. 记 $[x]$, $[y]$ 分别为不超过 x 和 y 的最大整数，令 $D=\{(x,y)\mid 0\leqslant x\leqslant 3, 0\leqslant y\leqslant 2\}$，计算二重积分 $\iint\limits_D ([x]+[y])\mathrm{d}x\mathrm{d}y$.

3. 已知 $\iint\limits_D f(x,y)\mathrm{d}x\mathrm{d}y=2$, $\iint\limits_D g(x,y)\mathrm{d}x\mathrm{d}y=3$, 计算二重积分 $\iint\limits_D (3f(x,y)+2g(x,y))\mathrm{d}x\mathrm{d}y$.

4. 利用二重积分的性质估计下列积分值：

(1) $\iint\limits_D xy(x+y)\mathrm{d}x\mathrm{d}y$, $D=\{(x,y)\mid 0\leqslant x\leqslant 1, 0\leqslant y\leqslant 1\}$;

(2) $\iint\limits_D (x^2+2y^2+2)\mathrm{d}x\mathrm{d}y$, $D=\{(x,y)\mid x^2+y^2\leqslant 2\}$.

5. 利用二重积分的性质比较下列积分的大小：

(1) $\iint\limits_D (x+y)^2\mathrm{d}x\mathrm{d}y$ 和 $\iint\limits_D (x+y)^3\mathrm{d}x\mathrm{d}y$, D 由直线 $x+y=1$ 与坐标轴围成;

(2) $\iint\limits_D \mathrm{e}^{x^2+y^2}\mathrm{d}x\mathrm{d}y$ 和 $\iint\limits_D \mathrm{e}^{(x^2+y^2)^2}\mathrm{d}x\mathrm{d}y$, D 由圆周 $x^2+y^2=1$ 与 $x^2+y^2=4$ 围成.

9.2 二重积分的计算

9.2.1 长方形上二重积分的计算

一般二重积分的计算方法就是通过上述的累次积分来进行.

例 9.5 求二次积分 $\int_0^1 \mathrm{d}x \int_0^2 (x^2+xy+y^2)\mathrm{d}y$ 的值.

解 因为

$$\int_0^2 (x^2+xy+y^2)\mathrm{d}y = \left(x^2 y+\frac{1}{2}xy^2+\frac{1}{3}y^3\right)\bigg|_0^2$$
$$= 2x^2+2x+\frac{8}{3},$$

所以

$$\int_0^1 \mathrm{d}x \int_0^2 (x^2+xy+y^2)\mathrm{d}y = \int_0^1 \left(2x^2+2x+\frac{8}{3}\right)\mathrm{d}x$$
$$= \left(\frac{2}{3}x^3+x^2+\frac{8}{3}x\right)\bigg|_0^1$$
$$= \frac{2}{3}+1+\frac{8}{3}=\frac{13}{3}.$$

例 9.6 设 $D=\{(x,y)\mid 1\leqslant x\leqslant 2,1\leqslant y\leqslant 2\}$，计算二重积分 $\iint\limits_{D}\ln(xy)\mathrm{d}x\mathrm{d}y$.

解 根据对数函数的性质，有
$$\iint\limits_{D}\ln(xy)\mathrm{d}x\mathrm{d}y = \iint\limits_{D}(\ln x+\ln y)\mathrm{d}x\mathrm{d}y.$$

而
$$\iint\limits_{D}\ln x\mathrm{d}x\mathrm{d}y = \int_{1}^{2}\mathrm{d}x\int_{1}^{2}\ln x\mathrm{d}y = \int_{1}^{2}\ln x\mathrm{d}x = (x\ln x - x)\Big|_{1}^{2} = 2\ln 2 - 1,$$
$$\iint\limits_{D}\ln y\mathrm{d}x\mathrm{d}y = \int_{1}^{2}\mathrm{d}y\int_{1}^{2}\ln y\mathrm{d}x = \int_{1}^{2}\ln y\mathrm{d}y = 2\ln 2 - 1,$$

所以
$$\iint\limits_{D}\ln(xy)\mathrm{d}x\mathrm{d}y = 2(2\ln 2 - 1) = 2(\ln 4 - 1).$$

例 9.7 设 $D=\{(x,y)\mid 0\leqslant x\leqslant 1,0\leqslant y\leqslant 1\}$，计算二重积分 $\iint\limits_{D}\mathrm{e}^{x+y}\mathrm{d}x\mathrm{d}y$.

解 将 $\iint\limits_{D}\mathrm{e}^{x+y}\mathrm{d}x\mathrm{d}y$ 化为累次积分，得
$$\iint\limits_{D}\mathrm{e}^{x+y}\mathrm{d}x\mathrm{d}y = \int_{0}^{1}\mathrm{d}x\int_{0}^{1}\mathrm{e}^{x+y}\mathrm{d}y,$$

又因为
$$\int_{0}^{1}\mathrm{e}^{x+y}\mathrm{d}y = \int_{0}^{1}\mathrm{e}^{x}\mathrm{e}^{y}\mathrm{d}y = \mathrm{e}^{x}\int_{0}^{1}\mathrm{e}^{y}\mathrm{d}y,$$

所以
$$\iint\limits_{D}\mathrm{e}^{x+y}\mathrm{d}x\mathrm{d}y = \int_{0}^{1}\left(\mathrm{e}^{x}\int_{0}^{1}\mathrm{e}^{y}\mathrm{d}y\right)\mathrm{d}x = \int_{0}^{1}\mathrm{e}^{y}\mathrm{d}y \cdot \int_{0}^{1}\mathrm{e}^{x}\mathrm{d}x$$
$$= \left(\int_{0}^{1}\mathrm{e}^{x}\mathrm{d}x\right)^{2} = (\mathrm{e}-1)^{2}.$$

一般地，有 $\int_{a}^{b}\mathrm{d}x\int_{c}^{d}f(x)g(y)\mathrm{d}y = \int_{a}^{b}f(x)\mathrm{d}x \cdot \int_{c}^{d}g(y)\mathrm{d}y$.

例 9.8 设 $D=\{(x,y)\mid -\pi\leqslant x\leqslant \pi, 0\leqslant y\leqslant 2\}$，计算二重积分 $I=\iint\limits_{D}(y\cos x + \mathrm{e}^{x^{2}}\sin x)\mathrm{d}x\mathrm{d}y$.

解 根据二重积分的性质，得
$$I = \iint\limits_{D}y\cos x\mathrm{d}x\mathrm{d}y + \iint\limits_{D}\mathrm{e}^{x^{2}}\sin x\mathrm{d}x\mathrm{d}y.$$

而
$$\iint_D y\cos x \, dxdy = \int_{-\pi}^{\pi} \cos x \, dx \cdot \int_0^2 y \, dy = 0,$$
$$\iint_D e^{x^2}\sin x \, dxdy = \int_{-\pi}^{\pi} dx \int_0^2 e^{x^2}\sin x \, dy = 2\int_{-\pi}^{\pi} e^{x^2}\sin x \, dx = 0,$$
所以 $I=0$.

在此例中，$\int_{-\pi}^{\pi} e^{x^2}\sin x \, dx = 0$ 利用了奇函数定积分的性质. 一般来说，对于二重积分，当 D 关于 y 轴对称，且 $f(-x,y) = -f(x,y)$ 时，$\iint_D f(x,y) \, dxdy = 0$；当 D 关于 x 轴对称，且 $f(x,-y) = -f(x,y)$ 时，$\iint_D f(x,y) \, dxdy = 0$.

9.2.2 一般区域上二重积分的计算

设 S 是一个平面有界闭域，当平行于 y 轴的直线穿过 S 时，若直线与 S 的边界最多只有两个交点（如图 9.10），则 S 可以表示成如下联立不等式形式：
$$S = \{(x,y) \mid \varphi_1(x) \leqslant y \leqslant \varphi_2(x), a \leqslant x \leqslant b\}.$$

如果平行于 x 轴的直线与 S 的边界最多只有两个交点（如图 9.11），则 S 可以表示成如下联立不等式形式：
$$S = \{(x,y) \mid \psi_1(y) \leqslant x \leqslant \psi_2(y), c \leqslant y \leqslant d\}.$$

当 $S = \{(x,y) \mid \varphi_1(x) \leqslant y \leqslant \varphi_2(x), a \leqslant x \leqslant b\}$ 时，取 $D = \{(x,y) \mid a \leqslant x \leqslant b, c \leqslant y \leqslant d\}$，使得 $S \subset D$（如图 9.12）.

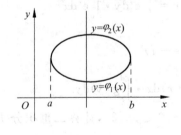

图 9.10

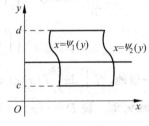

图 9.11

令
$$F(x,y) = \begin{cases} f(x,y), & (x,y) \in S, \\ 0, & (x,y) \notin S, \end{cases}$$

则

$$\iint\limits_S f(x,y)\,dxdy = \iint\limits_D F(x,y)\,dxdy = \int_a^b dx \int_c^d F(x,y)\,dy$$

$$= \int_a^b dx \left[\int_c^{\varphi_1(x)} F(x,y)\,dy + \int_{\varphi_1(x)}^{\varphi_2(x)} F(x,y)\,dy + \int_{\varphi_2(x)}^d F(x,y)\,dy \right]$$

$$= \int_a^b dx \int_{\varphi_1(x)}^{\varphi_2(x)} f(x,y)\,dy.$$

类似地,当 $S = \{(x,y) \mid \psi_1(y) \leqslant x \leqslant \psi_2(y), c \leqslant y \leqslant d\}$ 时,就有

$$\iint\limits_S f(x,y)\,dxdy = \int_c^d dy \int_{\psi_1(y)}^{\psi_2(y)} f(x,y)\,dx.$$

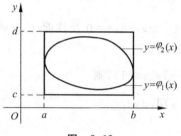

图 9.12

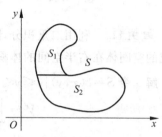

图 9.13

当平行于坐标轴的直线与 S 边界的交点多于两个时,可以将 S 分成几个小区域,使得每个小区域要么能表示成 $\{(x,y) \mid \varphi_1(x) \leqslant y \leqslant \varphi_2(x), a \leqslant x \leqslant b\}$,要么能表示成 $\{(x,y) \mid \psi_1(y) \leqslant x \leqslant \psi_2(y), c \leqslant y \leqslant d\}$(如图 9.13). 这样就可以将二重积分 $\iint\limits_D f(x,y)\,dxdy$ 化成几个小区域上的二重积分进行计算.

例 9.9 计算累次积分 $\int_1^2 dx \int_{-x}^{2x} (4x+6y)\,dy$.

解 由于 $\int_{-x}^{2x}(4x+6y)\,dy = (4xy+3y^2)\Big|_{-x}^{2x} = 21x^2$,所以

$$\int_1^2 dx \int_{-x}^{2x}(4x+6y)\,dy = \int_1^2 21x^2\,dx = 7x^3 \Big|_1^2 = 49.$$

例 9.10 利用二重积分计算平面 $x+2y+3z=6$ 与三个坐标面所围空间体的体积 V(如图 9.14).

解 令 $S = \{(x,y) \mid 0 \leqslant x \leqslant 6-2y, 0 \leqslant y \leqslant 3\}$(如图 9.15),则

$$V = \iint\limits_S \frac{1}{3}(6-x-2y)\,dxdy$$

$$= \frac{1}{3}\int_0^3 dy \int_0^{6-2y}(6-x-2y)\,dx$$

$$= \frac{2}{3}\int_0^3 (3-y)^2\,dy$$

$$= \frac{2}{3}\left(-\frac{1}{3}(3-y)^3\right)\Big|_0^3 = 6.$$

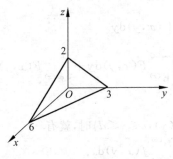
图 9.14

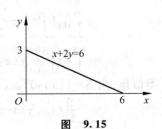
图 9.15

例 9.11 利用二重积分计算平面 $x+y+z=2, z=0$ 及柱面 $x^2+y^2=1$ 围成的空间体在右半空间的体积 V(如图 9.16).

解 令 $S=\{(x,y)\mid 0\leqslant y\leqslant \sqrt{1-x^2},-1\leqslant x\leqslant 1\}$,则
$$V=\iint_S (2-x-y)\mathrm{d}x\mathrm{d}y.$$

由于 S 关于 y 轴对称,所以 $\iint_S x\mathrm{d}x\mathrm{d}y=0$.

从而
$$V=\iint_S (2-y)\mathrm{d}x\mathrm{d}y = \pi - \int_{-1}^{1}\mathrm{d}x\int_0^{\sqrt{1-x^2}} y\mathrm{d}y$$
$$=\pi - \frac{1}{2}\int_{-1}^{1}(1-x^2)\mathrm{d}x$$
$$=\pi - \frac{2}{3}.$$

例 9.12 计算累次积分 $\int_0^2 \mathrm{d}x \int_x^2 \mathrm{e}^{y^2}\mathrm{d}y$.

解 由于 e^{y^2} 没有初等原函数,所以积分 $\int_x^2 \mathrm{e}^{y^2}\mathrm{d}y$ 不能直接由牛顿-莱布尼茨公式求得. 记 $S=\{(x,y)\mid x\leqslant y\leqslant 2, 0\leqslant x\leqslant 2\}$(如图 9.17). 先把这个累次积分化为二重积分:
$$\int_0^2 \mathrm{d}x \int_x^2 \mathrm{e}^{y^2}\mathrm{d}y = \iint_S \mathrm{e}^{y^2}\mathrm{d}x\mathrm{d}y.$$

又 $S=\{(x,y)\mid 0\leqslant x\leqslant y, 0\leqslant y\leqslant 2\}$,所以
$$\iint_S \mathrm{e}^{y^2}\mathrm{d}x\mathrm{d}y = \int_0^2 \mathrm{d}y \int_0^y \mathrm{e}^{y^2}\mathrm{d}x = \int_0^2 y\mathrm{e}^{y^2}\mathrm{d}y$$
$$=\frac{1}{2}\mathrm{e}^{y^2}\Big|_0^2 = \frac{1}{2}(\mathrm{e}^4-1).$$

9.2 二重积分的计算

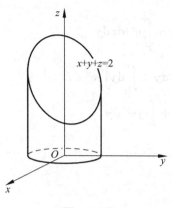

图 9.16

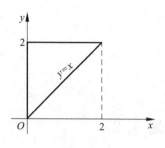

图 9.17

例 9.13 设函数 $f(x,y)$ 连续,将累次积分 $\int_{-1}^{0}dy\int_{1-y}^{2}f(x,y)dx$ 写成先对 y 后对 x 的形式.

解 设平面区域 D 由直线 $y=-1,y=0,x=1-y$ 与 $x=2$ 围成,则

$$\int_{-1}^{0}dy\int_{1-y}^{2}f(x,y)dx=\iint_{D}f(x,y)dxdy.$$

又因为 D 可以表示成如下联立不等式的形式:

$$D:\begin{cases}1-x\leqslant y\leqslant 0,\\ 1\leqslant x\leqslant 2,\end{cases}$$

所以

$$\iint_{D}f(x,y)dxdy=\int_{1}^{2}dx\int_{1-x}^{0}f(x,y)dy.$$

故原累次积分写成先对 y 后对 x 的次序后为

$$\int_{1}^{2}dx\int_{1-x}^{0}f(x,y)dy.$$

例 9.14 计算二重积分 $\iint_{D}e^{\max\{x^2,y^2\}}dxdy$,其中

$$D=\{(x,y)\mid 0\leqslant x\leqslant 1,0\leqslant y\leqslant 1\}.$$

解 取 $D_1=\{(x,y)\mid 0\leqslant y\leqslant x,0\leqslant x\leqslant 1\}$,$D_2=\{(x,y)\mid 0\leqslant x\leqslant y,0\leqslant y\leqslant 1\}$,则 $D=D_1\bigcup D_2$,且

$$e^{\max\{x^2,y^2\}}=\begin{cases}x^2,&(x,y)\in D_1,\\ y^2,&(x,y)\in D_2,\end{cases}$$

所以

$$\iint_D e^{\max\{x^2,y^2\}} dxdy = \iint_{D_1} e^{x^2} dxdy + \iint_{D_2} e^{y^2} dxdy$$

$$= \int_0^1 dx \int_0^x e^{x^2} dy + \int_0^1 dy \int_0^y e^{y^2} dx$$

$$= \int_0^1 x e^{x^2} dx + \int_0^1 y e^{y^2} dy$$

$$= e - 1.$$

习题 9.2

1. 计算下列累次积分：

(1) $\int_0^1 dx \int_1^2 x^2 y \, dy$；　　　　(2) $\int_{-1}^1 dx \int_1^2 (x+y) y^2 \, dy$；

(3) $\int_0^1 dx \int_0^1 x e^{x^2+y} \, dy$；　　　(4) $\int_{-1}^1 dy \int_0^2 (\sin x + \sin y) x \, dx$；

(5) $\int_0^{\sqrt{3}} dy \int_0^1 2xy \sqrt{x^2+y^2} \, dx$；(6) $\int_0^1 dy \int_0^1 \frac{y}{(xy+1)^2} dx$.

2. 计算下列二重积分：

(1) $\iint_D (x^2+y^2) dxdy$, $D = \{(x,y) \mid -1 \leqslant x \leqslant 1, -1 \leqslant y \leqslant 1\}$；

(2) $\iint_D (4-y^2) dxdy$, $D = \{(x,y) \mid 0 \leqslant x \leqslant 2, 0 \leqslant y \leqslant 2\}$；

(3) $\iint_D (x^3+x^2y+xy^2+y^3) dxdy$, $D = \{(x,y) \mid 0 \leqslant x \leqslant 1, 0 \leqslant y \leqslant 1\}$；

(4) $\iint_D (x^2+y^3) dxdy$, $D = \{(x,y) \mid -2 \leqslant x \leqslant 2, -1 \leqslant y \leqslant 1\}$；

(5) $\iint_D xy e^{x^2+y^2} dxdy$, $D = \{(x,y) \mid 0 \leqslant x \leqslant 1, 0 \leqslant y \leqslant 1\}$.

3. 计算下列二重积分：

(1) $\iint_D (x+2y) dxdy$, D 由直线 $x+y=2$ 与坐标轴围成；

(2) $\iint_D x \sin(x+y) dxdy$, D 是顶点分别为 $(0,0)$, $(\pi,0)$ 和 (π,π) 的三角形区域；

(3) $\iint_D (x^2+y) dxdy$, D 由曲线 $y=x^2$ 和 $y=\sqrt{x}$ 围成；

(4) $\iint_D (x^2-2xy) dxdy$, D 由曲线 $y=3x-x^2$ 与直线 $y=x$ 围成；

(5) $\iint\limits_{D} x\mathrm{d}x\mathrm{d}y$, D 由曲线 $y = x^3$ 与直线 $y = x$ 围成；

(6) $\iint\limits_{D} \mathrm{e}^y \cos x \mathrm{d}x\mathrm{d}y$, D 由 $y = \sin x, y = 0, x = 0, x = \dfrac{\pi}{2}$ 围成；

(7) $\iint\limits_{D} xy^2 \mathrm{d}x\mathrm{d}y$, D 是圆盘 $x^2 + y^2 \leqslant 4$ 在右半平面的部分；

(8) $\iint\limits_{D} (x^2 + y^2 - x)\mathrm{d}x\mathrm{d}y$, D 由直线 $y = x, y = 2x$ 和 $y = 2$ 围成.

4. 交换下列累次积分的积分顺序(假设 $f(x,y)$ 连续)：

(1) $\int_0^1 \mathrm{d}x \int_0^x f(x,y) \mathrm{d}y$；

(2) $\int_0^2 \mathrm{d}y \int_{y^2}^{2y} f(x,y) \mathrm{d}x$；

(3) $\int_0^1 \mathrm{d}x \int_{x^3}^x f(x,y) \mathrm{d}y$；

(4) $\int_0^1 \mathrm{d}y \int_{-y}^y f(x,y) \mathrm{d}x$；

(5) $\int_1^2 \mathrm{d}x \int_{2-x}^{\sqrt{2x-x^2}} f(x,y) \mathrm{d}y$；

(6) $\int_0^1 \mathrm{d}y \int_{-\sqrt{1-y^2}}^{\sqrt{1-y^2}} f(x,y) \mathrm{d}x$；

(7) $\int_0^e \mathrm{d}x \int_0^{\ln x} f(x,y) \mathrm{d}y$；

(8) $\int_{-1}^0 \mathrm{d}y \int_{-\sqrt{y+1}}^{\sqrt{y+1}} f(x,y) \mathrm{d}x$；

(9) $\int_1^2 \mathrm{d}x \int_1^x f(x,y) \mathrm{d}y$.

9.3 二重积分中的变量代换

9.3.1 变量代换的雅可比行列式

在以上的讨论中，我们计算二重积分 $\iint\limits_{D} f(x,y)\mathrm{d}x\mathrm{d}y$ 都是在直角坐标下进行的，对于某些具有特殊几何形状的积分区域 D，例如圆，进行积分时，往往用极坐标更方便. 即使是在直角坐标系中，有时为了计算方便也做变量替换，一般的变换都以下列形式出现：

$$\begin{cases} x = \varphi(u,v), \\ y = \psi(u,v), \end{cases} \tag{9.7}$$

其中 φ, ψ 都是可微函数，这里把 (u,v) 看成自变量. (9.7)式是一个向量 (u,v) 到向量 (x,y) 的一一对应. (双方单值函数)把 $uO'v$ 平面上的某个区域(定义域) D_1 变成 xOy 平面上的值域 D，在定义域 D_1 内任取一个小矩形 ΔD_1，在变换(9.7)下，它对应于 D 上的一个小四边形 ΔD (见图 9.18).

原来 xOy 平面上的小面积为 $\mathrm{d}x\mathrm{d}y$，它通过变换(9.7)，由 $uO'v$ 平面上的小面积 $\mathrm{d}u\mathrm{d}v$ 而来，现在来看变换(9.7)如何改变面积 $\mathrm{d}u\mathrm{d}v$：我们知道当

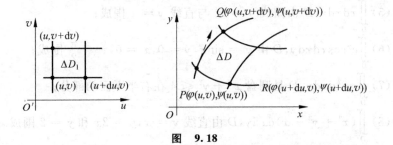

图 9.18

du, dv, dx, dy 都很小时,曲边四边形的面积近似于向量 $\vec{PR} \times \vec{PQ}$ 的大小,由于

$$\vec{PR} = (\varphi(u+du,v) - \varphi(u,v), \psi(u+du,v) - \psi(u,v))$$
$$= (\varphi_u du, \psi_u du),$$
$$\vec{PQ} = (\varphi(u,v+dv) - \varphi(u,v), \psi(u,v+dv) - \psi(u,v))$$
$$= (\varphi_v dv, \psi_v dv),$$

它们的叉乘就是

$$\begin{vmatrix} \varphi_u du & \varphi_v dv & e_1 \\ \psi_u du & \psi_v dv & e_2 \\ 0 & 0 & e_3 \end{vmatrix} = (\varphi_u \psi_v - \varphi_v \psi_u) du dv \, e_3.$$

它的大小就是 $dxdy = |\varphi_u \psi_v - \varphi_v \psi_u| du dv = \left| \begin{vmatrix} \varphi_u & \varphi_v \\ \psi_u & \psi_v \end{vmatrix} \right| du dv$,等式右边的行列式常记为

$$\begin{vmatrix} \varphi_u & \varphi_v \\ \psi_u & \psi_v \end{vmatrix} = \frac{\partial(\varphi,\psi)}{\partial(u,v)} = J, \tag{9.8}$$

并称为变换(9.7)的雅可比行列式.

这样,原积分就变成

$$\iint\limits_D f(x,y) dxdy = \iint\limits_{D_1} f(\varphi(u,v),\psi(u,v)) |J| du dv. \tag{9.9}$$

9.3.2 二重积分的极坐标变换

作为一个最常见的例子就是把直角坐标变换成极坐标,即变换(9.7)就是

$$\begin{cases} x = r\cos\theta, \\ y = r\sin\theta. \end{cases}$$

这个坐标变换的雅可比行列式就是

$$J = \begin{vmatrix} \dfrac{\partial(r\cos\theta)}{\partial r} & \dfrac{\partial(r\cos\theta)}{\partial \theta} \\ \dfrac{\partial(r\sin\theta)}{\partial r} & \dfrac{\partial(r\sin\theta)}{\partial \theta} \end{vmatrix}$$

$$= \cos\theta(r\cos\theta) - \sin\theta(-r\sin\theta)$$
$$= r.$$

所以用直角坐标表示的二重积分 $\iint\limits_{D} f(x,y)\mathrm{d}x\mathrm{d}y$ 就可以用极坐标表示为

$$\iint\limits_{D_1} f(r\cos\theta, r\sin\theta) r\mathrm{d}r\mathrm{d}\theta.$$

例 9.15 设 $D_1 = \left\{(r,\theta) \,\middle|\, 1 \leqslant r \leqslant 3, 0 \leqslant \theta \leqslant \dfrac{\pi}{2}\right\}$,求位于平面区域 D_1 和曲面 $z = \mathrm{e}^{x^2+y^2}$ 之间的体积 V.

解 根据直角坐标与极坐标的关系可知,在直角坐标系下,区域 D_1 写成 $D = \left\{(x,y) \,\middle|\, 1 \leqslant x^2 + y^2 \leqslant 9, 0 \leqslant \arctan\dfrac{y}{x} \leqslant \dfrac{\pi}{2}\right\}$. 从而

$$V = \iint\limits_{D} \mathrm{e}^{x^2+y^2}\mathrm{d}x\mathrm{d}y = \iint\limits_{D_1} \mathrm{e}^{r^2} r\mathrm{d}r\mathrm{d}\theta$$

$$= \int_0^{\frac{\pi}{2}} \mathrm{d}\theta \int_1^3 \mathrm{e}^{r^2} \cdot r\mathrm{d}r$$

$$= \dfrac{\pi}{4}\mathrm{e}(\mathrm{e}^8 - 1).$$

对于一般的平面区域 S,当从原点出发的射线与 S 的边界最多只有两个交点时(如图 9.19),S 可以表示为

$$S = \{(r,\theta) \mid \varphi_1(\theta) \leqslant r \leqslant \varphi_2(\theta), \alpha \leqslant \theta \leqslant \beta\}.$$

这时

$$\iint\limits_{D} f(x,y)\mathrm{d}x\mathrm{d}y = \int_\alpha^\beta \mathrm{d}\theta \int_{\varphi_1(\theta)}^{\varphi_2(\theta)} f(r\cos\theta, r\sin\theta) r\mathrm{d}r.$$

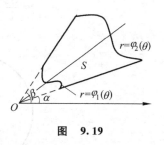

图 9.19

当以原点为圆心的圆周与 S 的边界最多只有两个交点时(如图 9.20),S 可以表示为

$$S = \{(r,\theta) \mid \psi_1(r) \leqslant \theta \leqslant \psi_2(r), a \leqslant r \leqslant b\}.$$

这时

$$\iint\limits_{D} f(x,y)\mathrm{d}x\mathrm{d}y = \int_a^b \mathrm{d}r \int_{\psi_1(r)}^{\psi_2(r)} f(r\cos\theta, r\sin\theta) r\mathrm{d}\theta.$$

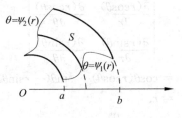

图 9.20

例 9.16 设 S 是位于圆周 $r=2$ 以外和心脏线 $r=2(1+\cos\theta)$ 以内的平面区域(如图 9.21). 计算二重积分 $\iint\limits_{D} x\,\mathrm{d}x\,\mathrm{d}y$.

解 由于 $x=r\cos\theta$, 根据对称性, 得

$$\iint\limits_{D} x\,\mathrm{d}x\,\mathrm{d}y = 2\int_0^{\frac{\pi}{2}}\mathrm{d}\theta\int_2^{2(1+\cos\theta)} r\cos\theta \cdot r\,\mathrm{d}r$$

$$= \frac{2}{3}\int_0^{\frac{\pi}{2}}\cos\theta \cdot r^3 \Big|_2^{2(1+\cos\theta)}\mathrm{d}\theta$$

$$= \frac{16}{3}\int_0^{\frac{\pi}{2}}(3\cos^2\theta + 3\cos^3\theta + \cos^4\theta)\,\mathrm{d}\theta$$

$$= \frac{16}{3}\left(3\times\frac{1}{2}\times\frac{\pi}{2} + 3\times\frac{2}{3} + \frac{3}{4}\times\frac{1}{2}\times\frac{\pi}{2}\right)$$

$$= \frac{32}{3} + 5\pi.$$

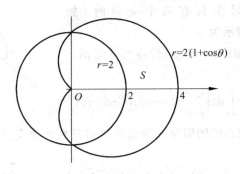

图 9.21

例 9.17 设 $D=\{(r,\theta)\,|\,0\leqslant\theta\leqslant 2\pi, 0\leqslant r\leqslant a\}$, 计算二重积分 $\iint\limits_{D}\mathrm{e}^{-(x^2+y^2)}\,\mathrm{d}x\,\mathrm{d}y$.

解 $\iint\limits_D e^{-(x^2+y^2)} dxdy = \int_0^{2\pi} d\theta \int_0^a e^{-r^2} \cdot rdr$

$\qquad\qquad\qquad = -\pi e^{-r^2} \Big|_0^a = \pi(1-e^{a^2}).$

例 9.18 计算 $I = \lim\limits_{b\to+\infty}\int_0^b e^{-x^2} dx.$

解 由于函数 e^{-x^2} 没有初等原函数,积分 $\int_0^b e^{-x^2} dx$ 不能由牛顿-莱布尼茨公式得到. 下面利用二重积分计算 I 的值.

记 $I_b = \int_0^b e^{-x^2} dx$, 则

$I_b^2 = \int_0^b e^{-x^2} dx \cdot \int_0^b e^{-x^2} dx = \int_0^b e^{-x^2} dx \cdot \int_0^b e^{-y^2} dy = \int_0^b dx \int_0^b e^{-(x^2+y^2)} dy.$

令

$$S_1 = \left\{(r,\theta) \Big| 0 \leqslant \theta \leqslant \frac{\pi}{2}, 0 \leqslant r \leqslant b\right\},$$
$$S_2 = \{(x,y) \mid 0 \leqslant x \leqslant b, 0 \leqslant y \leqslant b\},$$
$$S_3 = \left\{(r,\theta) \Big| 0 \leqslant \theta \leqslant \frac{\pi}{2}, 0 \leqslant r \leqslant \sqrt{2}b\right\},$$

则如图 9.22,有

$$\iint\limits_{S_1} e^{-(x^2+y^2)} dxdy \leqslant I_b^2 \leqslant \iint\limits_{S_3} e^{-(x^2+y^2)} dxdy.$$

又

$\iint\limits_{S_1} e^{-(x^2+y^2)} dxdy = \int_0^{\frac{\pi}{2}} d\theta \int_0^b e^{-r^2} \cdot rdr$

$\qquad\qquad\qquad = \frac{\pi}{4}(1-e^{-b^2}),$

$\iint\limits_{S_3} e^{-(x^2+y^2)} dxdy = \int_0^{\frac{\pi}{2}} d\theta \int_0^{\sqrt{2}b} e^{-r^2} \cdot rdr$

$\qquad\qquad\qquad = \frac{\pi}{4}(1-e^{-2b^2}),$

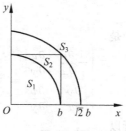

图 9.22

所以

$$\frac{\pi}{4}(1-e^{-b^2}) \leqslant I_b^2 \leqslant \frac{\pi}{4}(1-e^{-2b^2}),$$

令 $b \to +\infty$,得 $I^2 = \lim\limits_{b\to+\infty} I_b^2 = \frac{\pi}{4}$,故 $I = \lim\limits_{b\to+\infty}\int_0^b e^{-x^2} dx = \frac{\sqrt{\pi}}{2}.$

例 9.19 求椭圆盘 $\dfrac{x^2}{a^2}+\dfrac{y^2}{b^2}\leqslant 1$ 的面积 S.

解 取 $x=ar\cos\theta, y=br\sin\theta, (r,\theta)\in[0,1]\times[0,2\pi]$, 易知

$$J(r,\theta)=\begin{vmatrix}\dfrac{\partial x}{\partial r} & \dfrac{\partial x}{\partial \theta}\\ \dfrac{\partial y}{\partial r} & \dfrac{\partial y}{\partial \theta}\end{vmatrix}=\begin{vmatrix}a\cos\theta & -ar\sin\theta\\ b\sin\theta & br\cos\theta\end{vmatrix}=abr,$$

所以

$$S=\iint_D \mathrm{d}x\mathrm{d}y=\int_0^{2\pi}\mathrm{d}\theta\int_0^1 abr\,\mathrm{d}r=2\pi\cdot\dfrac{1}{2}abr^2\Big|_0^1=\pi ab.$$

本题中的变换公式

$$\begin{cases}x=ar\cos\theta,\\ y=br\sin\theta\end{cases}$$

又称为广义极坐标变换.

例 9.20 已知 D 由 $x+y=1, x+y=2, y=x, y=2x$ 围成. 计算二重积分 $\iint_D(x+y)\,\mathrm{d}x\mathrm{d}y$.

解 令 $u=x+y, v=\dfrac{y}{x}$, 则 $1\leqslant u\leqslant 2, 1\leqslant v\leqslant 2$, 解出 x,y 为 u,v 的函数

$$\begin{cases}x=\dfrac{u}{1+v},\\ y=\dfrac{uv}{1+v},\end{cases}$$

于是

$$\begin{vmatrix}\dfrac{\partial u}{\partial x} & \dfrac{\partial u}{\partial y}\\ \dfrac{\partial v}{\partial x} & \dfrac{\partial v}{\partial y}\end{vmatrix}=\begin{vmatrix}1 & 1\\ -\dfrac{y}{x^2} & \dfrac{1}{x}\end{vmatrix}=\dfrac{y+x}{x^2}=\dfrac{u(1+v)^2}{u^2}=\dfrac{(1+v)^2}{u},$$

所以

$$\begin{vmatrix}\dfrac{\partial x}{\partial u} & \dfrac{\partial x}{\partial v}\\ \dfrac{\partial y}{\partial u} & \dfrac{\partial y}{\partial v}\end{vmatrix}=\dfrac{u}{(1+v)^2}\neq 0,$$

从而

$$\iint_D(x+y)\,\mathrm{d}x\mathrm{d}y=\int_1^2 \mathrm{d}u\int_1^2 u\cdot\dfrac{u}{(1+v)^2}\mathrm{d}v$$

$$=\int_1^2 u^2\,\mathrm{d}u\cdot\int_1^2\dfrac{1}{(1+v)^2}\mathrm{d}v=\dfrac{7}{3}\times\dfrac{1}{6}=\dfrac{7}{18}.$$

习题 9.3

1. 将二重积分 $\iint\limits_{D} f(x,y)\mathrm{d}x\mathrm{d}y$ 化为极坐标形式的累次积分：

   (1) $D = \{(x,y) \mid x^2 + y^2 \leqslant 4\}$；
   (2) $D = \{(x,y) \mid x^2 + y^2 \leqslant 2x\}$；
   (3) $D = \{(x,y) \mid x^2 + y^2 \leqslant 2y\}$；
   (4) $D = \{(x,y) \mid 1 \leqslant x^2 + y^2 \leqslant 4\}$．

2. 利用极坐标计算下列二重积分：

   (1) $\iint\limits_{D} \mathrm{e}^{x^2+y^2}\mathrm{d}x\mathrm{d}y$，$D$ 是圆盘 $x^2+y^2 \leqslant 4$；

   (2) $\iint\limits_{D} \ln(x^2+y^2)\mathrm{d}x\mathrm{d}y$，$D$ 由 $x^2+y^2=1$ 与 $x^2+y^2=9$ 围成；

   (3) $\iint\limits_{D} \arctan\dfrac{y}{x}\mathrm{d}x\mathrm{d}y$，$D$ 是由 $x^2+y^2=1, x^2+y^2=4, y=0$ 和 $y=\sqrt{3}x$ 所围成的在第一象限中的部分；

   (4) $\iint\limits_{D} \sqrt{4-x^2-y^2}\,\mathrm{d}x\mathrm{d}y$，$D$ 由 $x^2+y^2=4, y=0$ 和 $y=x$ 围成；

   (5) $\iint\limits_{D} \dfrac{1}{9+x^2+y^2}\mathrm{d}x\mathrm{d}y$，$D$ 由 $x^2+y^2=9, y=x$ 和 y 轴围成；

   (6) $\iint\limits_{D} (x^2+y^2+2y+1)\mathrm{d}x\mathrm{d}y$，$D$ 是圆盘 $x^2+y^2 \leqslant 4x$；

   (7) $\iint\limits_{D} \mathrm{e}^{\sqrt{x^2+y^2}}\mathrm{d}x\mathrm{d}y$，$D$ 是顶点分别为 $(0,0),(0,2)$ 和 $(2,2)$ 的三角形区域；

   (8) $\iint\limits_{D} \sqrt{\dfrac{1-x^2-y^2}{1+x^2+y^2}}\,\mathrm{d}x\mathrm{d}y$，$D$ 是圆盘 $x^2+y^2 \leqslant 1$．

3. 证明：

   (1) $\iint\limits_{D} \dfrac{1}{(1+x^2+y^2)^2}\mathrm{d}x\mathrm{d}y = \dfrac{\pi}{4}$，$D$ 是第一象限；

   (2) $\displaystyle\int_{-\infty}^{+\infty} \dfrac{1}{\sigma\sqrt{2\pi}} \mathrm{e}^{-\frac{(x-\mu)^2}{2\sigma^2}} \mathrm{d}x = 1$，其中 μ 是任意实数，$\sigma > 0$．

4. 利用二重积分的变量替换公式计算下列二重积分：

   (1) $\iint\limits_{D} x^2 y^2 \mathrm{d}x\mathrm{d}y$，$D$ 由 $xy=1, xy=2, y=x, y=2x$ 在第一象限中的部分；

   (2) $\iint\limits_{D} \left(x^2+\dfrac{y^2}{4}\right)\mathrm{d}x\mathrm{d}y$，$D$ 是椭圆盘 $x^2+\dfrac{y^2}{4} \leqslant 1$；

(3) $\iint\limits_{D} 2\mathrm{d}x\mathrm{d}y$, D 是由 $y=x^3, y=2x^3, x=y^3, x=2y^3$ 所围成的在第一象限中的部分.

5. 利用变量替换公式 $u=x+y, v=x-y$ 证明：

(1) $\iint\limits_{D} \cos\left(\dfrac{x-y}{x+y}\right)\mathrm{d}x\mathrm{d}y = \dfrac{1}{2}\sin 1$, D 由直线 $x+y=1$ 与坐标轴围成；

(2) $\iint\limits_{D} f(x+y)\mathrm{d}x\mathrm{d}y = \int_{-1}^{1} f(u)\mathrm{d}y$, 其中函数 f 连续, $D=\{(x,y)\mid |x|+|y|\leqslant 1\}$.

9.4 二重积分的应用

根据二重积分的定义，利用二重积分可以计算空间区域的体积，反过来，我们也可以把具有微元形式的表示式 $f(x,y)\mathrm{d}x\mathrm{d}y$ 理解成一个变高度四棱柱体的小体积. 例如变密度 $\rho(x,y)$ 的微小矩形薄板的质量为 $\rho(x,g)\mathrm{d}x\mathrm{d}y$, 它的形式和求体积一样. 下面我们介绍利用二重积分求平面薄板的质心和曲面面积的方法.

9.4.1 平面薄板的质心

设有 n 个质点构成的质点系，每个质点的位置为 (x_k, y_k), 质量是 $m_k (k=1,2,\cdots,n)$. 我们称 $M_y = \sum\limits_{k=1}^{n} x_k m_k, M_x = \sum\limits_{k=1}^{n} y_k m_k$ 分别为此质点系关于 y 轴和关于 x 轴的静力矩. 质点系的质心 $(\bar{x}, \bar{y})$ 的坐标定义为

$$\bar{x} = \dfrac{M_y}{m} = \dfrac{\sum\limits_{k=1}^{n} x_k m_k}{\sum\limits_{k=1}^{n} m_k}, \quad \bar{y} = \dfrac{M_x}{m} = \dfrac{\sum\limits_{k=1}^{n} y_k m_k}{\sum\limits_{k=1}^{n} m_k}.$$

当平面薄板 S 的密度为 $\rho(x,y)$ 时，将 S 任意分成 n 份，将每份近似地看成一个位于 (x,y) 的质点，质量是 $\rho(x,y)\mathrm{d}\sigma$, 其中 $\mathrm{d}\sigma$ 是每一份的面积. 根据二重积分的定义，便得薄板的质心为

$$\bar{x} = \dfrac{M_y}{m} = \dfrac{\iint\limits_{S} x\rho(x,y)\mathrm{d}x\mathrm{d}y}{\iint\limits_{S} \rho(x,y)\mathrm{d}x\mathrm{d}y},$$

$$\bar{y} = \dfrac{M_x}{m} = \dfrac{\iint\limits_{S} y\rho(x,y)\mathrm{d}x\mathrm{d}y}{\iint\limits_{S} \rho(x,y)\mathrm{d}x\mathrm{d}y},$$

其中 $\iint_S \rho(x,y)\mathrm{d}x\mathrm{d}y$ 是平面薄板的质量，$\iint_S x\rho(x,y)\mathrm{d}x\mathrm{d}y$ 是平面薄板关于 y 轴的静力矩，$\iint_S y\rho(x,y)\mathrm{d}x\mathrm{d}y$ 是平面薄板关于 x 轴的静力矩.

当平面薄板密度均匀时，$\rho(x,y)$ 是一个常数，这时

$$\bar{x} = \frac{\iint_S x\mathrm{d}x\mathrm{d}y}{A(S)}, \quad \bar{y} = \frac{\iint_S y\mathrm{d}x\mathrm{d}y}{A(S)},$$

点 $(\bar{x},\bar{y})$ 又称为平面薄板的形心.

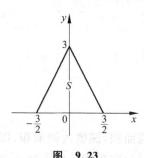

图 9.23

例 9.21 设薄板 S 在 xOy 平面上所占的区域由 $y=3+2x$, $y=3-2x$ 和 $y=0$ 围成，密度为 $\rho(x,y)=y$，求 S 的质心.

解 如图 9.23，S 可以表示成

$$S = \left\{(x,y) \,\Big|\, \frac{1}{2}(y-3) \leqslant x \leqslant \frac{1}{2}(3-y), 0 \leqslant y \leqslant 3\right\}.$$

所以

$$m = \iint_S \rho(x,y)\mathrm{d}x\mathrm{d}y = \iint_S y\mathrm{d}x\mathrm{d}y = \int_0^3 \mathrm{d}y \int_{\frac{1}{2}(y-3)}^{\frac{1}{2}(3-y)} y\mathrm{d}x = \frac{9}{2},$$

利用对称性可知

$$M_y = \iint_S x\rho(x,y)\mathrm{d}x\mathrm{d}y = \iint_S xy\mathrm{d}x\mathrm{d}y = 0,$$

$$M_x = \iint_S y\rho(x,y)\mathrm{d}x\mathrm{d}y = \int_0^3 \mathrm{d}y \int_{\frac{1}{2}(y-3)}^{\frac{1}{2}(3-y)} y^2 \mathrm{d}x = \frac{81}{48},$$

从而

$$\bar{x} = \frac{M_y}{m} = 0, \quad \bar{y} = \frac{M_x}{m} = \frac{\frac{81}{48}}{\frac{9}{2}} = \frac{3}{8},$$

即 S 的质心为 $\left(0, \frac{3}{8}\right)$.

例 9.22 已知平面薄板 S 的形状是第一象限中半径为 a 的四分之一圆盘（如图 9.24），每一点的密度与该点到圆心的距离成正比，求 S 的质心.

解 根据条件，密度 $\rho(x,y) = k\sqrt{x^2+y^2}$，其中 k 是一个常数.

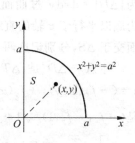

图 9.24

利用极坐标,可得

$$m = \iint_S \rho(x,y) \mathrm{d}x\mathrm{d}y = \int_0^{\frac{\pi}{2}} \mathrm{d}\theta \int_0^a kr \cdot r\mathrm{d}r = \frac{1}{6}k\pi a^3,$$

$$M_y = \iint_S x\rho(x,y) \mathrm{d}x\mathrm{d}y = \int_0^{\frac{\pi}{2}} \mathrm{d}\theta \int_0^a r\cos\theta \cdot kr \cdot r\mathrm{d}r$$

$$= k\int_0^{\frac{\pi}{2}} \cos\theta \mathrm{d}\theta \cdot \int_0^a r^3 \mathrm{d}r = \frac{1}{4}ka^4,$$

所以质心 $(\bar{x},\bar{y})$ 的横坐标为

$$\bar{x} = \frac{M_y}{m} = \frac{ka^4}{4} \Big/ \frac{k\pi a^3}{6} = \frac{3a}{2\pi}.$$

根据对称性,$\bar{y} = \bar{x} = \dfrac{3a}{2\pi}$,故 S 的质心为 $\left(\dfrac{3a}{2\pi}, \dfrac{3a}{2\pi}\right)$.

9.4.2 曲面的面积

我们已经知道一些特殊曲面的面积,如圆柱的侧面积,圆锥的侧面积,以及球的表面积等.怎样才能求得一般曲面 $z=f(x,y)$ 的面积呢?提出这个问题,我们就会回想起一维的求曲线长度的问题.当时的方法是先在局部"化曲为直":用曲线在一点的切线长代替这一点附近曲线的长度,然后对这种"弧微分"进行积分就得到曲线的长度.

这种方法可以用于求曲面面积的问题."化曲为直"发展为"化曲为平",即在曲面上一点的附近,用曲面在这一点处的切平面面积来代替曲面在这一点附近的面积,把这一小块的平面面积写成微元的形式后,就可以通过对它的二重积分求得曲面的面积.以下就是具体的做法.

假设函数 $z=f(x,y)$ 在区域 D 中具有连续的一阶偏导数 f_x, f_y. 在 D 中任取一点 (x,y),以此点为中心取一边长分别为 $\mathrm{d}x, \mathrm{d}y$ 的小矩形 ΔD,其面积为 $|\Delta D| = \mathrm{d}x\mathrm{d}y$. 过曲面上一点 $(x,y,f(x,y))$ 作曲面的切平面 T;又以 ΔD 为底以平行于 z 轴的直线为母线作矩形柱.这个柱体与平面 T 交于 ΔT,与曲面交于 ΔS,分别记这两小片面积为 $|\Delta T|$ 及 $|\Delta S|$(图 9.25).

注意 ΔD 是 ΔT 在 xOy 平面上的投影.由于 T 的法线向量是 $\boldsymbol{n} = (-f_x(x,y), -f_y(x,y), 1)$(见(8.9)式),它的三个方向数(见 6.2 节)就是 $(-f_x, -f_y, 1)/\sqrt{1+f_x^2+f_y^2}$,即法线向量 $\boldsymbol{n}$ 与 z 轴的交角 γ 应满足 $\cos\gamma = \dfrac{1}{\sqrt{1+f_x^2+f_y^2}}$,于是 $|\Delta D| = |\Delta T|\cos\gamma$,或 $|\Delta T| = \sqrt{1+f_x^2+f_y^2}\,\mathrm{d}x\mathrm{d}y$. 最后得

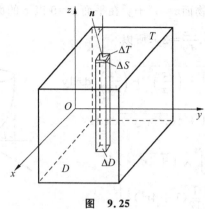

图 9.25

到曲面面积为 $S' = \iint_D \sqrt{1+f_x^2+f_y^2}\,dxdy$. 这个式子和一维曲线弧长公式相似.

例 9.23 求半径为 a 的半球面积.

解 假设半球的方程为 $z = \sqrt{a^2-x^2-y^2}$, $(x,y) \in D = \{(x,y) \mid x^2+y^2 \leqslant a^2\}$, 由于

$$\frac{\partial z}{\partial x} = \frac{-x}{\sqrt{a^2-x^2-y^2}}, \quad \frac{\partial z}{\partial y} = \frac{-y}{\sqrt{a^2-x^2-y^2}},$$

所以

$$\sqrt{1+\left(\frac{\partial z}{\partial x}\right)^2+\left(\frac{\partial z}{\partial y}\right)^2} = \frac{a}{\sqrt{a^2-x^2-y^2}}.$$

因为 $\dfrac{a}{\sqrt{a^2-x^2-y^2}}$ 在 D 上无界,所以无法直接计算二重积分 $\iint_D \dfrac{a}{\sqrt{a^2-x^2-y^2}}\,dxdy$. 取 $0<b<a$,令 $D_b = \{(x,y) \mid x^2+y^2 \leqslant b^2\}$(如图 9.26),则

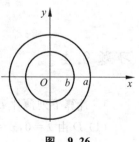

图 9.26

$$\iint_{D_b} \frac{a}{\sqrt{a^2-x^2-y^2}}\,dxdy = \int_0^{2\pi} d\theta \int_0^b \frac{a}{\sqrt{a^2-r^2}} \cdot r\,dr$$

$$= 2\pi a(-\sqrt{a^2-r^2})\Big|_0^b$$

$$= 2\pi a(a-\sqrt{a^2-b^2}).$$

令 $b \to a^-$,便得半球的面积,所以

$$S = \lim_{b \to a^-} 2\pi a(a-\sqrt{a^2-b^2}) = 2\pi a^2.$$

例 9.24 求抛物面 $z=x^2+y^2$ 在平面 $z=9$ 以下的面积(如图 9.27).

解 由于 $\dfrac{\partial z}{\partial x}=2x,\dfrac{\partial z}{\partial y}=2y$,所以

$$S=\iint_D \sqrt{1+\left(\dfrac{\partial z}{\partial x}\right)^2+\left(\dfrac{\partial z}{\partial y}\right)^2}\,\mathrm{d}x\mathrm{d}y$$

$$=\iint_D \sqrt{1+4(x^2+y^2)}\,\mathrm{d}x\mathrm{d}y$$

$$=\int_0^{2\pi}\mathrm{d}\theta\int_0^3 \sqrt{1+4r^2}\cdot r\mathrm{d}r$$

$$=2\pi\times\dfrac{1}{12}(1+4r^2)^{\frac{3}{2}}\Big|_0^3$$

$$=\dfrac{\pi}{6}(37\sqrt{37}-1).$$

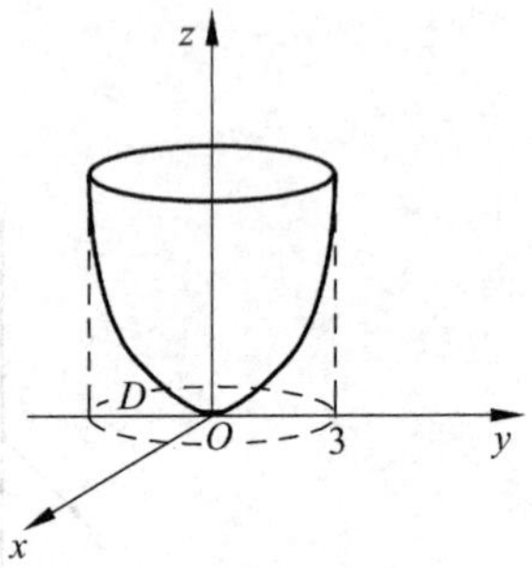

图 9.27

例 9.25 求马鞍面 $z=xy$ 在柱面 $x^2+y^2=4$ 内的面积.

解 由于 $\dfrac{\partial z}{\partial x}=y,\dfrac{\partial z}{\partial y}=x$,所以

$$S=\iint_D \sqrt{1+\left(\dfrac{\partial z}{\partial x}\right)^2+\left(\dfrac{\partial z}{\partial y}\right)^2}\,\mathrm{d}x\mathrm{d}y$$

$$=\iint_D \sqrt{1+y^2+x^2}\,\mathrm{d}x\mathrm{d}y$$

$$=\int_0^{2\pi}\mathrm{d}\theta\int_0^2 \sqrt{1+r^2}\cdot r\mathrm{d}r$$

$$=\dfrac{2\pi}{3}(1+r^2)^{\frac{3}{2}}\Big|_0^2=\dfrac{2\pi}{3}(5\sqrt{5}-1).$$

习题 9.4

1. 计算下列薄片 D 的质心:

(1) D 由 $x=0,x=4,y=0,y=2$ 围成,密度为 $\rho(x,y)=y+1$;

(2) D 由 $y=0$ 和 $y=\sqrt{4-x^2}$ 围成,密度为 $\rho(x,y)=y$;

(3) D 由 $y=\dfrac{1}{x},y=0,y=x$ 和 $x=2$ 围成,密度为 $\rho(x,y)=x$;

(4) D 由 $y=x^2$ 和 $y=x$ 围成,密度为 $\rho(x,y)=x^2y$;

(5) D 是顶点分别为 $(0,0),(a,0),(0,a)$ 的三角形区域,密度为

$\rho(x,y)=x^2y^2$.

*2. 设 D_1 和 D_2 是两个互不相交的薄片,质量分别为 m_1 和 m_2,质心分别为 $(\bar{x}_1,\bar{y}_1)$ 和 $(\bar{x}_2,\bar{y}_2)$,如果薄片 D 由 D_1 和 D_2 构成,即 $D=D_1\bigcup D_2$,试证 D 的质心 $(\bar{x},\bar{y})$ 满足

$$\bar{x}=\bar{x}_1\frac{m_1}{m_1+m_2}+\bar{x}_2\frac{m_2}{m_1+m_2},$$

$$\bar{y}=\bar{y}_1\frac{m_1}{m_1+m_2}+\bar{y}_2\frac{m_2}{m_1+m_2}.$$

3. 计算下列面积的值:

(1) 平面 $3x+4y+6z=12$ 在长方形 D 正上方的部分,D 的四个顶点分别为 $(0,0),(2,0),(2,1)$ 和 $(0,1)$;

(2) 曲面 $z=\sqrt{4-y^2}$ 在长方形 D 正上方的部分,D 的四个顶点分别为 $(1,0),(2,0),(2,1)$ 和 $(1,1)$;

(3) 抛物面 $z=x^2+y^2$ 被平面 $z=4$ 截下的有限部分;

(4) 球面 $x^2+y^2+z^2=a^2$ 含在柱面 $x^2+y^2=ax(a>0)$ 内的部分;

(5) 锥面 $z=\sqrt{x^2+y^2}$ 在三角形 D 正上方的部分,D 的顶点分别为 $(0,0),(4,0)$ 和 $(0,4)$;

(6) 两个直交圆柱面 $x^2+y^2=a^2$ 和 $x^2+z^2=a^2(a>0)$ 所围立体的表面积.

9.5 三重积分

9.5.1 直角坐标系下的三重积分

三重积分是定积分概念推广到三元函数的结果.实际上很多实际问题原来都是三维的,例如计算一个密度不均匀的物体的质量,如果这个物体占有空间的容积为 Ω,已知其密度分布为 $\rho(x,y,z)$,则在 Ω 中任意取一点 $P(x,y,z)$,并取一个 Ω 中包围此点的小体积 $\mathrm{d}x\mathrm{d}y\mathrm{d}z$.把物体在其中的密度看成常数 $\rho(x,y,z)$,于是这个微元体的质量就是 $\rho(x,y,z)\mathrm{d}x\mathrm{d}y\mathrm{d}z$,而它的总质量就是 $\iiint_\Omega \rho(x,y,z)\mathrm{d}x\mathrm{d}y\mathrm{d}z$.

下面把它抽象成一个无穷小求和的说法:

设 Ω 是一个各面均平行于坐标面的长方体,$f(x,y,z)$ 在 Ω 上有定义.用

平行于坐标面的平面将 Ω 等分成 n 个小的长方体 $\Delta\Omega_k(k=1,2,\cdots,n)$,$\Delta\Omega_k$ 的体积 ΔV_k 等于 $\Delta x_k\Delta y_k\Delta z_k=hlm,k=1,2,\cdots,n$。任取 $\Delta\Omega_k$ 中的一点 (ξ_k,η_k,ζ_k), $f(x,y,z)$ 在 Ω 上的三重积分定义为

$$\iiint_{\Omega} f(x,y,z)\mathrm{d}x\mathrm{d}y\mathrm{d}z = \lim_{\lambda\to 0}\sum_{k=1}^{n} f(\xi_k,\eta_k,\zeta_k)\Delta x_k\Delta y_k\Delta z_k, \qquad (9.10)$$

在这里 $\lambda=\sqrt{h^2+l^2+m^2}$。

这样定义的三重积分与定积分和二重积分一样,具有线性性质、区域可加性和有序性。特别地,对于区域

$$\Omega=\{(x,y,z)\mid a_1\leqslant x\leqslant a_2,b_1\leqslant y\leqslant b_2,c_1\leqslant z\leqslant c_2\},$$

当 $f(x,y,z)$ 在 Ω 上连续时,下式成立:

$$\iiint_{\Omega} f(x,y,z)\mathrm{d}x\mathrm{d}y\mathrm{d}z = \int_{a_1}^{a_2}\mathrm{d}x\int_{b_1}^{b_2}\mathrm{d}y\int_{c_1}^{c_2} f(x,y,z)\mathrm{d}z, \qquad (9.11)$$

即三重积分可以转化为三次积分。只要 $f(x,y,z)$ 在 Ω 连续,三重积分也可以转化为其他顺序的三次积分。

例 9.26 已知 $\Omega=\{(x,y,z)\mid 0\leqslant x\leqslant 1,0\leqslant y\leqslant 2,0\leqslant z\leqslant 3\}$,计算三重积分 $\iiint_{\Omega} x^3y^2z\mathrm{d}x\mathrm{d}y\mathrm{d}z$。

解 将三重积分化为先对 z 积分,然后对 y 积分,最后对 x 积分的三次积分,得

$$\iiint_{\Omega} x^3y^2z\mathrm{d}x\mathrm{d}y\mathrm{d}z = \int_0^1 \mathrm{d}x\int_0^2 \mathrm{d}y\int_0^3 x^3y^2z\mathrm{d}z$$

$$= \int_0^1 x^3\mathrm{d}x\cdot\int_0^2 y^2\mathrm{d}y\cdot\int_0^3 z\mathrm{d}z$$

$$= \frac{1}{4}\times\frac{8}{3}\times\frac{9}{2}=3.$$

如果 Ω 不是长方体,而是一个一般的空间有界闭域,则与二重积分的情况一样,取 Ω_1 是一个各面均平行于坐标面的长方体,且 $\Omega\subset\Omega_1$(如图 9.28)。记

$$F(x,y,z)=\begin{cases} f(x,y,z), & (x,y,z)\in\Omega, \\ 0, & \text{其他}, \end{cases}$$

于是定义

$$\iiint_{\Omega} f(x,y,z)\mathrm{d}x\mathrm{d}y\mathrm{d}z = \iiint_{\Omega_1} F(x,y,z)\mathrm{d}x\mathrm{d}y\mathrm{d}z. \qquad (9.12)$$

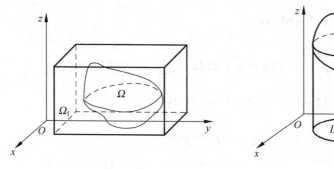

图 9.28   图 9.29

当 Ω 在 xOy 平面上的投影为 D_{xy},且平行于 z 轴的直线与 Ω 的边界面最多只有两个交点时(如图 9.29),Ω 可以表示成

$$\Omega = \{(x,y,z) \mid \psi_1(x,y) \leqslant z \leqslant \psi_2(x,y), (x,y) \in D_{xy}\},$$

这时

$$\iiint\limits_{\Omega} f(x,y,z) \mathrm{d}x\mathrm{d}y\mathrm{d}z = \iint\limits_{D_{xy}} \mathrm{d}x\mathrm{d}y \int_{\psi_1(x,y)}^{\psi_2(x,y)} f(x,y,z) \mathrm{d}z.$$

若区域 D_{xy} 又能表示成 $D_{xy} = \{(x,y) \mid \varphi_1(x) \leqslant y \leqslant \varphi_2(x), a \leqslant x \leqslant b\}$,则三重积分可以化为三次积分

$$\iiint\limits_{\Omega} f(x,y,z) \mathrm{d}x\mathrm{d}y\mathrm{d}z = \int_a^b \mathrm{d}x \int_{\varphi_1(x)}^{\varphi_2(x)} \mathrm{d}y \int_{\psi_1(x,y)}^{\psi_2(x,y)} f(x,y,z) \mathrm{d}z.$$

例 9.27 已知 Ω 由平面 $x+y+2z=2$ 与三个坐标面围成,计算三重积分 $\iiint\limits_{\Omega}(2x+y+2)\mathrm{d}x\mathrm{d}y\mathrm{d}z$.

解 Ω 在 xOy 平面上的投影是三角形 $D_{xy} = \{(x,y) \mid 0 \leqslant y \leqslant 2-x, 0 \leqslant x \leqslant 2\}$,且 Ω 可以表示成 $\Omega = \left\{(x,y,z) \,\middle|\, 0 \leqslant z \leqslant \frac{1}{2}(2-x-y), 0 \leqslant y \leqslant 2-x, 0 \leqslant x \leqslant 2\right\}$ (如图 9.30),将三重积分化为先 z,再 y,后 x 的三次重分,得

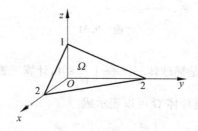

图 9.30

$$\iiint_\Omega (2x+y+2)\mathrm{d}x\mathrm{d}y\mathrm{d}z$$

$$= \int_0^2 \mathrm{d}x \int_0^{2-x} \mathrm{d}y \int_0^{\frac{1}{2}(2-x-y)} (2x+y+2)\mathrm{d}z$$

$$= \int_0^2 \mathrm{d}x \int_0^{2-x} \frac{1}{2}(2-x-y)(2x+y+2)\mathrm{d}y$$

$$= \frac{1}{2}\int_0^2 \mathrm{d}x \int_0^{2-x} (4+2x-3xy-2x^2-y^2)\mathrm{d}y$$

$$= \frac{1}{2}\int_0^2 \left[(4+2x-2x^2)(2-x) - \frac{3}{2}x(2-x)^2 - \frac{1}{3}(2-x)^3\right]\mathrm{d}x$$

$$= \frac{1}{2}\int_0^2 \left(\frac{16}{3} - 2x - 2x^2 + \frac{5}{6}x^3\right)\mathrm{d}x$$

$$= \frac{16}{3} - 2 - \frac{8}{3} + \frac{5}{3} = \frac{7}{3}.$$

设区域 Ω 位于两个垂直于 z 轴的平面 $z=a$ 和 $z=b(a<b)$ 之间,将垂直于 z 轴的平面与 Ω 的截面记为 D_z,如图 9.31. 这时 Ω 可以表示成 $\Omega=\{(x,y,z)|(x,y)\in D_z, a\leqslant z\leqslant b\}$. 这样,三重积分 $\iiint_\Omega f(x,y,z)\mathrm{d}x\mathrm{d}y\mathrm{d}z$ 在 $f(x,y,z)$ 连续时,可以化为

$$\iiint_\Omega f(x,y,z)\mathrm{d}x\mathrm{d}y\mathrm{d}z = \int_a^b \mathrm{d}z \iint_{D_z} f(x,y,z)\mathrm{d}x\mathrm{d}y.$$

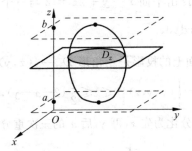

图 9.31

例 9.28 设 Ω 是椭球体 $\dfrac{x^2}{a^2}+\dfrac{y^2}{b^2}+\dfrac{z^2}{c^2}\leqslant 1$,计算三重积分 $\iiint_\Omega z^2 \mathrm{d}x\mathrm{d}y\mathrm{d}z$.

解 如图 9.32,椭球体 Ω 可以表示成

$$\Omega = \left\{(x,y,z)\,\middle|\, \frac{x^2}{a^2}+\frac{y^2}{b^2}\leqslant 1-\frac{z^2}{c^2}, -c\leqslant z\leqslant c\right\},$$

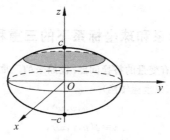

图 9.32

记 $D_z = \left\{(x,y) \mid \dfrac{x^2}{a^2}+\dfrac{y^2}{b^2} \leqslant 1-\dfrac{z^2}{c^2}\right\}$，将三重积分 $\iiint\limits_{\Omega} z^2 \mathrm{d}x\mathrm{d}y\mathrm{d}z$ 化为先对 x,y 做二重积分，后对 z 做定积分的累次积分，得

$$\iiint\limits_{\Omega} z^2 \mathrm{d}x\mathrm{d}y\mathrm{d}z = \int_{-c}^{c} \mathrm{d}z \iint\limits_{D_z} z^2 \mathrm{d}x\mathrm{d}y$$

$$= \int_{-c}^{c} z^2 \pi \cdot ab\left(1-\dfrac{z^2}{c^2}\right)\mathrm{d}z$$

$$= 2\pi ab \left(\dfrac{1}{3}z^3 - \dfrac{1}{5c^2}z^5\right)\Big|_{0}^{c}$$

$$= \dfrac{4}{15}\pi abc^3.$$

* 当 Ω 在 yOz 平面上的投影为 D_{yz}，且平行于 x 轴的直线与 Ω 的边界最多只有两个交点时，区域 Ω 可以表示成

$$\Omega = \{(x,y,z) \mid \psi_1(y,z) \leqslant x \leqslant \psi_2(y,z), (y,z) \in D_{yz}\}.$$

这时三重积分 $\iiint\limits_{\Omega} f(x,y,z)\mathrm{d}x\mathrm{d}y\mathrm{d}z$ 在 $f(x,y,z)$ 连续时可以化为

$$\iiint\limits_{\Omega} f(x,y,z)\mathrm{d}x\mathrm{d}y\mathrm{d}z = \iint\limits_{D_{yz}} \mathrm{d}y\mathrm{d}z \int_{\psi_1(y,z)}^{\psi_2(y,z)} f(x,y,z)\mathrm{d}x.$$

类似地，当 $\Omega = \{(x,y,z) \mid \psi_1(x,z) \leqslant y \leqslant \psi_2(x,z), (x,z) \in D_{xz}\}$，且 $f(x,y,z)$ 连续时，有

$$\iiint\limits_{\Omega} f(x,y,z)\mathrm{d}x\mathrm{d}y\mathrm{d}z = \iint\limits_{D_{xz}} \mathrm{d}x\mathrm{d}z \int_{\psi_1(x,z)}^{\psi_2(x,z)} f(x,y,z)\mathrm{d}y.$$

如果 $\Omega = \{(x,y,z) \mid (y,z) \in D_x, a \leqslant x \leqslant b\}$ 和 $\Omega = \{(x,y,z) \mid (x,z) \in D_y, c \leqslant y \leqslant d\}$，且 $f(x,y,z)$ 连续，那么

$$\iiint\limits_{\Omega} f(x,y,z)\mathrm{d}x\mathrm{d}y\mathrm{d}z = \int_a^b \mathrm{d}x \iint\limits_{D_x} f(x,y,z)\mathrm{d}y\mathrm{d}z$$

$$= \int_c^d \mathrm{d}y \iint\limits_{D_y} f(x,y,z)\mathrm{d}x\mathrm{d}z.$$

*9.5.2 柱坐标系和球坐标系下的三重积分

对于三重积分,也有变量的替换问题.设原来的三重积分在直角坐标系中进行,如果做变量替换(或坐标转换)

$$\begin{cases} x = \varphi(u,v,w), \\ y = \psi(u,v,w), \\ z = \chi(u,v,w), \end{cases}$$

把 $(u,v,w) \in \Omega_1$ 一一地对应到 $(x,y,z) \in \Omega$,而且函数 φ, ψ, χ 及其偏导数都连续,则如同二维的情况一样(见(9.8)式和(9.9)式),我们有以下等式:

$$\iiint_\Omega f(x,y,z)\mathrm{d}x\mathrm{d}y\mathrm{d}z$$
$$= \iiint_{\Omega_1} f(\varphi(u,v,w), \psi(u,v,w), \chi(u,v,w)) |J| \mathrm{d}u\mathrm{d}v\mathrm{d}w, \quad (9.13)$$

其中雅可比行列式为

$$J = \frac{\partial(\varphi, \psi, \chi)}{\partial(u,v,w)} = \begin{vmatrix} \dfrac{\partial \varphi}{\partial u} & \dfrac{\partial \psi}{\partial u} & \dfrac{\partial \chi}{\partial u} \\ \dfrac{\partial \varphi}{\partial v} & \dfrac{\partial \psi}{\partial v} & \dfrac{\partial \chi}{\partial v} \\ \dfrac{\partial \varphi}{\partial w} & \dfrac{\partial \psi}{\partial w} & \dfrac{\partial \chi}{\partial w} \end{vmatrix}. \quad (9.14)$$

在三维空间中,除直角坐标以外,常用的还有柱坐标和球坐标.

1. 柱坐柱系下的三重积分

设 $M(x,y,z)$ 是空间中的一个点,点 M 在 xOy 平面上的投影记为 P,设 P 的极坐标为 (r,θ),则有序数组 (r,θ,z) 称为点 M 的柱坐标(如图 9.33).

对于柱坐标,规定它们的取值范围为

$$0 \leqslant r < +\infty, \quad 0 \leqslant \theta \leqslant 2\pi, \quad -\infty < z < +\infty.$$

柱坐标系的三组坐标面分别是(如图 9.34):

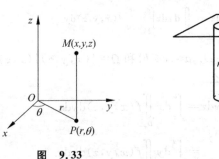

图 9.33

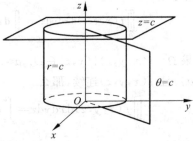

图 9.34

$r=c$,以 z 轴为轴的柱面;
$\theta=c$,以 z 轴为边界的半平面;
$z=c$,垂直于 z 轴的平面.

根据定义可知,同一点的直角坐标与柱坐标的关系为
$$\begin{cases} x = r\cos\theta = \varphi(r,\theta,z), \\ y = r\sin\theta = \psi(r,\theta,z), \\ z = z = \chi(r,\theta,z). \end{cases}$$

于是
$$J = \begin{vmatrix} \cos\theta & \sin\theta & 0 \\ -r\sin\theta & r\cos\theta & 0 \\ 0 & 0 & 1 \end{vmatrix} = r. \tag{9.15}$$

积分变为
$$\iiint_\Omega f(x,y,z)\mathrm{d}x\mathrm{d}y\mathrm{d}z = \iiint_{\Omega_1} f(r\cos\theta,r\sin\theta,z)r\mathrm{d}r\mathrm{d}\theta\mathrm{d}z. \tag{9.16}$$

例 9.29 设 Ω 由 $x^2+y^2=a^2$ 与 $z=0$ 和 $z=2$ 围成(如图 9.35),且在每一点的密度为 $\rho(x,y,z)=kz$,求 Ω 的质心.

解 在柱坐标系下,Ω 可以表示成
$$\Omega = \{(r,\theta,z) \mid 0 \leqslant r \leqslant a, 0 \leqslant \theta \leqslant 2\pi, 0 \leqslant z \leqslant 2\},$$
Ω 的质量为
$$m = \iiint_\Omega \rho(x,y,z)\mathrm{d}x\mathrm{d}y\mathrm{d}z$$
$$= \int_0^a \mathrm{d}r \int_0^{2\pi} \mathrm{d}\theta \int_0^2 kz \cdot r \mathrm{d}z$$
$$= 2k\pi a^2.$$

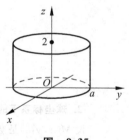

图 9.35

Ω 关于 xOy 平面的静力矩为
$$M_{xy} = \iiint_\Omega z\rho(x,y,z)\mathrm{d}x\mathrm{d}y\mathrm{d}z$$
$$= \int_0^a \mathrm{d}r \int_0^{2\pi} \mathrm{d}\theta \int_0^2 z \cdot kz \cdot r \mathrm{d}z$$
$$= \frac{8}{3}k\pi a^2,$$

所以
$$\bar{z} = \frac{M_{xy}}{m} = \frac{\frac{8}{3}k\pi a^2}{2k\pi a^2} = \frac{4}{3}.$$

根据对称性知道 $\bar{x}=\bar{y}=0$,所以 Ω 的质心为 $\left(0,0,\dfrac{4}{3}\right)$.

例 9.30 求球体 $x^2+y^2+z^2\leqslant 4$ 与柱体 $x^2+y^2\leqslant 2x$ 公共部分 Ω 的体积.

解 根据三重积分的定义可知 Ω 的体积为
$$\iiint_\Omega \mathrm{d}x\mathrm{d}y\mathrm{d}z.$$

由于 Ω 在 xOy 平面上的投影为 $D=\{(x,y)\,|\,x^2+y^2\leqslant 2x\}$(如图 9.36),$D$ 的边界线 $x^2+y^2=2x$ 的极坐标方程为 $r=2\cos\theta, -\dfrac{\pi}{2}\leqslant\theta\leqslant\dfrac{\pi}{2}$,所以 Ω 在柱坐标系下可以表示成

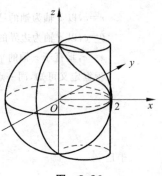

图 9.36

$$\Omega=\left\{(r,\theta,z)\,\Big|\,-\sqrt{4-r^2}\leqslant z\leqslant\sqrt{4-r^2},0\leqslant r\leqslant 2\cos\theta,-\dfrac{\pi}{2}\leqslant\theta\leqslant\dfrac{\pi}{2}\right\},$$

从而

$$\begin{aligned}\iiint_\Omega \mathrm{d}x\mathrm{d}y\mathrm{d}z &= \int_{-\frac{\pi}{2}}^{\frac{\pi}{2}}\mathrm{d}\theta\int_0^{2\cos\theta}\mathrm{d}r\int_{-\sqrt{4-r^2}}^{\sqrt{4-r^2}}r\mathrm{d}z.\\ &= \int_{-\frac{\pi}{2}}^{\frac{\pi}{2}}\mathrm{d}\theta\int_0^{2\cos\theta}2r\sqrt{4-r^2}\,\mathrm{d}r\\ &= \int_{-\frac{\pi}{2}}^{\frac{\pi}{2}}\dfrac{4\sqrt{2}}{3}(1-|\sin\theta|)\mathrm{d}\theta\\ &= \dfrac{8}{3}\sqrt{2}\int_0^{\frac{\pi}{2}}(1-\sin\theta)\mathrm{d}\theta\\ &= \dfrac{8}{3}\sqrt{2}\left(\dfrac{\pi}{2}-1\right).\end{aligned}$$

2. 球坐标系下的三重积分

设 $M(x,y,z)$ 是空间中的一点,点 M 在 xOy 平面上的投影设为 P. 原点 O 到 M 的距离记作 r,有向线段 $\overrightarrow{OM}$ 与 z 轴正向的夹角记作 φ,有向线段 $\overrightarrow{OP}$ 与 x 轴正向的夹角记作 θ(如图 9.37). 这样对每个点 $M(x,y,z)$,就得到了一组数 (r,φ,θ),有序数组 (r,φ,θ) 就称为点 M 的球坐标.

对于球坐标,规定它们的取值范围为
$$0\leqslant r<+\infty,\quad 0\leqslant\varphi\leqslant\pi,\quad 0\leqslant\theta\leqslant 2\pi.$$

球坐标系的三组坐标面分别是(如图 9.38):

$r=c$,以原点为球心的球面;

$\varphi=c$,以原点为顶点,以 z 轴为对称轴的圆锥面;

$\theta=c$,以 z 轴为边界的半平面.

根据球坐标的定义,同一点的直角坐标与球坐标的关系为
$$\begin{cases}x=r\sin\varphi\cos\theta=\varphi(r,\varphi,\theta),\\ y=r\sin\varphi\sin\theta=\psi(r,\varphi,\theta),\\ z=r\cos\varphi=\chi(r,\varphi,\theta).\end{cases}$$

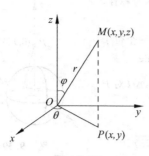

图 9.37

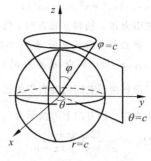

图 9.38

于是，

$$J = \frac{\partial(\varphi,\psi,\chi)}{\partial(r,\varphi,\theta)}$$

$$= \begin{vmatrix} \sin\varphi\cos\theta & \sin\varphi\sin\theta & \cos\varphi \\ r\cos\varphi\cos\theta & r\cos\varphi\sin\theta & -r\sin\varphi \\ -r\sin\varphi\sin\theta & r\sin\varphi\cos\theta & 0 \end{vmatrix}$$

$$= \cos\varphi \cdot r^2 \cos\varphi\sin\varphi \begin{vmatrix} \cos\theta & \sin\theta \\ -\sin\theta & \cos\theta \end{vmatrix} + r\sin\varphi \cdot r\sin^2\varphi \begin{vmatrix} \cos\theta & \sin\theta \\ -\sin\theta & \cos\theta \end{vmatrix}$$

$$= r^2 \sin\varphi. \tag{9.17}$$

积分变为

$$\iiint_\Omega f(x,y,z)\,\mathrm{d}x\mathrm{d}y\mathrm{d}z$$

$$= \iiint_{\Omega_1} f(r\sin\varphi\cos\theta, r\sin\varphi\sin\theta, r\cos\varphi) r^2 \sin\varphi\,\mathrm{d}r\mathrm{d}\varphi\mathrm{d}\theta. \tag{9.18}$$

例 9.31 已知球体 $\Omega = \{(x,y,z) \mid x^2+y^2+z^2 \leqslant a^2\}$ 的密度为 $\rho(x,y,z) = \sqrt{x^2+y^2+z^2}$，求 Ω 的质量.

解 在球坐标系下，球体 Ω 可以表示成

$$\Omega = \{(r,\varphi,\theta) \mid 0 \leqslant r \leqslant a, 0 \leqslant \varphi \leqslant \pi, 0 \leqslant \theta \leqslant 2\pi\},$$

所以 Ω 的质量为

$$M = \iiint_\Omega \rho(x,y,z)\,\mathrm{d}x\mathrm{d}y\mathrm{d}z = \int_0^\pi \mathrm{d}\varphi \int_0^{2\pi} \mathrm{d}\theta \int_0^a r \cdot r^2 \sin\varphi\,\mathrm{d}r$$

$$= 2\pi \int_0^\pi \sin\varphi\,\mathrm{d}\varphi \cdot \int_0^a r^3\,\mathrm{d}r$$

$$= \pi a^4.$$

例 9.32 已知 Ω 是一个密度为 1 的均匀球体，半径为 a，P 是一个位于 Ω 外的质点，质量为 m，求球体 Ω 对质点 P 的万有引力 F.

解 设 P 到 Ω 球心的距离为 $b(b>a)$，如图 9.39 建立坐标系，使得 $\Omega =$

$\{(x,y,z)\mid x^2+y^2+z^2\leqslant a^2\}$，$P=(0,0,b)$。根据对称性，所求引力在 x 轴和 y 轴方向上的投影都是 0。

将 Ω 任意分成 n 份，每一小份 $\Delta\Omega_k$ 看成是一个位于 (x_k,y_k,z_k) 处的质点，质量为 $\rho V(\Delta\Omega_k)=\rho \mathrm{d}x\mathrm{d}y\mathrm{d}z$。

根据两质点间的万有引力公式 $F=G\dfrac{mM}{d^2}$，$\Delta\Omega$ 对 P 的引力在 z 轴方向上的投影为

$$\mathrm{d}F_z = \frac{Gm\rho \mathrm{d}x\mathrm{d}y\mathrm{d}z}{x^2+y^2+(z-b)^2} \cdot \frac{z-b}{\sqrt{x^2+y^2+(z-b)^2}}.$$

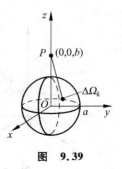

图 9.39

所求引力为

$$F = \iiint\limits_{\Omega} Gm\rho \frac{z-b}{[x^2+y^2+(z-b)^2]^{\frac{3}{2}}} \mathrm{d}x\mathrm{d}y\mathrm{d}z.$$

将 Ω 用柱坐标表示：

$$\Omega = \{(x,y,z)\mid x^2+y^2\leqslant a^2-z^2, -a\leqslant z\leqslant a\}$$
$$= \{(r,\theta,z)\mid 0\leqslant r\leqslant \sqrt{a^2-z^2}, 0\leqslant \theta\leqslant 2\pi, -a\leqslant z\leqslant a\},$$

并设 $\rho=1$，则

$$F = Gm\int_{-a}^{a}\mathrm{d}z\int_{0}^{2\pi}\mathrm{d}\theta\int_{0}^{\sqrt{a^2-z^2}}\frac{z-b}{[r^2+(z-b)^2]^{\frac{3}{2}}}r\mathrm{d}r$$

$$= 2\pi Gm\int_{-a}^{a}\left[\left(-\frac{z-b}{\sqrt{r^2+(z-b)^2}}\right)\bigg|_{0}^{\sqrt{a^2-z^2}}\right]\mathrm{d}z$$

$$= -2\pi Gm\int_{-a}^{a}\left(1+\frac{z-b}{\sqrt{a^2+b^2-2bz}}\right)\mathrm{d}z$$

$$= -4\pi Gma + \frac{2\pi Gm}{2b}\int_{-a}^{a}\sqrt{a^2+b^2-2bz}\,\mathrm{d}z$$

$$\quad -2\pi Gm\int_{-a}^{a}\frac{\frac{1}{2b}(a^2+b^2)-b}{\sqrt{a^2+b^2-2bz}}\mathrm{d}z$$

$$= -4\pi Gma - \frac{\pi Gm}{b}\cdot\frac{1}{3b}(a^2+b^2-2bz)^{\frac{3}{2}}\bigg|_{-a}^{a}$$

$$\quad -\frac{\pi Gm}{b^2}(a^2-b^2)\sqrt{a^2+b^2-2bz}\bigg|_{-a}^{a}$$

$$= -4\pi Gma + \frac{2\pi Gm}{3b^2}(a^3+3ab^2) - \frac{2\pi Gma}{b^2}(a^2-b^2)$$

$$= -\frac{4}{3}\pi Gm\frac{a^3}{b^2} = -G\frac{\frac{4}{3}\pi a^3 m}{b^2},$$

其中负号表示引力在 z 轴方向上的投影与 z 轴正向相反。

由此可以看出，均匀球体对球外质点的引力，等于将球体看做位于球心的质点对另外一质点的引力。

例 9.33 求椭球体 $\Omega: \dfrac{x^2}{a^2}+\dfrac{y^2}{b^2}+\dfrac{z^2}{c^2} \leqslant 1$ 的体积 V.

解 令
$$\begin{cases} x = ar\sin\varphi\cos\theta, \\ y = br\sin\varphi\sin\theta, \\ z = cr\cos\varphi, \end{cases} \quad 0 \leqslant r \leqslant 1, 0 \leqslant \varphi \leqslant \pi, 0 \leqslant \theta \leqslant 2\pi,$$

则

$$\begin{vmatrix} \dfrac{\partial x}{\partial r} & \dfrac{\partial x}{\partial \varphi} & \dfrac{\partial x}{\partial \theta} \\ \dfrac{\partial y}{\partial r} & \dfrac{\partial y}{\partial \varphi} & \dfrac{\partial y}{\partial \theta} \\ \dfrac{\partial z}{\partial r} & \dfrac{\partial z}{\partial \varphi} & \dfrac{\partial z}{\partial \theta} \end{vmatrix} = \begin{vmatrix} a\sin\varphi\cos\theta & ar\cos\varphi\cos\theta & -ar\sin\varphi\sin\theta \\ b\sin\varphi\sin\theta & br\cos\varphi\sin\theta & br\sin\varphi\cos\theta \\ c\cos\varphi & -cr\sin\varphi & 0 \end{vmatrix}$$
$$= abcr^2\sin\varphi.$$

所以
$$V = \iiint_\Omega dxdydz = \int_0^\pi d\varphi \int_0^{2\pi} d\theta \int_0^1 abcr^2\sin\varphi dr$$
$$= 2\pi abc \int_0^\pi \sin\varphi d\varphi \cdot \int_0^1 r^2 dr$$
$$= \dfrac{4}{3}\pi abc.$$

习题 9.5

1. 计算下列累次积分:

(1) $\displaystyle\int_0^2 dx \int_{-1}^4 dy \int_0^{3y+x} dz$;   (2) $\displaystyle\int_1^4 dz \int_{z-1}^{2z} dy \int_0^{y+2z} dx$;

(3) $\displaystyle\int_0^{\frac{\pi}{2}} dx \int_0^x dy \int_0^y \sin(x+y+z) dz$;   (4) $\displaystyle\int_0^4 dy \int_0^y dx \int_0^{\frac{3}{2}} e^y dz$.

2. 计算下列体积值:

(1) Ω 由曲面 $y=2x^2$ 和平面 $y+4z=8$ 在第一卦限中围成的部分;

(2) Ω 由曲面 $y=x^2+2$ 和平面 $y=4, z=0$ 及 $3y-4z=0$ 围成.

3. 计算下列三重积分:

(1) $\displaystyle\iiint_\Omega xy^2z^3 dxdydz, \Omega$ 由曲面 $z=xy$ 和平面 $y=x, x=1$ 及 $z=0$ 围成;

(2) $\displaystyle\iiint_\Omega xyz dxdydz, \Omega$ 是球体 $x^2+y^2+z^2 \leqslant 1$ 在第一卦限中的部分.

4. 将下列累次积分换成指定的顺序(假设 $f(x,y,z)$ 连续):

(1) $\int_0^1 \mathrm{d}y \int_0^{\sqrt{1-y^2}} \mathrm{d}z \int_0^{\sqrt{1-y^2-z^2}} f(x,y,z)\mathrm{d}x$,换成先 z,再 y,后 x 的顺序;

(2) $\int_0^2 \mathrm{d}x \int_0^{9-x^2} \mathrm{d}y \int_0^{2-x} f(x,y,z)\mathrm{d}z$,换成先 y,再 x,后 z 的顺序.

5. 利用柱坐标计算下列三重积分:

(1) $\iiint\limits_{\Omega} (x^2+y^2)\mathrm{d}x\mathrm{d}y\mathrm{d}z$,$\Omega$ 由 $z=x^2+y^2$ 和 $z=4$ 围成;

(2) $\iiint\limits_{\Omega} z\mathrm{d}x\mathrm{d}y\mathrm{d}z$,$\Omega$ 由 $z=\sqrt{9-x^2-y^2}$ 和 $x^2+y^2=4$ 及 $z=0$ 围成;

(3) $\iiint\limits_{\Omega} \sqrt{x^2+y^2}\mathrm{d}x\mathrm{d}y\mathrm{d}z$,$\Omega$ 由 $z=\sqrt{x^2+y^2}$ 和 $z=x^2+y^2$ 围成;

(4) $\iiint\limits_{\Omega} xy\mathrm{d}x\mathrm{d}y\mathrm{d}z$,$\Omega$ 由 $x^2+y^2=1$ 和 $z=1,z=0,x=0,y=0$ 在第一卦限围成的部分.

6. 利用球坐标计算下列三重积分:

(1) $\iiint\limits_{\Omega} (x^2+y^2+z^2)\mathrm{d}x\mathrm{d}y\mathrm{d}z$,$\Omega$ 是球体 $x^2+y^2+z^2 \leqslant 4$;

(2) $\iiint\limits_{\Omega} (x+y+1)^2\mathrm{d}x\mathrm{d}y\mathrm{d}z$,$\Omega$ 是球体 $x^2+y^2+z^2 \leqslant 4$;

(3) $\iiint\limits_{\Omega} (x+y+z)\mathrm{d}x\mathrm{d}y\mathrm{d}z$,$\Omega$ 由 $z=\sqrt{1-x^2-y^2}$ 与 $z=\sqrt{x^2+y^2}$ 围成;

(4) $\iiint\limits_{\Omega} (x^2+y^2+z^2)\mathrm{d}x\mathrm{d}y\mathrm{d}z$,$\Omega$ 是球体 $x^2+y^2+z^2 \leqslant 2z$.

7. 求半球 $\Omega=\{(x,y,z)\,|\,0\leqslant z\leqslant \sqrt{a^2-x^2-y^2},x^2+y^2\leqslant a^2\}$ 的质心.

(1) 密度 $\rho(x,y,z)=\sqrt{x^2+y^2+z^2}$;

(2) 密度 $\rho(x,y,z)=\sqrt{x^2+y^2}$.

复习题 9

1. 计算二重积分 $I=\iint\limits_{D} xy\ln(1+x^2+y^2)\mathrm{d}x\mathrm{d}y$,$D$ 由 $y=x^3,y=1$ 与 $x=-1$ 围成.

2. 设函数 f 连续,$D=\{(x,y)\,|\,x^2+y^2\leqslant R^2\}$,试求 $\iint\limits_{D} \dfrac{af(x)+bf(y)}{f(x)+f(y)}\mathrm{d}x\mathrm{d}y$.

3. 计算三重积分 $I = \iiint_\Omega z^2 \mathrm{d}x\mathrm{d}y\mathrm{d}z$，$\Omega$ 是 $x^2+y^2+z^2 \leqslant R^2$ 和 $x^2+y^2+z^2 \leqslant 2Rz(R>0)$ 的公共部分.

4. 设函数 f 连续，证明：

(1) $\int_0^a \mathrm{d}x \int_0^x f(x)f(y)\mathrm{d}y = \frac{1}{2}\left[\int_0^a f(x)\mathrm{d}x\right]^2$；

(2) $\int_0^a \mathrm{d}x \int_0^x f(y)\mathrm{d}y = \int_0^a (a-x)f(x)\mathrm{d}x$.

5. 求曲面 $z = x^2+y^2+a(a>0)$ 上任意点处的切平面与曲面 $z = x^2+y^2$ 所围成的空间区域的体积.

6. 在密度均匀的半径为 R 的半圆形薄片的直径上，要接上一个一边与直径等长的同样材料的匀质矩形薄片，为了使匀质薄片的质心恰好落在圆心上，问接上去的匀质矩形薄片另一边的长度应是多少？

7. 设在 xOy 面上有一质量为 M 的匀质半圆形薄片，占有平面区域 $D = \{(x,y) \mid x^2+y^2 \leqslant R^2, y \geqslant 0\}$，过圆心 O 垂直于薄片的直线上有一质量为 m 的质点 P，$OP=a$. 求半圆形薄片对质点 P 的引力.

8. 设均匀柱体的密度为 ρ，占有的区域为 $\Omega = \{(x,y,z) \mid x^2+y^2 \leqslant a^2, 0 \leqslant z \leqslant h\}$，求此柱体对其外一点 $P(0,0,b)$ 处单位质量的质点的引力.

第 10 章 向量值函数的积分

在前面的有关章节中,我们已介绍了几种不同形式的积分.首先是一元函数在有界闭区间上的积分,即定积分,其次是二元函数在平面有界闭域上的二重积分,最后是三元函数的三重积分.所有积分的本质是一样的,即求的都是一个和式的极限.本章的主要任务就是将这一思想推广到向量值(当然也包括数量值)函数,得到的就是向量值函数在曲线和曲面上的积分,这种积分分别称为曲线积分和曲面积分.

10.1 曲线积分

先看下面两个例子.

例 10.1 设 L 是一条 $\mathbb{R}^3$ 中的光滑而非均匀的曲线,它的方程可表示为

$$\begin{cases} x = x(t), \\ y = y(t), \quad a \leqslant t \leqslant b. \\ z = z(t), \end{cases} \tag{10.1}$$

又设 L 的线密度为 $\rho(x,y,z)$;弧微分

$$\mathrm{d}s = \sqrt{[x'(t)]^2 + [y'(t)]^2 + [z'(t)]^2}\, \mathrm{d}t.$$

现在要求从 $t=a$ 到 $t=b$ 这一段弧的质量.

解 与平面曲线的处理办法一样,我们用"以直代曲"的方法:把弧长平均地分为 n 段,当 n 充分大时,以每一小段开始点 (x,y,z) 处 L 的切线段的长度代替这一段的弧长,于是这一小段弧的质量就是

$$\rho(x,y,z)\mathrm{d}s = \rho(x,y,z)\sqrt{[x'(t)]^2 + [y'(t)]^2 + [z'(t)]^2}\, \mathrm{d}t,$$

它是一个微元,整个弧的质量就是

$$\int_a^b \rho(x(t),y(t),z(t))\sqrt{[x'(t)]^2 + [y'(t)]^2 + [z'(t)]^2}\, \mathrm{d}t.$$

这就是一个普通的一元定积分,通常把它记为 $\int_L \rho \mathrm{d}s$,并称之为沿 L 的"第一型"曲线积分.

例 10.2 在 $\mathbb{R}^3$ 的一个区域中,每一点 (x,y,z) 都受一个已知力 $\boldsymbol{F}=(M(x,y,z),N(x,y,z),R(x,y,z))$ 的作用(例如万有引力或电磁力).在它的作用下,一个质量为 m 的质点沿已知曲线 L 从 A 移动到 B(见图 10.1),求在这个过程中,力 $\boldsymbol{F}$ 所做的功.

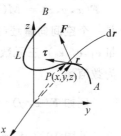

图 10.1

解 L 上任一点 P 可用向量 $\boldsymbol{r}=x\boldsymbol{i}+y\boldsymbol{j}+z\boldsymbol{k}=(x,y,z)$ 来表示.当点 P 从 $\boldsymbol{r}$ 移动到 $\boldsymbol{r}+\mathrm{d}\boldsymbol{r}=(x+\mathrm{d}x,y+\mathrm{d}y,z+\mathrm{d}z)$ 时,$\boldsymbol{F}$ 对它所做的功就是
$$\mathrm{d}W=\boldsymbol{F}\cdot\mathrm{d}\boldsymbol{r}=(M,N,R)\cdot(\mathrm{d}x,\mathrm{d}y,\mathrm{d}z)=M\mathrm{d}x+N\mathrm{d}y+R\mathrm{d}z,$$
而整个过程所做的功就是
$$\int_L \boldsymbol{F}\cdot\mathrm{d}\boldsymbol{r}=\int_L M\mathrm{d}x+N\mathrm{d}y+R\mathrm{d}z, \tag{10.2}$$
如果把已知曲线 L 的方程用参数 t 来表示(如(10.1)式),则这个式子就可以表示成一个一维定积分:
$$\int_L \boldsymbol{F}\cdot\mathrm{d}\boldsymbol{r}=\int_a^b [M(x(t),y(t),z(t))x'(t)$$
$$+N(x(t),y(t),z(t))y'(t)+R(x(t),y(t),z(t))z'(t)]\mathrm{d}t. \tag{10.3}$$
表达式(10.2)中的 $M\mathrm{d}x+N\mathrm{d}y+R\mathrm{d}z$ 我们似曾相识,我们在求二元函数 $f(x,y)$ 的全微分时,就有
$$\mathrm{d}f=f_x\mathrm{d}x+f_y\mathrm{d}y.$$
对三维的函数 $f(x,y,z)$ 自然是
$$\mathrm{d}f=f_x\mathrm{d}x+f_y\mathrm{d}y+f_z\mathrm{d}z.$$
如果对于(10.2)式的右端能找到一个函数 $g(x,y,z)$,使它满足
$$g_x=M,\quad g_y=N,\quad g_z=R,$$
那么(10.2)式右端积分号下就是一个全微分 $\mathrm{d}g(x,y,z)$.

形如(10.2)式的积分常称为"第二型"线积分.

以上两个例子中,例 10.1 是一个数量值函数的线积分,而例 10.2 则是一个向量值函数的线积分,它们都是直接写成微元形式求积,最后都化为直线段上的定积分.下面我们将着重讨论向量值函数的线积分(或第二型曲线积分).

10.1.1 向量场

为了叙述简便,我们首先对向量值函数引进几个概念.

设 Ω 是一空间区域,函数 $M(x,y,z), N(x,y,z), R(x,y,z)$ 在 Ω 上有定义,通常称下列向量值函数

$$F(x,y,z) = M(x,y,z)\boldsymbol{i} + N(x,y,z)\boldsymbol{j} + R(x,y,z)\boldsymbol{k}, \quad (x,y,z) \in \Omega$$

是一个**空间向量场**(此后我们将按物理的惯例,用 $\boldsymbol{i}, \boldsymbol{j}, \boldsymbol{k}$ 代替以前的三个基向量 $\boldsymbol{e}_1, \boldsymbol{e}_2, \boldsymbol{e}_3$). 三元数值函数 $M(x,y,z), N(x,y,z), R(x,y,z)$ 中的每一个称为**数值场**.

例如 $F(x,y) = \dfrac{x}{\sqrt{x^2+y^2}}\boldsymbol{i} + \dfrac{y}{\sqrt{x^2+y^2}}\boldsymbol{j}$ 就是一个平面向量场,其几何意义见图 10.2. $F(x,y) = -y\boldsymbol{i} + x\boldsymbol{j}$ 也是一个平面向量场,在任一点 (x,y), $F(x,y)$ 的方向与从原点到此点 (x,y) 的直线垂直,长度等于原点到点 (x,y) 的距离(见图 10.3).

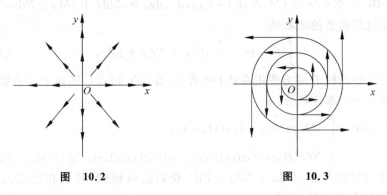

图 10.2   图 10.3

如果一个向量场 $F(x,y,z)$ 是某个可微函数 $f(x,y,z)$ 的梯度场,即

$$F(x,y,z) = \nabla f(x,y,z) = \frac{\partial f}{\partial x}\boldsymbol{i} + \frac{\partial f}{\partial y}\boldsymbol{j} + \frac{\partial f}{\partial z}\boldsymbol{k},$$

则称该向量场是一个**有势场**,函数 $f(x,y,z)$ 称为 F 的一个**势函数**.

例如,$f(x,y,z) = \dfrac{-1}{\sqrt{x^2+y^2+z^2}}$ 就是向量场

$$F(x,y,z) = \frac{x\boldsymbol{i} + y\boldsymbol{j} + z\boldsymbol{k}}{(x^2+y^2+z^2)^{\frac{3}{2}}}$$

的一个势函数.

对于向量场 $F(x,y,z) = M(x,y,z)\boldsymbol{i} + N(x,y,z)\boldsymbol{j} + R(x,y,z)\boldsymbol{k}$,当函数 $M(x,y,z), N(x,y,z)$ 和 $R(x,y,z)$ 的一阶偏导数存在时,称数值函数 $\dfrac{\partial M}{\partial x} + \dfrac{\partial N}{\partial y} + \dfrac{\partial R}{\partial z}$ 为向量场 $F(x,y,z)$ 在 (x,y,z) 处的**散度**,记作 $\mathrm{div}F(x,y,z)$. 向量

$$\left(\frac{\partial R}{\partial y}-\frac{\partial N}{\partial z}\right)\boldsymbol{i}+\left(\frac{\partial M}{\partial z}-\frac{\partial R}{\partial x}\right)\boldsymbol{j}+\left(\frac{\partial N}{\partial x}-\frac{\partial M}{\partial y}\right)\boldsymbol{k}$$

称为向量场 $\boldsymbol{F}(x,y,z)$ 在 (x,y,z) 处的**旋度**,记作 $\mathrm{curl}\boldsymbol{F}(x,y,z)$.

利用微分算子 $\nabla=\frac{\partial}{\partial x}\boldsymbol{i}+\frac{\partial}{\partial y}\boldsymbol{j}+\frac{\partial}{\partial z}\boldsymbol{k}$,向量场的散度和旋度可以形式地表示如下:

$$\mathrm{div}\boldsymbol{F}(x,y,z)=\nabla\cdot\boldsymbol{F}(x,y,z)=\frac{\partial M}{\partial x}+\frac{\partial N}{\partial y}+\frac{\partial R}{\partial z};$$

$$\mathrm{curl}\boldsymbol{F}(x,y,z)=\nabla\times\boldsymbol{F}(x,y,z)=\begin{vmatrix}\boldsymbol{i}&\boldsymbol{j}&\boldsymbol{k}\\ \frac{\partial}{\partial x}&\frac{\partial}{\partial y}&\frac{\partial}{\partial z}\\ M&N&R\end{vmatrix}$$

$$=\left(\frac{\partial R}{\partial y}-\frac{\partial N}{\partial z}\right)\boldsymbol{i}+\left(\frac{\partial M}{\partial z}-\frac{\partial R}{\partial x}\right)\boldsymbol{j}+\left(\frac{\partial N}{\partial x}-\frac{\partial M}{\partial y}\right)\boldsymbol{k}.$$

特别地,对于平面向量场 $\boldsymbol{F}(x,y)=M(x,y)\boldsymbol{i}+N(x,y)\boldsymbol{j}$,其散度与旋度分别为 $\mathrm{div}\boldsymbol{F}=\frac{\partial M}{\partial x}+\frac{\partial N}{\partial y}$ 和 $\mathrm{curl}\boldsymbol{F}=\left(\frac{\partial N}{\partial x}-\frac{\partial M}{\partial y}\right)\boldsymbol{k}$.

注意:这种表示法只有形式上的意义,目的是便于记忆.

* 一个向量场 $\boldsymbol{u}(x,y,z)=u(x,y,z)\boldsymbol{i}+v(x,y,z)\boldsymbol{j}+w(x,y,z)\boldsymbol{k}$ 可以引出一个叫做散度的数量场 $\mathrm{div}\boldsymbol{u}=\frac{\partial u}{\partial x}+\frac{\partial v}{\partial y}+\frac{\partial w}{\partial z}$ 和一个叫做旋度的向量场

$$\mathrm{curl}\boldsymbol{u}=\begin{vmatrix}\boldsymbol{i}&\boldsymbol{j}&\boldsymbol{k}\\ \frac{\partial}{\partial x}&\frac{\partial}{\partial y}&\frac{\partial}{\partial z}\\ u&v&w\end{vmatrix}\quad(\text{它又记为 } \mathrm{rot}\boldsymbol{u}).$$

下面简单说明一下它们的物理意义.

1. 关于散度.以空间流体运动的速度场 $\boldsymbol{u}(x,y,z)$ 为例.以点 (a,b,c) 为顶点,取一个表面分别与三个坐标面平行的小矩形体 Δv (见图 10.4).

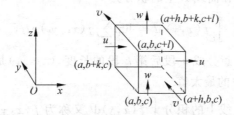

图 10.4

在单位时间内,从 Δv 中沿 x 方向流出的流量为 $(u(a+h,b,c)-u(a,b,c))kl$,沿 y 方向和 z 方向流出的流量分别为 $(v(a,b+k,c)-v(a,b,c))hl$ 和 $(w(a,b,$

$c+l)-w(a,b,c))hk$. 因而从每单位体积中流出的流量为以上三式之和除以 Δv 的体积 hkl，即

$$\frac{u(a+h,b,c)-u(a,b,c)}{h}+\frac{v(a,b+k,c)-v(a,b,c)}{k}$$
$$+\frac{w(a,b,c+l)-w(a,b,c)}{l}.$$

当 h,k,l 趋于零时，上式就是向量场 $u(x,y,z)$ 在 (a,b,c) 处的散度值

$$\text{div}u\bigg|_{(a,b,c)}=\left(\frac{\partial u}{\partial x}+\frac{\partial v}{\partial y}+\frac{\partial w}{\partial z}\right)\bigg|_{(a,b,c)}.$$

也就是说，流速场 u 在一点处的散度就是在这一点每单位时间单位体积流体的流出量.

2. 关于旋度. 在质点的运动学中, 我们知道, 一个质点 $P(x,y,z)$ 在一个平面中绕轴 $\overrightarrow{OL}$ 以角速度 $\boldsymbol{\omega}(x,y,z)$ 旋转时，P 的线速度就是 $\boldsymbol{v}=\boldsymbol{\omega}\times\boldsymbol{r}$，其中向量 $\boldsymbol{\omega}$ 的方向就是 $\overrightarrow{OL}$ 的方向，$\boldsymbol{\omega}$ 的大小就是角速度的数量(rad/s)；r 就是向量 $\overrightarrow{OP}$ (见图 10.5). 根据向量积的右手法则，v 的方向就是旋转轨迹的切线方向.

把方程 $\boldsymbol{v}=\boldsymbol{\omega}\times\boldsymbol{r}$ 的两端取旋度，根据定义，

$$\text{curl}\boldsymbol{v}=\text{curl}(\boldsymbol{\omega}\times\boldsymbol{r})=\text{curl}\begin{vmatrix}\boldsymbol{i}&\boldsymbol{j}&\boldsymbol{k}\\\omega_1&\omega_2&\omega_3\\x&y&z\end{vmatrix}$$
$$=\text{curl}[(\omega_2 z-\omega_3 y)\boldsymbol{i}+(\omega_3 x-\omega_1 z)\boldsymbol{j}+(\omega_1 y-\omega_2 x)\boldsymbol{k}]$$
$$=2(\omega_1\boldsymbol{i}+\omega_2\boldsymbol{j}+\omega_3\boldsymbol{k})=2\boldsymbol{\omega}(x,y,z).$$

由此可见，如果速度场 u 的旋度在某点不为零，就意味着在此处产生了旋转，这也说明为什么把 curl$u$ 叫做"旋度".

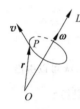

图 10.5

10.1.2 数值函数在曲线上的积分

我们先介绍平面上数值函数的线积分(第一型线积分)的算法. 设 L 是一条平面曲线段，函数 $f(x,y)$ 在 L 上有定义. 与讨论闭区间 $[a,b]$ 上的定积分类似，定义 $f(x,y)$ 在曲线 L 上的积分为

$$\int_L f(x,y)\text{d}l=\lim_{\lambda\to 0}\sum_{k=1}^n f(x_k,y_k)\Delta l_k,$$

其中 Δl_k 是将 L 任意分成 n 段后第 k 段的长度，(x_k,y_k) 是第 k 段上任意一点，λ 是 n 段弧长中的最大值.

数值函数在曲线上的积分 $\int_L f(x,y)\text{d}l$ 又称为 $f(x,y)$ 沿 L 关于弧长的积分，也称为**第一型曲线积分**.

如上所述第一型曲线积分的计算回归到定积分的计算.

设平面曲线 L 的参数方程为 $\begin{cases} x = x(t), \\ y = y(t), \end{cases} a \leqslant t \leqslant b$，当 $x(t), y(t)$ 具有一阶连续导数，且 $[x'(t)]^2 + [y'(t)]^2 \neq 0$ 时，曲线 L 称为光滑曲线。对于定义在光滑曲线 L 上的连续函数 $f(x, y)$，我们有如下公式：

$$\int_L f(x,y) \, dl = \int_a^b f(x(t), y(t)) \sqrt{[x'(t)]^2 + [y'(t)]^2} \, dt.$$

这样就将曲线积分的计算转化成了定积分的计算问题。在上述公式中，定积分的积分下限一定不能大于它的积分上限。

将平面上的曲线积分推广到空间中，就会得到 $f(x, y, z)$ 在空间曲线 L 上的第一型曲线积分 $\int_L f(x, y, z) \, dl$。当光滑曲线 L 的参数方程为 (10.1) 式，而且函数 $f(x, y, z)$ 连续时，有

$$\int_L f(x,y,z) \, dl = \int_a^b f(x(t), y(t), z(t)) \sqrt{[x'(t)]^2 + [y'(t)]^2 + [z'(t)]^2} \, dt.$$

例 10.3 计算曲线积分 $I = \int_L x^2 y \, dl$，其中 L 是圆周 $x^2 + y^2 = 4$ 在第一象限中的部分。

解 取 L 的参数方程为 $\begin{cases} x = 2\cos t, \\ y = 2\sin t, \end{cases} 0 \leqslant t \leqslant \frac{\pi}{2}$（见图 10.6），则

$$I = \int_L x^2 y \, dl = \int_0^{\frac{\pi}{2}} (2\cos t)^2 \cdot 2\sin t \cdot 2 \, dt$$

$$= 16 \int_0^{\frac{\pi}{2}} \cos^2 t \, (-d\cos t)$$

$$= -\frac{16}{3} \cos^3 t \Big|_0^{\frac{\pi}{2}}$$

$$= \frac{16}{3}.$$

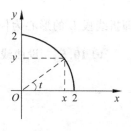

图 10.6

当取 L 的参数方程为 $\begin{cases} x = x, \\ y = \sqrt{4 - x^2}, \end{cases} 0 \leqslant x \leqslant 2$ 时，则

$$I = \int_L x^2 y \, dl = \int_0^2 x^2 \cdot \sqrt{4 - x^2} \cdot \sqrt{1 + \left(\frac{-x}{\sqrt{4 - x^2}} \right)^2} \, dx$$

$$= 2 \int_0^2 x^2 \, dx = \frac{16}{3}.$$

一条曲线 L 可以用不同的参数方程表示。与例 10.3 的结果一样，曲线积分的值与参数方程的形式无关。

第 10 章 向量值函数的积分

例 10.4 如图 10.7 所示，L 是从点 A 到点 B 再到点 C 的一个直角折线段，求 L 的形心.

解 设 L_1 和 L_2 分别表示线段 AB 和线段 BC，则 L_1 的方程为 $y=0$，$0 \leqslant x \leqslant 1$；$L_2$ 的方程为 $x=1, 0 \leqslant y \leqslant 1$.

形心的横坐标为

$$\bar{x} = \frac{\int_L x\,dl}{\int_L dl} = \frac{1}{2}\left(\int_{L_1} x\,dl + \int_{L_2} x\,dl\right)$$

$$= \frac{1}{2}\left(\int_0^1 x\,dx + \int_0^1 dy\right)$$

$$= \frac{3}{4};$$

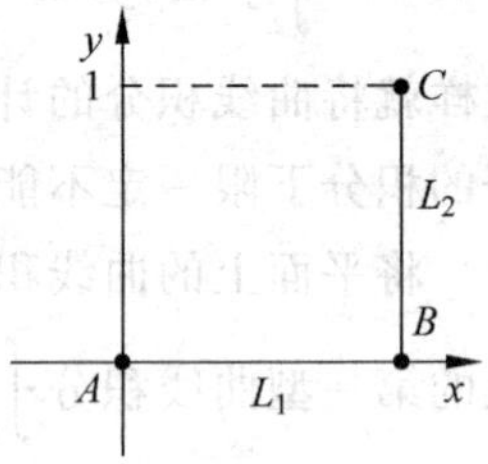

形心的纵坐标为

$$\bar{y} = \frac{\int_L y\,dl}{\int_L dl} = \frac{1}{2}\left(\int_{L_1} y\,dl + \int_{L_2} y\,dl\right)$$

$$= \frac{1}{2}\left(\int_0^1 0\,dx + \int_0^1 y\,dy\right)$$

$$= \frac{1}{4}.$$

即折线段 L 的形心为 $\left(\dfrac{3}{4}, \dfrac{1}{4}\right)$.

图 10.7

例 10.5 设曲线 L 的参数方程为

$$\begin{cases} x = 4\cos t, \\ y = 4\sin t, \quad 0 \leqslant t \leqslant 2\pi, \\ z = 3t, \end{cases}$$

若 L 上任意一点 (x,y,z) 处的线密度为 $\rho(x,y,z) = x^2 + y^2 + z^2$，求曲线 L 的质量.

解 根据前面的例 10.1，曲线 L 的质量为

$$M = \int_L \rho(x,y,z)\,ds = \int_L (x^2+y^2+z^2)\,ds$$

$$= \int_0^{2\pi} \left[(4\cos t)^2 + (4\sin t)^2 + (3t)^2\right]\sqrt{(-4\sin t)^2 + (4\cos t)^2 + 3^2}\,dt$$

$$= 5\int_0^{2\pi}(16+9t^2)\,dt$$

$$= 40\pi(4+3\pi^2).$$

10.1.3 向量值函数在曲线上的积分

规定了方向的曲线称为有向曲线. 当曲线用参数方程表示时,一般规定它的正方向是参数从小到大的方向,对于简单的封闭曲线,一般规定它的正方向是满足右手法则(见 6.3.4 节)的方向.

定义 10.1 设 L 是空间中可求长的有向光滑曲线,$\boldsymbol{\tau}(x,y,z)$ 是 L 在点 (x,y,z) 处的正向单位切向量,$\boldsymbol{F}(x,y,z)$ 是一个连续的向量值函数(即 $\boldsymbol{F}$ 的每一个分量都是连续的数值函数). 称积分 $\int_L \boldsymbol{F}(x,y,z) \cdot \boldsymbol{\tau}(x,y,z)\mathrm{d}l$ 为向量值函数 $\boldsymbol{F}(x,y,z)$ 沿有向曲线 L 正向的积分,记作

$$\int_L \boldsymbol{F}(x,y,z) \cdot \mathrm{d}\boldsymbol{r},$$

其中 $\mathrm{d}\boldsymbol{r}$ 称为有向弧微分,$\mathrm{d}\boldsymbol{r} = \boldsymbol{\tau}(x,y,z)\mathrm{d}l$.

当 $\boldsymbol{F}(x,y,z) = M(x,y,z)\boldsymbol{i} + N(x,y,z)\boldsymbol{j} + R(x,y,z)\boldsymbol{k}$ 时,由于 $\mathrm{d}\boldsymbol{r} = \mathrm{d}x\boldsymbol{i} + \mathrm{d}y\boldsymbol{j} + \mathrm{d}z\boldsymbol{k}$,积分 $\int_L \boldsymbol{F}(x,y,z) \cdot \mathrm{d}\boldsymbol{r}$ 又可以表示成

$$\int_L \boldsymbol{F}(x,y,z) \cdot \mathrm{d}\boldsymbol{r} = \int_L M(x,y,z)\mathrm{d}x + N(x,y,z)\mathrm{d}y + R(x,y,z)\mathrm{d}z.$$

其中 $\int_L M(x,y,z)\mathrm{d}x$ 称为 $M(x,y,z)$ 沿有向曲线 L 关于坐标 x 的积分;$\int_L N(x,y,z)\mathrm{d}y$ 和 $\int_L R(x,y,z)\mathrm{d}z$ 分别称为 $N(x,y,z)$ 和 $R(x,y,z)$ 沿有向曲线 L 关于坐标 y 和 z 的积分.

向量值函数沿有向曲线的积分也称为**第二型曲线积分**.

当有向光滑曲线 L 的参数方程为(10.1)式,起点对应的参数为 a,终点对应的参数为 b 时,对于连续向量值函数 $\boldsymbol{F}(x,y,z) = M(x,y,z)\boldsymbol{i} + N(x,y,z)\boldsymbol{j} + R(x,y,z)\boldsymbol{k}$,我们有以下计算公式:

$$\begin{aligned}\int_L \boldsymbol{F}(x,y,z) \cdot \mathrm{d}\boldsymbol{r} &= \int_L M(x,y,z)\mathrm{d}x + N(x,y,z)\mathrm{d}y + R(x,y,z)\mathrm{d}z \\ &= \int_a^b [M(x(t),y(t),z(t))x'(t) + N(x(t),y(t),z(t))y'(t) \\ &\quad + R(x(t),y(t),z(t))z'(t)]\mathrm{d}t.\end{aligned}$$

这个公式给出了计算第二型曲线积分的一般方法. 注意,这个公式中定积分的积分下限是起点对应的参数值,积分上限是终点对应的参数值,两者的大小要视情况而定,这与第一型曲线积分的情况是不同的.

例 10.6 计算曲线积分 $I = \int_L (1+y^2)\mathrm{d}x + (x+y)\mathrm{d}y$,其中 L 是曲线

$y = \sin x$ 上从点 $(0,0)$ 到点 $(\pi, 0)$ 的一段.

解 根据第二型曲线积分的计算公式,得

$$I = \int_L (1+y^2)dx + (x+y)dy$$
$$= \int_0^\pi [(1+\sin^2 x) + (x+\sin x)\cos x]dx$$
$$= \pi + \int_0^\pi \frac{1-\cos 2x}{2}dx + \int_0^\pi x\cos x\, dx + \int_0^\pi \sin x \cdot \cos x\, dx$$
$$= \pi + \frac{\pi}{2} - 2 + 0$$
$$= \frac{3\pi}{2} - 2.$$

例 10.7 设质量为 m 的物体在重力作用下从 A 点滑落到了 B 点,求在此过程中重力对物体所做的功.

解 如图 10.8,记 A 点的坐标为 (x_1, y_1, z_1),B 点的坐标为 (x_2, y_2, z_2). 设 L 的参数方程为 (10.1) 式,且 A 点对应的参数为 a,B 点对应的参数为 b.

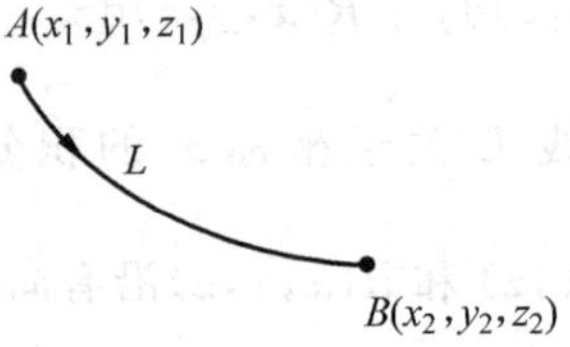

根据第二型曲线积分的定义,重力对物体所做的功为

$$W = \int_L (-mg)\boldsymbol{k} \cdot d\boldsymbol{r} = \int_L (-mg)dz$$
$$= \int_a^b (-mg)z'(t)dt$$
$$= mg(z(a) - z(b))$$
$$= mg(z_1 - z_2).$$

图 10.8

本题的结果说明在滑落过程中,重力对物体所做的功只与两点的落差有关,而与物体滑行的路线无关.

例 10.8 计算曲线积分 $I = \int_L xy^2 dx + xy^2 dy$.

(1) L 是从点 $(0,0)$ 到点 $(1,0)$,再到点 $(1,2)$ 的有向折线段;

(2) L 是从点 $(0,0)$ 到点 $(1,2)$ 的有向线段.

解 如图 10.9,将从点 $(0,0)$ 到点 $(1,0)$ 的有向线段记为 L_1;从 $(1,0)$ 到 $(1,2)$ 的有向线段记为 L_2.

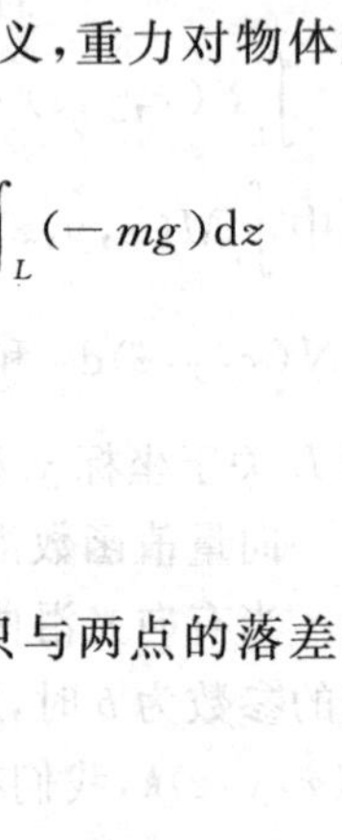

(1) $I = \int_L xy^2 dx + xy^2 dy$
$$= \int_{L_1} xy^2 dx + xy^2 dy + \int_{L_2} xy^2 dx + xy^2 dy$$

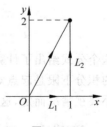

图 10.9

$$= \int_0^1 0\,dx + \int_0^2 y^2\,dy = \frac{8}{3}.$$

(2) $I = \int_L xy^2\,dx + xy^2\,dy$

$$= \int_0^1 [x(2x)^2 + x(2x)^2 \cdot 2]\,dx$$

$$= \int_0^1 12x^3\,dx$$

$$= 3.$$

本题的结果说明，一般情况下，曲线积分 $\int_L \boldsymbol{F}(x,y,z)\cdot d\boldsymbol{r}$ 的值与具体的积分路径 L 是有关的.

习题 10.1

1. 求下列向量场的散度与旋度：

(1) $\boldsymbol{F}(x,y,z) = x^2\boldsymbol{i} + 2xy\boldsymbol{j} + y^2\boldsymbol{k}$；

(2) $\boldsymbol{F}(x,y,z) = yz\boldsymbol{i} + zx\boldsymbol{j} + xy\boldsymbol{k}$；

(3) $\boldsymbol{F}(x,y,z) = (y+z)\boldsymbol{i} + (z+x)\boldsymbol{j} + (x+y)\boldsymbol{k}$；

(4) $\boldsymbol{F}(x,y,z) = x^2\sin y\boldsymbol{i} + y^2\sin(xz)\boldsymbol{j} + xy\sin z\boldsymbol{k}$.

2. 设 $f(x,y,z)$ 具有连续的一阶偏导数，$\boldsymbol{F}(x,y,z)$ 是一个分量函数具有连续一阶偏导数的向量场. 证明：

(1) $\mathrm{div}(\mathrm{curl}\boldsymbol{F}(x,y,z)) = 0$；

(2) $\mathrm{curl}(\mathrm{grad}f(x,y,z)) = \boldsymbol{0}$；

(3) $\mathrm{div}(f(x,y,z)\boldsymbol{F}(x,y,z)) = f(x,y,z)\mathrm{div}\boldsymbol{F}(x,y,z) + (\mathrm{grad}f(x,y,z))\cdot \boldsymbol{F}(x,y,z)$；

(4) $\mathrm{curl}(f(x,y,z)\boldsymbol{F}(x,y,z)) = f(x,y,z)\mathrm{curl}\boldsymbol{F}(x,y,z) + (\mathrm{grad}f(x,y,z))\cdot \boldsymbol{F}(x,y,z)$.

3. 计算下列第一型曲线积分：

(1) $\int_L (x^2+y^2)^n\,ds$，其中 L 是圆心在原点半径为 a 的圆周；

(2) $\int_L (x+y+c)^2\,ds$，L 同上题；

(3) $\int_L (x^3+y)\,ds$，L 是曲线 $\begin{cases} x = 3t, \\ y = t^3 \end{cases}$ 上相应于 t 从 0 变到 1 的部分；

(4) $\int_L e^{\sqrt{x^2+y^2}} \mathrm{d}s$, L 是由半圆周 $y=\sqrt{a^2-x^2}$, 直线 $y=x$ 及 x 轴所围成的扇形的边界;

(5) $\int_L \dfrac{1}{x^2+y^2+z^2} \mathrm{d}s$, L 是曲线
$$\begin{cases} x=\mathrm{e}^t\cos t, \\ y=\mathrm{e}^t\sin t, \\ z=\mathrm{e}^t \end{cases}$$
上相应于 t 从 0 变到 2 的部分.

4. 设曲线 L 是抛物线 $y=x^2$ 上从 $x=-2$ 到 $x=2$ 的部分, 在点 (x,y) 的密度与该点到 y 轴的距离成正比, 求 L 的质心.

5. 求半径为 a 的匀质半圆周的质心.

6. 计算下列第二型曲线积分:

(1) $\int_L y\mathrm{d}x+x^2\mathrm{d}y$, L 的方程是 $\begin{cases} x=2t, \\ y=t^2-1, \end{cases}$ 方向从 $t=0$ 到 $t=2$;

(2) $\int_L y^3\mathrm{d}x+x^3\mathrm{d}y$, L 是从点 $A(-2,1)$ 到点 $B(-2,-1)$ 再到点 $C(2,-1)$ 的折线段;

(3) $\int_L (x+2y)\mathrm{d}x+(x-2y)\mathrm{d}y$, L 是从点 $A(0,0)$ 到点 $B(1,3)$ 的线段;

(4) $\int_L xy\mathrm{d}y$, L 是圆周 $x^2+(y-a)^2=a^2(a>0)$, 逆时针方向为正;

(5) $\int_L \dfrac{(x+y)\mathrm{d}x-(x-y)\mathrm{d}y}{x^2+y^2}$, L 是圆周 $x^2+y^2=a^2(a>0)$, 逆时针方向为正;

(6) $\int_L xz\mathrm{d}x+(y+z)\mathrm{d}y+x\mathrm{d}z$, L 的方程是
$$\begin{cases} x=\mathrm{e}^t, \\ y=\mathrm{e}^{-t}, \\ z=\mathrm{e}^{2t}, \end{cases}$$
方向从 $t=0$ 到 $t=1$;

(7) $\int_L (x+y+z)\mathrm{d}x+(x-2y+3z)\mathrm{d}y+(2x+y-z)\mathrm{d}z$, L 是从点 $A(0,0,0)$ 到点 $B(2,0,0)$, 再到点 $C(2,3,0)$, 最后到点 $D(2,3,4)$ 的折线段;

(8) $\int_L x^2\mathrm{d}x+z\mathrm{d}y-y\mathrm{d}z$, L 的方程是
$$\begin{cases} x=2\theta, \\ y=3\cos\theta, \\ z=3\sin\theta, \end{cases}$$

方向从 $\theta=0$ 到 $\theta=\pi$.

7. 求变力对物体所做的功:

(1) 变力为 $\boldsymbol{F}(x,y)=e^x\boldsymbol{i}-e^{-y}\boldsymbol{j}$,移动路线 L 为 $x=3\ln t, y=\ln 2t, t$ 从 1 到 5;

(2) 变力为 $\boldsymbol{F}(x,y)=(x+y)\boldsymbol{i}+(x-y)\boldsymbol{j}$,移动路线 L 为二分之一椭圆周
$$\begin{cases} x=a\cos t,\\ y=b\sin t, \end{cases}$$
t 从 0 到 π;

(3) 变力为 $\boldsymbol{F}(x,y,z)=y\boldsymbol{i}+z\boldsymbol{j}+x\boldsymbol{k}$,移动路线 L 为
$$\begin{cases} x=t,\\ y=t^2,\\ z=t^3, \end{cases}$$
t 从 0 到 3.

10.2 平面曲线积分与路径无关的条件、格林公式

10.2.1 平面曲线积分的牛顿-莱布尼茨公式

*一元微积分中的牛顿-莱布尼茨公式说明:一个连续函数 $f(x)$ 在某个区间上的定积分可以化为求另一个函数 $F(x)$($f(x)$ 的原函数)在区间端点的函数值.对于平面上二元函数的线积分,是否也有类似的关系呢?

我们已经看到,无论是第一型还是第二型的曲线积分,如果把被积函数 $f(x,y)$ 中的 x,y 用积分路线的方程 $x=x(t),y=y(t)$ 代进去,它们就变成变量 t 的一元函数 $g(t)$ 的积分.只要 $g(t)$ 有原函数 $F(t)$,自然就可以应用一元函数微积分的牛顿-莱布尼茨公式,即 f 的线积分由 F 在点 A,B 的值所决定.

与一元函数定积分不同的是:在一元的情况下,确定了积分区间,也就确定了它的两个端点 A,B.反之也是.而在平面线积分中,确定了积分路线,固然就确定了两个端点 A,B,但反之不然,即 A,B 两点并不足以确定积分路线 L(见图 10.10),因而在上面的推理中,$F(t)$ 除了与 $f(x,y)$ 有关以外,还与积分路线 L 有关,问题就归结到:在什么条件下,$F(t)$ 与积分路线无关.

图 10.10

也就是说,无论函数 $f(x,y)$ 的积分路线如何取,它的线积分都是由一个只与 $f(x,y)$ 有关的函数 F 在端点 A,B 的值所确定.

以第二型线积分为例.问题就化为向量值函数 $\boldsymbol{u}(x,y)=u\boldsymbol{i}+v\boldsymbol{j}$ 从 A 到 B 的线积分不依赖于积分路线,即对任意连接 A,B 的曲线 L,L_1,都有

$$\int_L \boldsymbol{u}(x,y) \cdot d\boldsymbol{r} = \int_{L_1} \boldsymbol{u}(x,y) \cdot d\boldsymbol{r}. \tag{10.4}$$

这种条件叫做平面曲线积分与路径无关的条件. 也就是平面曲线积分满足牛顿-莱布尼茨公式的条件.

10.2.2 平面曲线积分与路径无关的条件

设 D 是一个平面区域, A,B 是 D 中的任意两点. 若对 D 中连接 A,B 两点的任意曲线 L, 曲线积分 $\int_L M(x,y)\mathrm{d}x + N(x,y)\mathrm{d}y$ 的值总是同一个常数, 则称此曲线积分"在区域 D 中与路径无关". 如果曲线积分 $\int_L M(x,y)\mathrm{d}x + N(x,y)\mathrm{d}y$ 在 D 上与路径无关, 则称向量场 $\boldsymbol{F}(x,y) = M(x,y)\boldsymbol{i} + N(x,y)\boldsymbol{j}$ 是 D 上的**保守场**.

* 容易验证曲线积分 $\int_L M(x,y)\mathrm{d}x + N(x,y)\mathrm{d}y$ 在 D 上与路径无关的充分必要条件是: 对于 D 中的任意一条封闭曲线 C, 曲线积分 $\int_C M(x,y)\mathrm{d}x + N(x,y)\mathrm{d}y = 0$.

当向量场 $\boldsymbol{F}(x,y) = M(x,y)\boldsymbol{i} + N(x,y)\boldsymbol{j}$ 是 D 上的有势场时, 由于其势函数 $f(x,y)$ 满足

$$\nabla f(x,y) = M(x,y)\boldsymbol{i} + N(x,y)\boldsymbol{j},$$

即

$$M(x,y) = \frac{\partial f(x,y)}{\partial x}, \quad N(x,y) = \frac{\partial f(x,y)}{\partial y},$$

若设曲线 L 的方程为 $\begin{cases} x = x(t), \\ y = y(t), \end{cases}$ 且点 A 对应的参数为 a, 点 B 对应的参数为 b, 则沿 L 从点 A 到点 B 的曲线积分为

$$\int_L M(x,y)\mathrm{d}x + N(x,y)\mathrm{d}y$$
$$= \int_a^b \left[\frac{\partial f(x(t),y(t))}{\partial x} x'(t) + \frac{\partial f(x(t),y(t))}{\partial y} y'(t) \right] \mathrm{d}t$$
$$= \int_a^b \frac{\mathrm{d}}{\mathrm{d}t}(f(x(t),y(t)))\mathrm{d}t$$
$$= f(x(b),y(b)) - f(x(a),y(a))$$
$$= f(B) - f(A).$$

这说明当 $\boldsymbol{F}(x,y)$ 是有势场时, 曲线积分 $\int_L \boldsymbol{F} \cdot \mathrm{d}\boldsymbol{r}$ 与路径无关, 即向量场 $\boldsymbol{F}(x,y)$ 也是保守场. 可以证明当向量场 $\boldsymbol{F}(x,y) = M(x,y)\boldsymbol{i} + N(x,y)\boldsymbol{j}$ 在 D 上是保守场时, 它也是 D 上的有势场, 且它的一个势函数就是

$$f(x,y) = \int_{(x_0,y_0)}^{(x,y)} M(x,y)\mathrm{d}x + N(x,y)\mathrm{d}y,$$

即 $f(x,y)$ 为从 D 中的一个定点 (x_0,y_0) 沿着 D 中的任意一条曲线到点 (x,y) 的积分.

总结上面的内容,有如下定理.

定理 10.1 设 D 是一个平面区域,$F(x,y) = M(x,y)\boldsymbol{i} + N(x,y)\boldsymbol{j}$ 在 D 上连续,则下面三个结论等价:

(1) $\boldsymbol{F}(x,y)$ 是 D 上的保守场;

(2) $\boldsymbol{F}(x,y)$ 是 D 上的有势场;

(3) 对于 D 中的任意简单闭曲线 C,$\int_C M(x,y)\mathrm{d}x + N(x,y)\mathrm{d}y = 0$.

于是,我们得到如下结果:

如果平面向量值函数 $\boldsymbol{F}(x,y)$ 满足定理 10.1 中的任意一个条件,则存在数量函数 $f(x,y)$,使 $\boldsymbol{F} = \mathrm{grad}\, f$,而且对任意连接 A,B 两点的简单曲线 L,L_1,下式都成立

$$\int_L \boldsymbol{F} \cdot \mathrm{d}\boldsymbol{r} = \int_{L_1} \boldsymbol{F} \cdot \mathrm{d}\boldsymbol{r} = \int_L \mathrm{grad}\, f \cdot \mathrm{d}\boldsymbol{r}$$
$$= f(B) - f(A).$$

读者可以把这个式子和一元函数的牛顿-莱布尼茨公式

$$\int_a^b F(x)\mathrm{d}x = \int_a^b f'(x)\mathrm{d}x = f(b) - f(a)$$

加以比较.

10.2.3 格林公式(平面区域上重积分的牛顿-莱布尼茨公式)

在 10.2.2 节我们把一元函数的牛顿-莱布尼茨公式推广到平面上的线积分.在这一节中,我们将把这个公式推广到平面区域上的重积分.

一元函数中牛顿 - 莱布尼茨公式可以看成是一个一维直线段上的定积分和原函数在两个边界点上的值的关系.到了二维(平面区域),就应该有区域 D 上的重积分 $\iint_D f(x,y)\mathrm{d}x\mathrm{d}y$ 和 D 的边界 ∂D 上某个相关函数的曲线积分之间的某种关系.下面我们就讨论这一点.

设 D 是一个平面区域,若 D 中的任意一条简单(即除了端点以外,曲线自己不会与自己相交)封闭曲线 C 包围的区域都被包含在 D 中,则称 D 是一个**平面单连通域**,否则就称 D 是一个**平面复连通域**.简单地说,平面单连通域就是没有洞的区域,平面复连通域就是有洞的区域.

所谓平面有界单连通域的正向边界线指的是满足右手法则的方向

(图 10.11),即逆时针方向为正.平面有界复连通域的正向边界线往往是由几部分组成,每一部分的定向也是满足右手法则,图 10.12 就是一个平面复连通域的情况,区域 D 的正向边界线 ∂D 由两部分组成,L_1 是逆时针方向,L_2 是顺时针方向.

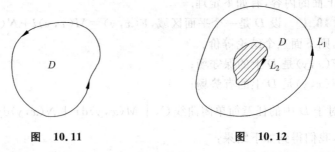

图 10.11　　　　　　　　　图 10.12

定理 10.2（格林公式）　设 D 是一个平面有界闭域,其边界线分段光滑（即边界可以分成有限部分,每一部分都是光滑曲线）,若函数 $M(x,y)$,$N(x,y)$ 在 D 上具有连续的一阶偏导数,则有

$$\iint_D \left(\frac{\partial N}{\partial x} - \frac{\partial M}{\partial y}\right) dxdy = \int_{\partial D} M(x,y)dx + N(x,y)dy, \qquad (10.5)$$

其中 ∂D 是平面区域 D 的正向边界线.

这个公式就是格林公式,它把平面区域上的二重积分与区域边界上的曲线积分联系在一起.

证明　当 D 是一个平面单连通域,且垂直于 x 轴的直线与 D 的边界线重合或最多只有两个交点时,区域 D 可以表示成 $D: a \leqslant x \leqslant b, y_1(x) \leqslant y \leqslant y_2(x)$（图 10.13）.

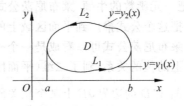

图 10.13

这时

$$\int_{\partial D} M(x,y)dx = \int_{L_1} M(x,y)dx + \int_{L_2} M(x,y)dx$$
$$= \int_a^b M(x,y_1(x))dx + \int_b^a M(x,y_2(x))dx$$

$$= \int_a^b [M(x, y_1(x)) - M(x, y_2(x))] dx,$$

$$-\iint_D \frac{\partial M(x,y)}{\partial y} dx dy = -\int_a^b dx \int_{y_1(x)}^{y_2(x)} \frac{\partial M(x,y)}{\partial y} dy$$

$$= -\int_a^b [M(x, y_2(x)) - M(x, y_1(x))] dx$$

$$= \int_a^b [M(x, y_1(x)) - M(x, y_2(x))] dx,$$

所以

$$\int_{\partial D} M(x,y) dx = -\iint_D \frac{\partial M(x,y)}{\partial y} dx dy.$$

当垂直于 y 轴的直线与 D 的边界线最多只有两个交点时,类似地可以证明

$$\int_{\partial D} N(x,y) dy = \iint_D \frac{\partial N(x,y)}{\partial x} dx dy.$$

这样对于简单的平面单连通域,我们就证明了格林公式成立.

对于其他情形,我们都可以转化成上述简单情形加以证明. 如对图 10.14 中的复连通域 D,作辅助线 L_1 和 L_2,将 D 分成了两个单连通域 D_1 和 D_2.

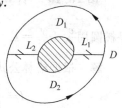

图 10.14

由于

$$\int_{\partial D_1} M(x,y) dx + N(x,y) dy = \iint_{D_1} \left(\frac{\partial N(x,y)}{\partial x} - \frac{\partial M(x,y)}{\partial y} \right) dx dy,$$

$$\int_{\partial D_2} M(x,y) dx + N(x,y) dy = \iint_{D_2} \left(\frac{\partial N(x,y)}{\partial x} - \frac{\partial M(x,y)}{\partial y} \right) dx dy,$$

所以

$$\int_{\partial D_1 \cup \partial D_2} M(x,y) dx + N(x,y) dy = \iint_{D_1 \cup D_2} \left(\frac{\partial N(x,y)}{\partial x} - \frac{\partial M(x,y)}{\partial y} \right) dx dy.$$

因为在线段 L_1 和 L_2 上的两次积分方向相反,所以其值正负抵消,从而有

$$\int_{\partial D_1 \cup \partial D_2} M(x,y) dx + N(x,y) dy = \int_{\partial D} M(x,y) dx + N(x,y) dy.$$

故有

$$\int_{\partial D} M(x,y) dx + N(x,y) dy = \iint_D \left(\frac{\partial N(x,y)}{\partial x} - \frac{\partial M(x,y)}{\partial y} \right) dx dy.$$

这说明格林公式对复连通域也是成立的.

例 10.9 设 D 是一个平面有界闭域,其边界线分段光滑,证明 D 的面积 $A(D)$ 为

$$A(D) = \int_{\partial D} -\frac{1}{2}y\mathrm{d}x + \frac{1}{2}x\mathrm{d}y.$$

证明 根据格林公式,得

$$\int_{\partial D} -\frac{1}{2}y\mathrm{d}x + \frac{1}{2}x\mathrm{d}y = \iint_D \left[\frac{\partial\left(\frac{1}{2}x\right)}{\partial x} - \frac{\partial\left(-\frac{1}{2}y\right)}{\partial y}\right]\mathrm{d}x\mathrm{d}y$$

$$= \iint_D \left(\frac{1}{2} + \frac{1}{2}\right)\mathrm{d}x\mathrm{d}y$$

$$= A(D),$$

即 $A(D) = \int_{\partial D} -\frac{1}{2}y\mathrm{d}x + \frac{1}{2}x\mathrm{d}y.$

例 10.10 计算曲线积分 $I = \int_L (x^2 + 2xy)\mathrm{d}x + (4x - 2y)\mathrm{d}y$,其中 L 是椭圆周 $\dfrac{x^2}{a^2} + \dfrac{y^2}{b^2} = 1$.

解 根据格林公式,得

$$I = \int_L (x^2 + 2xy)\mathrm{d}x + (4x - 2y)\mathrm{d}y$$

$$= \iint_D \left[\frac{\partial(4x - 2y)}{\partial x} - \frac{\partial(x^2 + 2xy)}{\partial y}\right]\mathrm{d}x\mathrm{d}y$$

$$= \iint_D (4 - 2x)\mathrm{d}x\mathrm{d}y,$$

其中 D 是椭圆盘 $\dfrac{x^2}{a^2} + \dfrac{y^2}{b^2} \leqslant 1$.

根据对称性可知 $\iint_D 2x\mathrm{d}x\mathrm{d}y = 0$,所以

$$I = \iint_D 4\mathrm{d}x\mathrm{d}y = 4\pi ab.$$

如果此题直接化成定积分进行计算,应是

$$I = \int_L (x^2 + 2xy)\mathrm{d}x + (4x - 2y)\mathrm{d}y$$

$$= \int_0^{2\pi} \left[((a\cos t)^2 + 2 \cdot a\cos t \cdot b\sin t)(-a\sin t) \right.$$

$$\left. + (4 \cdot a\cos t - 2 \cdot b\sin t)(b\cos t)\right]\mathrm{d}t$$

$$= \int_0^{2\pi} (-a^3\cos^2 t\sin t - 2a^2 b\sin^2 t\cos t + 4ab\cos^2 t - 2b^2\sin t\cos t)\mathrm{d}t$$

$$= \int_0^{2\pi} 4ab\cos^2 t\, dt$$
$$= 2ab \int_0^{2\pi} (1+\cos 2t)\, dt$$
$$= 4\pi ab.$$

可见利用格林公式可以简化计算曲线积分的过程.

例 10.11 计算曲线积分 $I = \int_L \dfrac{y\, dx - x\, dy}{x^2 + y^2}$,其中 L 是任意一条简单封闭曲线.

解 记 $M(x,y) = \dfrac{y}{x^2+y^2}$,$N(x,y) = \dfrac{-x}{x^2+y^2}$,则

$$\frac{\partial M(x,y)}{\partial y} = \frac{x^2+y^2-2y^2}{(x^2+y^2)^2} = \frac{x^2-y^2}{(x^2+y^2)^2},$$

$$\frac{\partial N(x,y)}{\partial x} = \frac{-x^2-y^2+2x^2}{(x^2+y^2)^2} = \frac{x^2-y^2}{(x^2+y^2)^2},$$

所以当 $(x,y) \neq (0,0)$ 时,有 $\dfrac{\partial N(x,y)}{\partial x} - \dfrac{\partial M(x,y)}{\partial y} = 0$.

当简单封闭曲线 L 不包围原点时,$M(x,y)$ 和 $N(x,y)$ 在 L 包围的区域 D_L 上具有一阶连续偏导数,根据格林公式得

$$I = \int_L \frac{y\, dx - x\, dy}{x^2 + y^2}$$
$$= \int_L M(x,y)\, dx + N(x,y)\, dy$$
$$= \iint_{D_L} \left(\frac{\partial N(x,y)}{\partial x} - \frac{\partial M(x,y)}{\partial y} \right) dx\, dy$$
$$= \iint_{D_L} 0\, dx\, dy = 0.$$

当简单封闭曲线 L 包围原点时,取充分小的正数 ε,使得圆 $C: x^2 + y^2 = \varepsilon^2$ 被包围在 L 内(图 10.15).记以 L 和 C 为边界的平面区域为 D,根据格林公式得

$$\int_{L \cup C} M(x,y)\, dx + N(x,y)\, dy$$
$$= \iint_D \left(\frac{\partial N(x,y)}{\partial x} - \frac{\partial M(x,y)}{\partial y} \right) dx\, dy$$

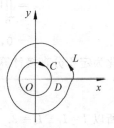

图 10.15

$$= \iint_D 0 \,dx\,dy = 0.$$

所以

$$I = \int_L M(x,y)\,dx + N(x,y)\,dy$$

$$= -\int_C M(x,y)\,dx + N(x,y)\,dy$$

$$= \frac{1}{\varepsilon^2} \int_{-C} y\,dx - x\,dy$$

$$= \frac{1}{\varepsilon^2} \iint_{x^2+y^2 \leqslant \varepsilon^2} \left(\frac{\partial(-x)}{\partial x} - \frac{\partial y}{\partial y} \right) dx\,dy$$

$$= \frac{1}{\varepsilon^2} \times (-2) \times \pi\varepsilon^2 = -2\pi.$$

例 10.12 计算曲线积分 $I = \int_L (e^x \sin y - x - y)\,dx + (e^x \cos y - x)\,dy$，其中 L 为从点 $A(2,0)$ 沿曲线 $y = \sqrt{2x - x^2}$ 到点 $O(0,0)$ 的弧.

解 取 L_1 为直线 $y=0$ 上从点 O 到点 A 的一段，L 与 L_1 围成的有界区域为 D，则

$$I = \int_L (e^x \sin y - x - y)\,dx + (e^x \cos y - x)\,dy$$

$$= \int_{L \cup L_1} (e^x \sin y - x - y)\,dx + (e^x \cos y - x)\,dy - \int_{L_1} (e^x \sin y - x - y)\,dx + (e^x \cos y - x)\,dy.$$

利用格林公式，前一积分为

$$I_1 = \iint_D \left[\frac{\partial(e^x \cos y - x)}{\partial x} - \frac{\partial(e^x \sin y - x - y)}{\partial y} \right] dx\,dy$$

$$= \iint_D \left[(e^x \cos y - 1) - (e^x \cos y - 1) \right] dx\,dy$$

$$= 0,$$

化为定积分直接计算，后一积分为

$$I_2 = \int_0^2 (-x)\,dx = -2.$$

所以 $I = I_1 - I_2 = 2$.

如果把格林公式用向量来表示，就更可以看出它们和一维牛顿-莱布尼茨公式的相似之处.

10.2 平面曲线积分与路径无关的条件、格林公式

对于平面向量场 $\boldsymbol{F}(x,y)=M(x,y)\boldsymbol{i}+N(x,y)\boldsymbol{j}$，由于

$$\operatorname{curl}\boldsymbol{F}(x,y)=\left(\frac{\partial N(x,y)}{\partial x}-\frac{\partial M(x,y)}{\partial y}\right)\boldsymbol{k},$$

所以

$$\frac{\partial N(x,y)}{\partial x}-\frac{\partial M(x,y)}{\partial y}=\operatorname{curl}\boldsymbol{F}(x,y)\cdot\boldsymbol{k},$$

从而得到格林公式的向量形式（旋度形式）：

$$\iint_{D}\operatorname{curl}\boldsymbol{F}(x,y)\cdot\boldsymbol{k}\mathrm{d}x\mathrm{d}y=\int_{\partial D}\boldsymbol{F}(x,y)\cdot\boldsymbol{\tau}\mathrm{d}l, \quad (10.6)$$

其中 $\boldsymbol{\tau}$ 是 ∂D 上点 (x,y) 处的切线方向。

当 $\boldsymbol{n}$ 表示 ∂D 的外向单位法向量时（图 10.16），如果记 $\boldsymbol{\tau}=\cos\theta\boldsymbol{i}+\sin\theta\boldsymbol{j}$，那么就有

$$\boldsymbol{n}=\cos\left(\theta-\frac{\pi}{2}\right)\boldsymbol{i}+\sin\left(\theta-\frac{\pi}{2}\right)\boldsymbol{j}$$
$$=\sin\theta\boldsymbol{i}-\cos\theta\boldsymbol{j},$$

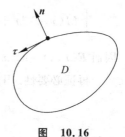

图 10.16

所以

$$\int_{\partial D}\boldsymbol{F}(x,y)\cdot\boldsymbol{n}\mathrm{d}l=\int_{\partial D}(M(x,y)\sin\theta-N(x,y)\cos\theta)\mathrm{d}l$$
$$=\int_{\partial D}(-N(x,y)\boldsymbol{i}+M(x,y)\boldsymbol{j})\cdot(\cos\theta\boldsymbol{i}+\sin\theta\boldsymbol{j})\mathrm{d}l$$
$$=\int_{\partial D}(-N(x,y)\mathrm{d}x+M(x,y)\mathrm{d}y)$$
$$=\iint_{D}\left(\frac{\partial M(x,y)}{\partial x}-\frac{\partial(-N(x,y))}{\partial y}\right)\mathrm{d}x\mathrm{d}y$$
$$=\iint_{D}\left(\frac{\partial M(x,y)}{\partial x}+\frac{\partial N(x,y)}{\partial y}\right)\mathrm{d}x\mathrm{d}y.$$

由于 $\operatorname{div}\boldsymbol{F}(x,y)=\dfrac{\partial M(x,y)}{\partial x}+\dfrac{\partial N(x,y)}{\partial y}$，所以格林公式的另一个向量形式（散度形式）为

$$\iint_{D}\operatorname{div}\boldsymbol{F}(x,y)\mathrm{d}x\mathrm{d}y=\int_{\partial D}\boldsymbol{F}(x,y)\cdot\boldsymbol{n}\mathrm{d}l. \quad (10.7)$$

当考虑的平面区域是单连通域，且 $M(x,y),N(x,y)$ 都具有一阶连续偏导数时，根据格林公式可以进一步地得到保守场的另外一个充要条件。

定理 10.3 设 D 是一个平面单连通域，$M(x,y),N(x,y)$ 在 D 上具有一阶连续偏导数，则 $\boldsymbol{F}(x,y)=M(x,y)\boldsymbol{i}+N(x,y)\boldsymbol{j}$ 在 D 上是保守场的充分

必要条件是:

$$\frac{\partial N(x,y)}{\partial x} = \frac{\partial M(x,y)}{\partial y}, \quad (x,y) \in D. \tag{10.8}$$

证明 先证充分性.因为 D 是一个单连通域,所以对于 D 中的任意一条封闭曲线 C,C 所包围的区域 $D_C \subset D$. 从而当 $\frac{\partial N(x,y)}{\partial x} = \frac{\partial M(x,y)}{\partial y}$ 时,根据格林公式,得

$$\int_C M(x,y)\mathrm{d}x + N(x,y)\mathrm{d}y = \iint_{D_C} \left(\frac{\partial N(x,y)}{\partial x} - \frac{\partial M(x,y)}{\partial y} \right) \mathrm{d}x\mathrm{d}y = 0.$$

因而 $\boldsymbol{F}(x,y) = M(x,y)\boldsymbol{i} + N(x,y)\boldsymbol{j}$ 是 D 上的保守场.

再证必要性.用反证法:若存在一点 $(x_0, y_0) \in D$ 使得

$$\frac{\partial N(x_0,y_0)}{\partial x} - \frac{\partial M(x_0,y_0)}{\partial y} \neq 0,$$

不妨假设

$$\frac{\partial N(x_0,y_0)}{\partial x} - \frac{\partial M(x_0,y_0)}{\partial y} = A > 0.$$

因为 $\frac{\partial N(x,y)}{\partial x} - \frac{\partial M(x,y)}{\partial y}$ 在 (x_0, y_0) 连续,所以存在某个正数 ε,使得在 $D_\varepsilon = \{(x,y) \mid (x-x_0)^2 + (y-y_0)^2 \leqslant \varepsilon^2\}$(不妨假设 $D_\varepsilon \subset D$),都有

$$\frac{\partial N(x,y)}{\partial x} - \frac{\partial M(x,y)}{\partial y} \geqslant \frac{A}{2} > 0.$$

取封闭曲线 $C: (x-x_0)^2 + (y-y_0)^2 = \varepsilon^2$,则 $C \subset D$,且

$$\int_C M(x,y)\mathrm{d}x + N(x,y)\mathrm{d}y = \iint_{D_\varepsilon} \left(\frac{\partial N(x,y)}{\partial x} - \frac{\partial M(x,y)}{\partial y} \right) \mathrm{d}x\mathrm{d}y$$

$$\geqslant \iint_{D_\varepsilon} \frac{A}{2} \mathrm{d}x\mathrm{d}y = \frac{1}{2}\pi A\varepsilon^2 > 0.$$

这与 $\boldsymbol{F}(x,y) = M(x,y)\boldsymbol{i} + N(x,y)\boldsymbol{j}$ 是 D 上的保守场矛盾,所以

$$\frac{\partial N(x,y)}{\partial x} = \frac{\partial M(x,y)}{\partial y}, \quad (x,y) \in D.$$

这个定理告诉我们,在平面单连通域上的保守场与无旋场(旋度等于零)是等价的.

* 平面上格林公式的散度形式(10.7)和旋度形式(10.6)有以下的物理解释:如果把两个式中的向量值函数 $\boldsymbol{F}(x,y,z)$ 看做是流体的速度场,那么(10.7)式不过是说明平面区域 D 中从所有点流出的流量之和正好等于流体通

10.2 平面曲线积分与路径无关的条件、格林公式

过区域边界沿法线方向流出量之和;也就是"流量不灭". 至于(10.6)式,左端表示 D 内每一点因流速 F 所产生的旋度之和,右端线积分中的微分表示边界上每点的切向流速和弧长的乘积,它的总量有个名字,叫做流速 F 沿 ∂D 的"环流". 这个等式如图 10.17 所示,把 D 分成小格,每一小格中 F 的旋度与相邻小格中的旋度因方向相反而互相抵消,最后只剩下边界上的环流.

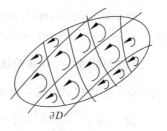

图 10.17

＊例 10.13 判断 $F(x,y)=(4x^3+9x^2y^2)i+(6x^3y+6y^5)j$ 是否为有势场? 若是,求它的一个势函数.

解 记 $M(x,y)=4x^3+9x^2y^2, N(x,y)=6x^3y+6y^5$,则

$$\frac{\partial N(x,y)}{\partial x}=18x^2y, \quad \frac{\partial M(x,y)}{\partial y}=18x^2y,$$

所以

$$\frac{\partial N(x,y)}{\partial x}=\frac{\partial M(x,y)}{\partial y}, \quad (x,y)\in\mathbb{R}^2.$$

由于平面 $\mathbb{R}^2$ 是单连通域,所以向量场 $F(x,y)$ 是一个有势场.

取 L 为从 $(0,0)$ 到 $(x,0)$,再从 $(x,0)$ 到 (x,y) 的有向折线段,则 $F(x,y)$ 的一个势函数为

$$f(x,y)=\int_L M(x,y)\mathrm{d}x+N(x,y)\mathrm{d}y$$
$$=\int_L (4x^3+9x^2y^2)\mathrm{d}x+(6x^3y+6y^5)\mathrm{d}y$$
$$=\int_0^x 4x^3\mathrm{d}x+\int_0^y (6x^3y+6y^5)\mathrm{d}y$$
$$=x^4+3x^3y^2+y^6.$$

此例中的势函数 $f(x,y)$ 也可利用下述方法求出.

因为

$$\nabla f(x,y)=\frac{\partial f}{\partial x}i+\frac{\partial f}{\partial y}j=(4x^3+9x^2y^2)i+(6x^3y+6y^5)j,$$

所以

$$\frac{\partial f}{\partial x}=4x^3+9x^2y^2, \qquad ①$$

$$\frac{\partial f}{\partial y}=6x^3y+6y^5, \qquad ②$$

由①式可知

$$f(x,y)=x^4+3x^3y^2+c(y). \qquad ③$$

对③式关于 y 求导得

$$\frac{\partial f}{\partial y}=6x^3y+c'(y). \qquad ④$$

根据②式和④式,得 $c'(y)=6y^5$,故 $c(y)=y^6+c$(c 为常数),从而
$$f(x,y)=x^4+3x^3y^2+c(y)=x^4+3x^3y^2+y^6+c.$$

例 10.14 计算曲线积分 $I=\int_L(x+y)\mathrm{d}x+(x-y)\mathrm{d}y$,其中 L 是从点 $(0,0)$ 到点 $(1,2)$ 的一条光滑曲线.

解 由于 $\dfrac{\partial(x-y)}{\partial x}=1=\dfrac{\partial(x+y)}{\partial y}$,所以曲线积分
$$\int_L(x+y)\mathrm{d}x+(x-y)\mathrm{d}y$$
在平面 $\mathbb{R}^2$ 上与路径无关.

取 L_1 是从点 $(0,0)$ 到点 $(1,0)$ 的直线段,L_2 是从点 $(1,0)$ 到点 $(1,2)$ 的直线段,则
$$I=\int_{L_1}(x+y)\mathrm{d}x+(x-y)\mathrm{d}y+\int_{L_2}(x+y)\mathrm{d}x+(x-y)\mathrm{d}y$$
$$=\int_0^1 x\mathrm{d}x+\int_0^2(1-y)\mathrm{d}y$$
$$=\frac{1}{2}+0=\frac{1}{2}.$$

例 10.14 中的积分值也可以如下求出.

设 $f(x,y)=\dfrac{1}{2}x^2+xy-\dfrac{1}{2}y^2$,由于 $\mathrm{d}f(x,y)=(x+y)\mathrm{d}x+(x-y)\mathrm{d}y$,所以
$$I=\int_L \mathrm{d}f(x,y)=f(1,2)-f(0,0)=\frac{1}{2}+2-2=\frac{1}{2}.$$

例 10.15 计算曲线积分 $I=\int_L(\mathrm{e}^x\sin y-y)\mathrm{d}x+(\mathrm{e}^x\cos y-x-2)\mathrm{d}y$,其中 L 是圆周 $x^2+y^2=9$ 在第一象限中从点 $(3,0)$ 到点 $(0,3)$ 的部分.

解 因为 $\dfrac{\partial}{\partial x}(\mathrm{e}^x\cos y-x-2)=\mathrm{e}^x\cos y-1=\dfrac{\partial}{\partial y}(\mathrm{e}^x\sin y-y)$,且平面 $\mathbb{R}^2$ 是一个单连通域,所以曲线积分
$$\int_L(\mathrm{e}^x\sin y-y)\mathrm{d}x+(\mathrm{e}^x\cos y-x-2)\mathrm{d}y$$
与路径无关.

取 L_1 为从点 $(3,0)$ 到点 $(0,0)$ 的有向线段,L_2 为从点 $(0,0)$ 到点 $(0,3)$ 的有向线段,则

$$I = \int_{L_1} (e^x \sin y - y) dx + (e^x \cos y - x - 2) dy$$
$$+ \int_{L_2} (e^x \sin y - y) dx + (e^x \cos y - x - 2) dy$$
$$= \int_3^0 0 dx + \int_0^3 (\cos y - 2) dy$$
$$= \sin 3 - 6.$$

习题 10.2

1. 利用格林公式计算下列曲线积分：

(1) $\int_L 2xy dx + y^2 dy$，L 是由直线 $y = \frac{1}{2}x$ 与曲线 $y = \sqrt{x}$ 构成的封闭曲线，逆时针方向为正；

(2) $\int_L xy dx + (x+y) dy$，L 是顶点分别为 $A(0,0)$，$B(2,0)$ 和 $C(0,1)$ 的三角形的边界，顺时针方向为正；

(3) $\int_L (x^2 + 4xy) dx + (3x^2 + 2y) dy$，$L$ 是椭圆周 $\frac{x^2}{9} + \frac{y^2}{16} = 1$，逆时针方向为正；

(4) $\int_L (2x \sin y + y^2 e^x) dx + (x^2 \cos y + 2y e^x) dy$，$L$ 是圆周 $x^2 + y^2 = 9$，逆时针方向为正；

(5) $\int_L (x^2 - y) dx - (x + \sin^2 y) dy$，$L$ 是半圆周 $y = \sqrt{2x - x^2}$ 从点 $A(0,0)$ 到点 $B(1,1)$ 的一段.

2. 利用曲线积分求下列图形的面积：

(1) 椭圆 $\frac{x^2}{a^2} + \frac{y^2}{b^2} \leqslant 1$；

(2) 星形线 $\begin{cases} x = a\cos^3 t, \\ y = a\sin^3 t, \end{cases} t \in [0, 2\pi]$ 围成的区域；

(3) 摆线 $\begin{cases} x = a(t - \sin t), \\ y = a(1 - \cos t) \end{cases}$ 的一拱与 x 轴所围成的区域.

3. 设 L 是顶点为 $A(0,0)$，$B(1,0)$，$C(1,1)$ 和 $D(0,1)$ 的正方形的边界，逆时针方向为正. 计算：

(1) $\int_L \boldsymbol{F}(x,y) \cdot \boldsymbol{T} \mathrm{d}s, \boldsymbol{F}(x,y) = (x^2+y^2)\boldsymbol{i} + 2xy\boldsymbol{j}, \boldsymbol{T}$ 是 L 上点 (x,y) 处的正向单位切向量(A,B,C,D 除外);

(2) $\int_L \boldsymbol{F}(x,y) \cdot \boldsymbol{n} \mathrm{d}s, \boldsymbol{F}(x,y) = (x^2+y^2)\boldsymbol{i} - 2xy\boldsymbol{j}, \boldsymbol{n}$ 是 L 上点 (x,y) 处的外向单位法向量(A,B,C,D 除外).

4. 证明下列曲线积分与路径无关,并计算积分值:

(1) $\int_L (y^2+2xy)\mathrm{d}x + (x^2+2xy)\mathrm{d}y, L$ 是从点 $A(1,1)$ 到点 $B(4,5)$ 的曲线;

(2) $\int_L \mathrm{e}^x \sin y \mathrm{d}x + \mathrm{e}^x \cos y \mathrm{d}y, L$ 是从点 $A(0,0)$ 到点 $B\left(1, \dfrac{\pi}{2}\right)$ 的曲线;

(3) $\int_L (x+2y)\mathrm{d}x + (2x+y)\mathrm{d}y, L$ 是从点 $A(0,0)$ 到点 $B(2,3)$ 的曲线;

(4) $\int_L (2xy - y^4 + 3)\mathrm{d}x + (x^2 - 4xy^3 - 4)\mathrm{d}y, L$ 是从点 $A(0,1)$ 到点 $B(1,2)$ 的曲线.

5. 证明下列向量场是有势场,并求一个势函数:

(1) $\boldsymbol{F}(x,y) = (x+y)\boldsymbol{i} + (x-y)\boldsymbol{j}, D = \mathbb{R}^2$;

(2) $\boldsymbol{F}(x,y) = (6xy^2 - y^3)\boldsymbol{i} + (6x^2y - 3xy^2)\boldsymbol{j}, D = \mathbb{R}^2$;

(3) $\boldsymbol{F}(x,y) = (2x\cos y + y^2\cos x)\boldsymbol{i} + (2y\sin x - x^2\sin y)\boldsymbol{j}, D = \mathbb{R}^2$.

6. 验证 $f(x,y) = \arctan \dfrac{y}{x}$ 是 $\boldsymbol{F}(x,y) = \dfrac{y\boldsymbol{i} - x\boldsymbol{j}}{x^2 + y^2}$ 的一个势函数,并计算积分 $\int_L \dfrac{y\mathrm{d}x - x\mathrm{d}y}{x^2 + y^2}$,其中 L 是右半平面中从点 $A(1,-1)$ 到点 $B(2, 2\sqrt{3})$ 的任意曲线.

7. 设 $M(x,y) = \dfrac{-y}{2x^2 + y^2}, N(x,y) = \dfrac{x}{2x^2 + y^2}$.

(1) 证明:$\dfrac{\partial N(x,y)}{\partial x} = \dfrac{\partial M(x,y)}{\partial y}, (x,y) \neq (0,0)$;

(2) 计算积分 $\int_L M(x,y)\mathrm{d}x + N(x,y)\mathrm{d}y, L$ 是圆心在 $(1,1)$,半径为 1 的圆周,逆时针方向为正;

(3) 计算积分 $\int_L M(x,y)\mathrm{d}x + N(x,y)\mathrm{d}y, L$ 是圆心在原点,半径为 1 的圆周,逆时针方向为正.

10.3 曲面积分

曲线积分是一维定积分概念的直接推广. 用类似的方法, 可以将二重积分的概念推广到曲面积分. 先看两个例子.

例 10.16 在 $\mathbb{R}^3$ 中考虑一个密度不均匀的有限光滑曲面 S, 它在 xOy 平面上的投影为 D. 如果已知它的面密度为 $\rho(x,y,z)$, 求它的质量.

解 设 S 的方程为 $z = f(x,y)$, 围绕 S 上一点 $P(x,y,z)$ 取一小片曲面 $\mathrm{d}S$, 从第 9 章中我们用切平面来近似它的办法知道小面积为 $\mathrm{d}S = \sqrt{1+f_x^2+f_y^2}\,\mathrm{d}x\mathrm{d}y$, 则它的质量就应该是微元

$$\rho(x,y,f(x,y))\sqrt{1+f_x^2+f_y^2}\,\mathrm{d}x\mathrm{d}y,$$

于是 S 的质量就是

$$S = \iint\limits_D \rho(x,y,f(x,y))\sqrt{1+f_x^2+f_y^2}\,\mathrm{d}x\mathrm{d}y. \tag{10.9}$$

这是一个普通的二重积分, 通常把它写成 $S = \iint\limits_S \rho(x,y,z)\mathrm{d}S$, 并称之为"第一型"曲面积分.

* 同一条曲线可以有正反两个不同的方向, 而同一张曲面可以有内外两个不同的侧面. 一个曲面 S 被称为是"双侧"的, 如果在 S 上的 P 点选定其法线的正向后, 点 P 沿 S 上任意一条不经过 S 边界的闭曲线移动, 回到 P 点后法线的方向不变; 这时规定法线正方向所指的一侧为 S 的正侧, 另一侧为负侧. 如果法线移动回到 P 点时方向与原来的相反, 则说这个曲面是"单侧曲面."

例 10.17 设曲面 S 是一片光滑的双侧曲面, $\boldsymbol{n}$ 是 S 上每点指向同一侧的单位法向量. 若将曲面 S 浸放入水中, 水的流速为 $\boldsymbol{F}(x,y,z) = M(x,y,z)\boldsymbol{i} + N(x,y,z)\boldsymbol{j} + R(x,y,z)\boldsymbol{k}$, 求单位时间内通过曲面 S 的水流量.

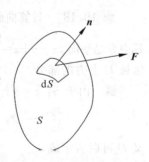

图 10.18

解 如图 10.18, 将曲面 S 分成 N 份, 任取其中一份 $\mathrm{d}S$, 点 $(x,y,z) \in \mathrm{d}S$, 将 $\mathrm{d}S$ 近似看成一片在点 (x,y,z) 处的 S 的切平面, 它的单位法向量为 $\boldsymbol{n}(x,y,z)$, 在 $\mathrm{d}S$ 上水的流速近似为常速, 即 $\boldsymbol{F}(x,y,z)$, 速度向量 $\boldsymbol{F}$ 可以分解为与过这一点切平面垂直及平行的两个分量, 其中平行的分量不会穿过曲面, 所以单位时间内通过 $\mathrm{d}S$ 的水流量近似为

$F(x,y,z) \cdot n(x,y,z)\mathrm{d}S$. 因此单位时间内通过整个曲面 S 的水流量应是

$$\iint_S \boldsymbol{F} \cdot \boldsymbol{n}\mathrm{d}S.$$

它是一个数值函数 $F(x,y,z) \cdot n(x,y,z)$ 在曲面 S 的第一型曲面积分.

上面两个例子中,例 10.16 是数值函数的面积分,例 10.17 是向量值函数的面积分,它们都是直接写成微元形式求积,最后化为二重积分.

10.3.1 数值函数在曲面上的积分

设 S 是一片可求面积的空间曲面,函数 $f(x,y,z)$ 在 S 上有定义,将 S 任意分成 n 片小曲面 $\Delta S_1, \Delta S_2, \cdots, \Delta S_n$,任取 $(x_k, y_k, z_k) \in \Delta S_k$,第 k 片小曲面的面积仍记为 ΔS_k,则 $f(x,y,z)$ 在曲面 S 上的积分定义为

$$\iint_S f(x,y,z)\mathrm{d}S = \lim_{\lambda \to 0} \sum_{k=1}^n f(x_k, y_k, z_k)\Delta S_k,$$

其中 $\lambda = \max\limits_{1 \leqslant k \leqslant n} \{\max\limits_{P_k, \overline{P}_k \in \Delta S_k} \{d(P_k, \overline{P}_k)\}\}$.

$\iint_S f(x,y,z)\mathrm{d}S$ 又称为 $f(x,y,z)$ 在 S 上关于面积的积分,也称为**第一型曲面积分**.

设 S 的方程为 $z = z(x,y)((x,y) \in D)$,且 $z(x,y)$ 具有连续的一阶偏导数,若函数 $f(x,y,z)$ 连续,则

$$\iint_S f(x,y,z)\mathrm{d}S = \iint_D f(x,y,z(x,y))\sqrt{z_x^2 + z_y^2 + 1}\,\mathrm{d}x\mathrm{d}y.$$

这就是第一型曲面积分的计算公式.

例 10.18 计算曲面积分 $I = \iint_S (xy + z)\mathrm{d}S$,
其中 S 是平面 $2x - y + z = 3$ 位于图 10.19 中三角形
区域 D 上方的部分.

解 由于 $S: z = 3 + y - 2x$,所以

$$\frac{\partial z}{\partial x} = -2, \quad \frac{\partial z}{\partial y} = 1,$$

又 D 可以表示成

$$\begin{cases} 0 \leqslant x \leqslant 1, \\ 0 \leqslant y \leqslant x, \end{cases}$$

从而

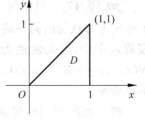

图 10.19

$$I = \iint_S (xy+z) \mathrm{d}S$$

$$= \iint_D (xy + (3+y-2x)) \sqrt{\left(\frac{\partial z}{\partial x}\right)^2 + \left(\frac{\partial z}{\partial y}\right)^2 + 1} \, \mathrm{d}x\mathrm{d}y$$

$$= \int_0^1 \mathrm{d}x \int_0^x (xy + 3 + y - 2x)\sqrt{6} \, \mathrm{d}y$$

$$= \sqrt{6} \int_0^1 \left(\frac{1}{2}x^3 + 3x - \frac{3}{2}x^2\right) \mathrm{d}x$$

$$= \frac{9}{8}\sqrt{6}.$$

例 10.19 计算曲面积分 $I = \iint_D \frac{1}{z} \mathrm{d}S$,其中 S 是球面 $x^2+y^2+z^2=R^2$ 在平面 $z=h(0<h<R)$ 以上的部分.

解 由于 S 的方程为 $z=\sqrt{R^2-x^2-y^2}$,$(x,y) \in D = \{(x,y) \mid x^2+y^2 \leqslant R^2-h^2\}$,所以

$$\frac{\partial z}{\partial x} = \frac{-x}{\sqrt{R^2-x^2-y^2}}, \quad \frac{\partial z}{\partial y} = \frac{-y}{\sqrt{R^2-x^2-y^2}}.$$

从而

$$I = \iint_S \frac{1}{z} \mathrm{d}S = \iint_D \frac{1}{\sqrt{R^2-x^2-y^2}} \cdot \sqrt{\left(\frac{\partial z}{\partial x}\right)^2 + \left(\frac{\partial z}{\partial y}\right)^2 + 1} \, \mathrm{d}x\mathrm{d}y$$

$$= \iint_D \frac{R}{R^2-x^2-y^2} \mathrm{d}x\mathrm{d}y$$

$$= R \int_0^{2\pi} \mathrm{d}\theta \int_0^{\sqrt{R^2-h^2}} \frac{r}{R^2-r^2} \mathrm{d}r$$

$$= 2\pi R \left(-\frac{1}{2}\ln(R^2-r^2)\right)\bigg|_0^{\sqrt{R^2-h^2}}$$

$$= 2\pi R \ln \frac{R}{h}.$$

例 10.20 计算曲面积分 $I = \iint_S (x+y+z)^2 \mathrm{d}S$,其中 S 是上半球面 $z = \sqrt{R^2-x^2-y^2}$.

解 根据对称性,下面的三个积分中,每一个都可以分为符号相反的两个积分之和,

$$\iint_S xy \mathrm{d}S = \iint_S yz \mathrm{d}S = \iint_S xz \mathrm{d}S = 0,$$

所以
$$I = \iint_S (x+y+z)^2 \mathrm{d}S$$
$$= \iint_S (x^2+y^2+z^2) \mathrm{d}S$$
$$= \iint_S R^2 \mathrm{d}S$$
$$= R^2 \cdot 2\pi R^2 = 2\pi R^4.$$

10.3.2　向量值函数在有向曲面上的积分

对于一般的双侧曲面,当规定了其指向某侧的法向量是正向法向量时,就称此曲面为有向曲面.

定义 10.2　设 S 是一片可求面积的光滑有向曲面,$n(x,y,z)$ 是 S 在点 (x,y,z) 处的正向单位法向量,$F(x,y,z)$ 是定义在 S 上的一个向量值函数,则称 $\iint_S F(x,y,z) \cdot n(x,y,z) \mathrm{d}S$ 是向量值函数 $F(x,y,z)$ 在有向曲面上的积分,记作 $\iint_S F(x,y,z) \cdot \mathrm{d}S$,其中 $\mathrm{d}S = n(x,y,z)\mathrm{d}S$ 称为**有向面积元素**.

由于 $n = \cos\alpha\,i + \cos\beta\,j + \cos\gamma\,k$,故
$$\mathrm{d}S = n\,\mathrm{d}S = \cos\alpha\,\mathrm{d}S\,i + \cos\beta\,\mathrm{d}S\,j + \cos\gamma\,\mathrm{d}S\,k$$
$$= \mathrm{d}y\mathrm{d}z\,i + \mathrm{d}z\mathrm{d}x\,j + \mathrm{d}x\mathrm{d}y\,k,$$

其中 $\mathrm{d}y\mathrm{d}z$ 表示有向面积元素 $\mathrm{d}S$ 在 yOz 平面上的投影,$\mathrm{d}z\mathrm{d}x$ 和 $\mathrm{d}x\mathrm{d}y$ 分别表示有向面积元素 $\mathrm{d}S$ 在 xOz 平面和 xOy 平面上的投影.由于 n 的方向余弦可正可负,所以有向面积元素的投影可正可负.

若向量值函数为 $F(x,y,z) = M(x,y,z)i + N(x,y,z)j + R(x,y,z)k$,$\iint_S F(x,y,z) \cdot \mathrm{d}S$ 又可以表示成

$$\iint_S F(x,y,z) \cdot \mathrm{d}S = \iint_S M(x,y,z)\mathrm{d}y\mathrm{d}z + N(x,y,z)\mathrm{d}z\mathrm{d}x$$
$$+ R(x,y,z)\mathrm{d}x\mathrm{d}y, \qquad (10.10)$$

其中 $\iint_S M(x,y,z)\mathrm{d}y\mathrm{d}z$ 又称为函数 $M(x,y,z)$ 在有向曲面 S 上关于坐标 y 和 z 的积分.上述积分也称为**第二型曲面积分**.

当曲面 S 的方程为 $z = z(x,y), (x,y) \in D$,且 $z(x,y)$ 具有连续的一阶偏

导数时,如果定义曲面 S 的上侧为正,那么定义在 S 的连续向量值函数
$$F(x,y,z) = M(x,y,z)\boldsymbol{i} + N(x,y,z)\boldsymbol{j} + R(x,y,z)\boldsymbol{k}$$
的第二型曲面积分可表示为(参考 9.4.2 节中的讨论)

$$\iint_S \boldsymbol{F}(x,y,z) \cdot \boldsymbol{n}\,\mathrm{d}S$$

$$= \iint_S M(x,y,z)\mathrm{d}y\mathrm{d}z + N(x,y,z)\mathrm{d}z\mathrm{d}x + R(x,y,z)\mathrm{d}x\mathrm{d}y$$

$$= \iint_D \left[M(x,y,z(x,y))\left(-\frac{\partial z}{\partial x}\right) + N(x,y,z(x,y))\left(-\frac{\partial z}{\partial y}\right) \right.$$

$$\left. + R(x,y,z(x,y)) \right] \mathrm{d}x\mathrm{d}y.$$

如果定义曲面 S 的下侧为正时,那么就有

$$\iint_S \boldsymbol{F}(x,y,z) \cdot \boldsymbol{n}\,\mathrm{d}S$$

$$= -\iint_D \left[M(x,y,z(x,y))\left(-\frac{\partial z}{\partial x}\right) + N(x,y,z(x,y))\left(-\frac{\partial z}{\partial y}\right) \right.$$

$$\left. + R(x,y,z(x,y)) \right] \mathrm{d}x\mathrm{d}y.$$

例 10.21 设曲面 S 的方程为 $z = \sqrt{9-x^2-y^2}$,$(x,y) \in D = \{(x,y) \mid 0 \leqslant x^2+y^2 \leqslant 4\}$,上侧为正,求流场 $F(x,y,z) = -y\boldsymbol{i} + x\boldsymbol{j} + 9\boldsymbol{k}$ 单位时间内通过 S 的流量.

解 由于 $z = \sqrt{9-x^2-y^2}$,所以 $\dfrac{\partial z}{\partial x} = \dfrac{-x}{\sqrt{9-x^2-y^2}}$,$\dfrac{\partial z}{\partial y} = \dfrac{-y}{\sqrt{9-x^2-y^2}}$,又 S 的上侧为正,从而所求的流量为

$$\iint_D \boldsymbol{F} \cdot \boldsymbol{n}\,\mathrm{d}S = \iint_D \left(-y \cdot \frac{x}{\sqrt{9-x^2-y^2}} + x \cdot \frac{y}{\sqrt{9-x^2-y^2}} + 9 \times 1 \right) \mathrm{d}x\mathrm{d}y$$

$$= \iint_D 9\,\mathrm{d}x\mathrm{d}y$$

$$= 36\pi.$$

例 10.22 计算曲面积分 $I = \iint_S x\,\mathrm{d}y\mathrm{d}z + y\,\mathrm{d}z\mathrm{d}x + z\,\mathrm{d}x\mathrm{d}y$,其中 S 的方程为 $z = 1-x^2-y^2 (z \geqslant 0)$,上侧为正.

解 记 $D = \{(x,y) \mid x^2 + y^2 \leq 1\}$，则

$$I = \iint_S x\,dy\,dz + y\,dz\,dx + z\,dx\,dy$$

$$= \iint_D \left[x\left(-\frac{\partial z}{\partial x}\right) + y\left(-\frac{\partial z}{\partial y}\right) + (1 - x^2 - y^2) \right] dx\,dy$$

$$= \iint_D (1 + x^2 + y^2)\,dx\,dy$$

$$= \int_0^{2\pi} d\theta \int_0^1 (1 + r^2) r\,dr$$

$$= \frac{3}{2}\pi.$$

例 10.23 计算曲面积分 $I = \iint_S xy\,dy\,dz + y^2\,dz\,dx + yz\,dx\,dy$，其中 S 是球面 $x^2 + y^2 + z^2 = R^2$，外侧为正.

解 将球面 S 分成上、下两个半球面 S_1 和 S_2.

上半球面 S_1 的方程为 $z = \sqrt{R^2 - x^2 - y^2}$，上侧为正，所以

$$I_1 = \iint_{S_1} xy\,dy\,dz + y^2\,dz\,dx + yz\,dx\,dy$$

$$= \iint_{x^2+y^2 \leq R^2} \left(xy \cdot \frac{x}{\sqrt{R^2 - x^2 - y^2}} + y^2 \cdot \frac{y}{\sqrt{R^2 - x^2 - y^2}} \right.$$

$$\left. + y\sqrt{R^2 - x^2 - y^2} \right) dx\,dy,$$

由于积分域关于 x 轴对称，被积函数是 y 的奇函数，所以 $I_1 = 0$.

下半球面 S_2 的方程为 $z = -\sqrt{R^2 - x^2 - y^2}$，下侧为正，所以

$$I_2 = \iint_{S_2} xy\,dy\,dz + y^2\,dz\,dx + yz\,dx\,dy$$

$$= -\iint_{x^2+y^2 \leq R^2} \left[xy\left(-\frac{x}{\sqrt{R^2 - x^2 - y^2}}\right) + y^2\left(-\frac{y}{\sqrt{R^2 - x^2 - y^2}}\right) \right.$$

$$\left. + y\left(-\sqrt{R^2 - x^2 - y^2}\right) \right] dx\,dy,$$

根据对称性可知 $I_2 = 0$.

所以 $I = I_1 + I_2 = 0$.

习题 10.3

1. 计算下列第一型曲面积分：

(1) $\iint_S (x^2+y^2+z)\mathrm{d}S$, S 的方程是 $z=x+y+1, 0\leqslant x\leqslant 1, 0\leqslant y\leqslant 1$;

(2) $\iint_S (2y^2+z)\mathrm{d}S$, S 的方程是 $z=x^2-y^2, 0\leqslant x^2+y^2\leqslant 1$;

(3) $\iint_S (x+y+z)\mathrm{d}S$, S 是立方体 $\Omega=\{(x,y,z)\mid 0\leqslant x\leqslant 1, 0\leqslant y\leqslant 1, 0\leqslant z\leqslant 1\}$ 的表面;

(4) $\iint_S (xy+yz+zx)\mathrm{d}S$, S 是锥面 $z=\sqrt{x^2+y^2}$ 被柱面 $x^2+y^2=2x$ 所截得的有限部分.

2. 设 S 是球面 $x^2+y^2+z^2=a^2(a>0)$, 计算下列积分：

(1) $\iint_S (z+1)\mathrm{d}S$; (2) $\iint_S z^2 \mathrm{d}S$;

(3) $\iint_S (x^2+y^2)\mathrm{d}S$.

3. 设曲面 S 的方程是 $2z=2-x^2-y^2$. 当 $0\leqslant x^2+y^2\leqslant 2$, 且质量分布均匀时, 求曲面 S 的质心.

4. 计算下列第二型曲面积分：

(1) $\iint_S (9-x^2)\mathrm{d}z\mathrm{d}x$, S 是平面 $2x+3y+6z=6$ 在第一卦限中的部分, 上侧为正;

(2) $\iint_S (y\mathrm{d}y\mathrm{d}z - x\mathrm{d}z\mathrm{d}x + 2\mathrm{d}x\mathrm{d}y)$, S 的方程是 $z=\sqrt{1-y^2}, 0\leqslant x\leqslant 4$, 上侧为正;

(3) $\iint_S 2\mathrm{d}y\mathrm{d}z + 5\mathrm{d}z\mathrm{d}x + 3\mathrm{d}x\mathrm{d}y$, S 是锥面 $z=\sqrt{x^2+y^2}$ 在圆柱面 $x^2+y^2=1$ 内的部分, 下侧为正;

(4) $\iint_S x^2y^2z\mathrm{d}x\mathrm{d}y$, S 是半球面 $z=\sqrt{a^2-x^2-y^2}(a>0)$, 上侧为正;

(5) $\iint_S xdydz + ydzdx + zdxdy$,$S$ 是柱面 $x^2+y^2=1$ 被平面 $z=0$ 与 $z=3$ 所截得的第四卦限内的部分,前侧为正;

(6) $\iint_S xydydz + yzdzdx + zxdxdy$,$S$ 是由平面 $x+y+z=1$ 与三个坐标面所围成的三棱锥的表面,外侧为正.

5. 设 Ω 是一个底面半径为 a,高为 h 的圆柱形容器,将 Ω 用水注满,求 Ω 的表面所受的水的总压力的大小.

10.4 三重积分的高斯公式与斯托克斯公式

高斯公式和斯托克斯公式,以及前面介绍的格林公式反映的都是函数在区域上的积分与它在区域边界上的积分之间的关系. 高斯公式和斯托克斯公式都可以看成是格林公式在空间中的推广,格林公式的散度形式

$$\int_{\partial D} \boldsymbol{F}(x,y)\cdot \boldsymbol{n}\,dl = \iint_D \mathrm{div}\boldsymbol{F}(x,y)dxdy$$

推广到空间中就变成了高斯公式,而格林公式的旋度形式

$$\int_{\partial D} \boldsymbol{F}(x,y)\cdot \boldsymbol{\tau}\,dl = \iint_D \mathrm{curl}\boldsymbol{F}(x,y)\cdot \boldsymbol{k}\,dxdy,$$

到了空间中就成了斯托克斯公式.

定理 10.4(高斯公式) 设 Ω 是一个空间有界闭区域,其边界面 $\partial\Omega$ 是一个分片光滑的简单封闭曲面,外侧为正. 向量值函数 $\boldsymbol{F}(x,y,z)=M(x,y,z)\boldsymbol{i}+N(x,y,z)\boldsymbol{j}+R(x,y,z)\boldsymbol{k}$ 在 Ω 上具有连续的一阶偏导数,则

$$\iint_{\partial\Omega} M(x,y,z)dydz + N(x,y,z)dzdx + R(x,y,z)dxdy$$
$$= \iiint_\Omega \left(\frac{\partial M(x,y,z)}{\partial x} + \frac{\partial N(x,y,z)}{\partial y} + \frac{\partial R(x,y,z)}{\partial z}\right)dxdydz. \quad (10.11)$$

这个公式就是高斯公式,写成向量形式为

$$\iint_{\partial\Omega} \boldsymbol{F}(x,y,z)\cdot \boldsymbol{n}\,dS = \iiint_\Omega \mathrm{div}\boldsymbol{F}(x,y,z)dxdydz.$$

* 此公式说明向量场 $\boldsymbol{F}(x,y,z)$ 通过边界面的通量等于散度 $\mathrm{div}\boldsymbol{F}(x,y,z)$ 在区域上的积分.

10.4 三重积分的高斯公式与斯托克斯公式

下面仅就一种简单情形给出高斯公式的证明.

证明 假设平行于 z 轴、x 轴、y 轴的直线与 $\partial\Omega$ 的交点最多只有两个.

当平行于 z 轴的直线与 $\partial\Omega$ 的交点只有两个时,$\partial\Omega$ 可以分成三部分 S_1, S_2 和 S_3 (如图 10.20).

S_1 的方程为 $z=z_1(x,y),(x,y)\in D$,下侧为正,S_2 的方程为 $z=z_2(x,y),(x,y)\in D$,上侧为正;S_3 是以 ∂D 为准线,母线平行

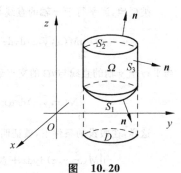

图 10.20

于 z 轴的柱面介于 S_1 与 S_2 之间的部分,外侧为正. 其中 D 是 Ω 在 xOy 平面上的投影.

由于

$$\iint_{S_1} R(x,y,z)\mathrm{d}x\mathrm{d}y = -\iint_D R(x,y,z_1(x,y))\mathrm{d}x\mathrm{d}y,$$

$$\iint_{S_2} R(x,y,z)\mathrm{d}x\mathrm{d}y = \iint_D R(x,y,z_2(x,y))\mathrm{d}x\mathrm{d}y,$$

$$\iint_{S_3} R(x,y,z)\mathrm{d}x\mathrm{d}y = \iint_{S_3} R(x,y,z)\cos\gamma\mathrm{d}S = \iint_{S_3} 0\cdot\mathrm{d}S = 0,$$

所以

$$\iint_{\partial\Omega} R(x,y,z)\mathrm{d}x\mathrm{d}y$$

$$= \iint_{S_1} R(x,y,z)\mathrm{d}x\mathrm{d}y + \iint_{S_2} R(x,y,z)\mathrm{d}x\mathrm{d}y + \iint_{S_3} R(x,y,z)\mathrm{d}x\mathrm{d}y$$

$$= \iint_D [R(x,y,z_2(x,y)) - R(x,y,z_1(x,y))]\mathrm{d}x\mathrm{d}y.$$

又因为

$$\iiint_\Omega \frac{\partial R(x,y,z)}{\partial z}\mathrm{d}x\mathrm{d}y\mathrm{d}z$$

$$= \iint_D \mathrm{d}x\mathrm{d}y \int_{z_1(x,y)}^{z_2(x,y)} \frac{\partial R(x,y,z)}{\partial z}\mathrm{d}z$$

$$= \iint_D [R(x,y,z_2(x,y)) - R(x,y,z_1(x,y))]\mathrm{d}x\mathrm{d}y,$$

从而有

$$\iint_{\partial\Omega} R(x,y,z)\mathrm{d}x\mathrm{d}y = \iiint_\Omega \frac{\partial R(x,y,z)}{\partial z}\mathrm{d}x\mathrm{d}y\mathrm{d}z.$$

第 10 章 向量值函数的积分

类似地,当平行于 x 轴的直线与 $\partial\Omega$ 的交点最多只有两个时,可以证明

$$\iint_{\partial\Omega} M(x,y,z)\mathrm{d}y\mathrm{d}z = \iiint_{\Omega} \frac{\partial M(x,y,z)}{\partial x}\mathrm{d}x\mathrm{d}y\mathrm{d}z.$$

当平行于 y 轴的直线与 $\partial\Omega$ 的交点最多只有两个时,可以证明

$$\iint_{\partial\Omega} N(x,y,z)\mathrm{d}z\mathrm{d}x = \iiint_{\Omega} \frac{\partial N(x,y,z)}{\partial y}\mathrm{d}x\mathrm{d}y\mathrm{d}z.$$

这样,在假设的条件下,就证明了

$$\iint_{\partial\Omega} M(x,y,z)\mathrm{d}y\mathrm{d}z + N(x,y,z)\mathrm{d}z\mathrm{d}x + R(x,y,z)\mathrm{d}x\mathrm{d}y$$

$$= \iiint_{\Omega} \left(\frac{\partial M(x,y,z)}{\partial x} + \frac{\partial N(x,y,z)}{\partial y} + \frac{\partial R(x,y,z)}{\partial z}\right)\mathrm{d}x\mathrm{d}y\mathrm{d}z.$$

对于一般的空间有界闭区域 Ω,可以利用辅助面将 Ω 分成几个满足上述假设的小区域,从而可以得到高斯公式的证明.

例 10.24 设 Ω 是球面 $x^2+y^2+z^2=R^2$,外侧为正,$\boldsymbol{F}(x,y,z)=x\boldsymbol{i}+y\boldsymbol{j}+z\boldsymbol{k}$,计算曲面积分 $I_1=\iint_{\partial\Omega}\boldsymbol{F}(x,y,z)\cdot\boldsymbol{n}\,\mathrm{d}S$ 和三重积分 $I_2=\iiint_{\Omega}\mathrm{div}\boldsymbol{F}(x,y,z)\mathrm{d}x\mathrm{d}y\mathrm{d}z$.

解 记 S_1, S_2 分别是下半球面和上半球面,则 S_1 的方程为 $z=-\sqrt{R^2-x^2-y^2}$,下侧为正;S_2 的方程为 $z=\sqrt{R^2-x^2-y^2}$,上侧为正,记 $D=\left\{(x,y)\,\middle|\, x^2+y^2\leqslant R^2\right\}$,则

$$I_1 = \iint_{\partial\Omega} \boldsymbol{F}(x,y,z)\cdot\boldsymbol{n}\,\mathrm{d}S$$

$$= \iint_{S_1} \boldsymbol{F}(x,y,z)\cdot\boldsymbol{n}\,\mathrm{d}S + \iint_{S_2} \boldsymbol{F}(x,y,z)\cdot\boldsymbol{n}\,\mathrm{d}S$$

$$= -\iint_{D}\left[x\cdot\left(-\frac{x}{\sqrt{R^2-x^2-y^2}}\right) + y\cdot\left(-\frac{y}{\sqrt{R^2-x^2-y^2}}\right)\right.$$

$$\left. + \left(-\sqrt{R^2-x^2-y^2}\right)\right]\mathrm{d}x\mathrm{d}y$$

$$+ \iint_{D}\left(x\cdot\frac{x}{\sqrt{R^2-x^2-y^2}} + y\cdot\frac{y}{\sqrt{R^2-x^2-y^2}}\right.$$

$$\left. + \sqrt{R^2-x^2-y^2}\right)\mathrm{d}x\mathrm{d}y$$

$$= 2R^2 \iint_D \frac{1}{\sqrt{R^2-x^2-y^2}} \mathrm{d}x\mathrm{d}y$$

$$= 2R^2 \int_0^{2\pi} \mathrm{d}\theta \int_0^R \frac{r}{\sqrt{R^2-r^2}} \mathrm{d}r$$

$$= 4\pi R^2 \left(-\sqrt{R^2-r^2}\right)\Big|_0^R = 4\pi R^3.$$

$$I_2 = \iiint_\Omega \mathrm{div}\mathbf{F}(x,y,z)\mathrm{d}x\mathrm{d}y\mathrm{d}z$$

$$= \iiint_\Omega \left(\frac{\partial(x)}{\partial x} + \frac{\partial(y)}{\partial y} + \frac{\partial(z)}{\partial z}\right)\mathrm{d}x\mathrm{d}y\mathrm{d}z$$

$$= 3\iiint_\Omega \mathrm{d}x\mathrm{d}y\mathrm{d}z = 3\times\frac{4}{3}\pi R^3 = 4\pi R^3.$$

从本题的结果可以看出,利用高斯公式可以简化曲面积分的计算过程.

例 10.25 计算曲面积分 $I = \iint_S (x^2+z)\mathrm{d}y\mathrm{d}z + (y^2+2z)\mathrm{d}z\mathrm{d}x + 3z\mathrm{d}x\mathrm{d}y$,其中 S 为柱体 $\Omega = \{(x,y,z) \mid x^2+y^2 \leqslant 1, 0 \leqslant z \leqslant 2\}$ 表面的外侧.

解 利用高斯公式

$$I = \iint_S (x^2+z)\mathrm{d}y\mathrm{d}z + (y^2+2z)\mathrm{d}z\mathrm{d}x + 3z\mathrm{d}x\mathrm{d}y$$

$$= \iiint_\Omega (2x+2y+3)\mathrm{d}x\mathrm{d}y\mathrm{d}z.$$

由于柱体 Ω 关于坐标面 yOz 对称,所以 $\iiint_\Omega x\mathrm{d}x\mathrm{d}y\mathrm{d}z = 0$,类似地,$\iiint_\Omega y\mathrm{d}x\mathrm{d}y\mathrm{d}z = 0$,所以

$$I = 3\iiint_\Omega \mathrm{d}x\mathrm{d}y\mathrm{d}z = 3\times 2\pi = 6\pi.$$

例 10.26 计算曲面积分 $I = \iint_S x^2\mathrm{d}y\mathrm{d}z + y^2\mathrm{d}z\mathrm{d}x + z\mathrm{d}x\mathrm{d}y$,其中 S 是锥面 $z = \sqrt{x^2+y^2}$ 在平面 $z = h(h>0)$ 下方的部分,下侧为正.

解 取 S_1 为圆盘 $\begin{cases} x^2+y^2 \leqslant h^2, \\ z = h, \end{cases}$ 上侧为正(如图 10.21).记由 S 与 S_1 围成的锥体为 Ω.

根据高斯公式,得

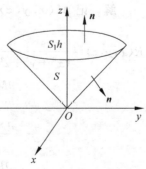

图 10.21

$$I_1 = \iint\limits_{S\cup S_1} x^2\,\mathrm{d}y\mathrm{d}z + y^2\,\mathrm{d}z\mathrm{d}x + z\,\mathrm{d}x\mathrm{d}y$$

$$= \iiint\limits_{\Omega} \left(\frac{\partial(x^2)}{\partial x} + \frac{\partial(y^2)}{\partial y} + \frac{\partial(z)}{\partial z}\right)\mathrm{d}x\mathrm{d}y\mathrm{d}z$$

$$= \iiint\limits_{\Omega} (2x + 2y + 1)\mathrm{d}x\mathrm{d}y\mathrm{d}z.$$

根据对称性可知 $\iiint\limits_{\Omega} 2x\,\mathrm{d}x\mathrm{d}y\mathrm{d}z = \iiint\limits_{\Omega} 2y\,\mathrm{d}x\mathrm{d}y\mathrm{d}z = 0$，所以

$$I_1 = \iiint\limits_{\Omega} \mathrm{d}x\mathrm{d}y\mathrm{d}z = \frac{1}{3}\cdot\pi h^2 \cdot h = \frac{1}{3}\pi h^3.$$

又因为

$$\iint\limits_{S_1} x^2\,\mathrm{d}y\mathrm{d}z + y^2\,\mathrm{d}z\mathrm{d}x + z\,\mathrm{d}x\mathrm{d}y$$

$$= \iint\limits_{x^2+y^2\leqslant h^2} (x^2\cdot 0 + y^2\cdot 0 + h)\mathrm{d}x\mathrm{d}y$$

$$= \pi h^3,$$

所以

$$I = I_1 - \iint\limits_{S_1} x^2\,\mathrm{d}y\mathrm{d}z + y^2\,\mathrm{d}z\mathrm{d}x + z\,\mathrm{d}x\mathrm{d}y$$

$$= \frac{1}{3}\pi h^3 - \pi h^3 = -\frac{2}{3}\pi h^3.$$

例 10.27 计算曲面积分 $I = \iint\limits_{S} \dfrac{x\,\mathrm{d}y\mathrm{d}z + y\,\mathrm{d}z\mathrm{d}x + z\,\mathrm{d}x\mathrm{d}y}{(x^2+y^2+z^2)^{\frac{3}{2}}}$，其中 S 是包围原点的任意一片光滑封闭曲面.

解 记 $M(x,y,z) = \dfrac{x}{(x^2+y^2+z^2)^{\frac{3}{2}}}$，$N(x,y,z) = \dfrac{y}{(x^2+y^2+z^2)^{\frac{3}{2}}}$，$R(x,y,z) = \dfrac{z}{(x^2+y^2+z^2)^{\frac{3}{2}}}$，则

$$\frac{\partial M(x,y,z)}{\partial x} = \frac{-2x^2+y^2+z^2}{(x^2+y^2+z^2)^{\frac{5}{2}}},$$

$$\frac{\partial N(x,y,z)}{\partial y} = \frac{x^2-2y^2+z^2}{(x^2+y^2+z^2)^{\frac{5}{2}}},$$

$$\frac{\partial R(x,y,z)}{\partial z} = \frac{x^2+y^2-2z^2}{(x^2+y^2+z^2)^{\frac{5}{2}}}.$$

10.4 三重积分的高斯公式与斯托克斯公式

所以当 $(x,y,z) \neq (0,0,0)$ 时，$\dfrac{\partial M}{\partial x}+\dfrac{\partial N}{\partial y}+\dfrac{\partial R}{\partial z}=0$.

取充分小的正数 ε，使得球面 $S_1: x^2+y^2+z^2=\varepsilon^2$ 被包在封闭曲面 S 中，取 S_1 的内侧为正. 记 S 与 S_1 所围的区域为 Ω，根据高斯公式得

$$\iint\limits_{S \cup S_1} M(x,y,z)\mathrm{d}y\mathrm{d}z + N(x,y,z)\mathrm{d}z\mathrm{d}x + R(x,y,z)\mathrm{d}x\mathrm{d}y$$

$$=\iiint\limits_{\Omega}\left(\dfrac{\partial M}{\partial x}+\dfrac{\partial N}{\partial y}+\dfrac{\partial R}{\partial z}\right)\mathrm{d}x\mathrm{d}y\mathrm{d}z = 0,$$

所以

$$I = -\iint\limits_{S_1} M(x,y,z)\mathrm{d}y\mathrm{d}z + N(x,y,z)\mathrm{d}z\mathrm{d}x + R(x,y,z)\mathrm{d}x\mathrm{d}y$$

$$=\dfrac{1}{\varepsilon^3}\iint\limits_{-S_1} x\mathrm{d}y\mathrm{d}z + y\mathrm{d}z\mathrm{d}x + z\mathrm{d}x\mathrm{d}y$$

$$=\dfrac{1}{\varepsilon^3}\iiint\limits_{x^2+y^2+z^2\leqslant\varepsilon^2}\left(\dfrac{\partial(x)}{\partial x}+\dfrac{\partial(y)}{\partial y}+\dfrac{\partial(z)}{\partial z}\right)\mathrm{d}x\mathrm{d}y\mathrm{d}z$$

$$=\dfrac{1}{\varepsilon^3}\cdot 3 \cdot \dfrac{4}{3}\pi\varepsilon^3 = 4\pi.$$

定理 10.5（斯托克斯公式） 设 S 是一片光滑的有向曲面，S 的边界线 ∂S 分段光滑，且 ∂S 的定向为 S 的正向满足右手法则（如图 10.22）. 若向量值函数 $\boldsymbol{F}(x,y,z) = M(x,y,z)\boldsymbol{i} + N(x,y,z)\boldsymbol{j} + R(x,y,z)\boldsymbol{k}$ 具有连续的一阶偏导数，则

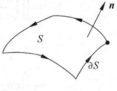

图 10.22

$$\int_{\partial S} M(x,y,z)\mathrm{d}x + N(x,y,z)\mathrm{d}y + R(x,y,z)\mathrm{d}z$$

$$=\iint\limits_{S}\left(\dfrac{\partial R}{\partial y}-\dfrac{\partial N}{\partial z}\right)\mathrm{d}y\mathrm{d}z + \left(\dfrac{\partial M}{\partial z}-\dfrac{\partial R}{\partial x}\right)\mathrm{d}z\mathrm{d}x + \left(\dfrac{\partial N}{\partial x}-\dfrac{\partial M}{\partial y}\right)\mathrm{d}x\mathrm{d}y. \quad (10.12)$$

将此公式写成向量形式，得

$$\int_{\partial S}\boldsymbol{F}(x,y,z)\cdot\boldsymbol{\tau}\mathrm{d}l = \iint\limits_{S}\mathrm{curl}\boldsymbol{F}(x,y,z)\cdot\boldsymbol{n}\mathrm{d}S,$$

或

$$\int_{\partial S}\boldsymbol{F}(x,y,z)\cdot\mathrm{d}\boldsymbol{r} = \iint\limits_{S}\mathrm{curl}\boldsymbol{F}(x,y,z)\cdot\mathrm{d}\boldsymbol{S}.$$

上述公式就是斯托克斯公式，它将曲面 S 上的积分与边界线 ∂S 上的积分联系起来了. 当 S 是一个平面区域时，斯托克斯公式就变成了格林公式. 例如 S 是 xOy 平面上的区域且上侧为正时，由于 $\mathrm{d}y\mathrm{d}z=\mathrm{d}z\mathrm{d}x=0,\mathrm{d}z=0$，所以

$$\int_{\partial S} M(x,y,0)\mathrm{d}x + N(x,y,0)\mathrm{d}y$$
$$= \iint_S \left(\frac{\partial N(x,y,0)}{\partial x} - \frac{\partial M(x,y,0)}{\partial y}\right)\mathrm{d}x\mathrm{d}y,$$

这就是我们在前面讨论过的格林公式.

例 10.28 计算曲线积分 $I = \int_L y\mathrm{d}x - x\mathrm{d}y + yz\mathrm{d}z$,其中 L 是圆周
$$\begin{cases} x^2 + y^2 = 1, \\ z = 1, \end{cases}$$
方向如图 10.23.

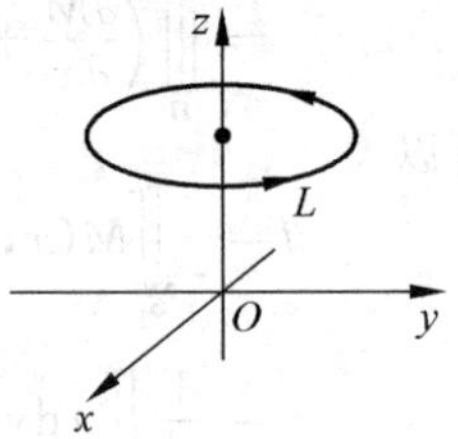

解 取 S 是圆盘
$$\begin{cases} x^2 + y^2 \leqslant 1, \\ z = 1, \end{cases}$$
上侧为正,根据斯托克斯公式,得
$$I = \int_L y\mathrm{d}x - x\mathrm{d}y + yz\mathrm{d}z$$
$$= \iint_S \left(\frac{\partial(yz)}{\partial y} - \frac{\partial(-x)}{\partial z}\right)\mathrm{d}y\mathrm{d}z + \left(\frac{\partial(y)}{\partial z} - \frac{\partial(yz)}{\partial x}\right)\mathrm{d}z\mathrm{d}x$$
$$+ \left(\frac{\partial(-x)}{\partial x} - \frac{\partial(y)}{\partial y}\right)\mathrm{d}x\mathrm{d}y$$
$$= \iint_S z\mathrm{d}y\mathrm{d}z - 2\mathrm{d}x\mathrm{d}y$$
$$= \iint_{x^2+y^2\leqslant 1} (-2)\mathrm{d}x\mathrm{d}y = -2\pi.$$

图 10.23

例 10.29 计算曲线积分 $I = \int_L z\mathrm{d}x + (2x-y)\mathrm{d}y + (x+y)\mathrm{d}z$,其中曲线 L 如图 10.24 所示.

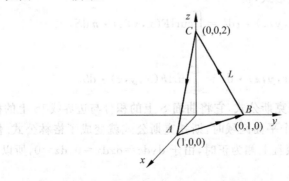

图 10.24

解 取 S 为 $\triangle ABC$，上侧为正. 由于 $\triangle ABC$ 所在的平面方程为
$$2x + 2y + z = 2,$$
所以 S 的正向单位法向量为
$$\boldsymbol{n} = \frac{1}{3}(2\boldsymbol{i} + 2\boldsymbol{j} + \boldsymbol{k}).$$

根据斯托克斯公式，得
$$\begin{aligned}
I &= \int_L z\,\mathrm{d}x + (2x - y)\,\mathrm{d}y + (x + y)\,\mathrm{d}z \\
&= \iint_S \left[\left(\frac{\partial(x+y)}{\partial y} - \frac{\partial(2x-y)}{\partial z} \right)\boldsymbol{i} + \left(\frac{\partial(z)}{\partial z} - \frac{\partial(x+y)}{\partial x} \right)\boldsymbol{j} \right. \\
&\quad \left. + \left(\frac{\partial(2x-y)}{\partial x} - \frac{\partial(z)}{\partial y} \right)\boldsymbol{k} \right] \cdot \boldsymbol{n}\,\mathrm{d}S \\
&= \iint_S (\boldsymbol{i} + 2\boldsymbol{k}) \cdot \left(\frac{2}{3}\boldsymbol{i} + \frac{2}{3}\boldsymbol{j} + \frac{1}{3}\boldsymbol{k} \right)\mathrm{d}S \\
&= \iint_S \left(\frac{2}{3} + \frac{2}{3} \right)\mathrm{d}S \\
&= \frac{4}{3} \times \frac{1}{2} \times \sqrt{2} \times \frac{3}{2}\sqrt{2} \\
&= 2.
\end{aligned}$$

例 10.30 计算曲线积分 $I = \int_L y\,\mathrm{d}x + z\,\mathrm{d}y + x\,\mathrm{d}z$，其中 L 是球面 $x^2 + y^2 + z^2 = R^2$ 与平面 $x + z = R$ 的交线，方向是在第一卦限中从点 $(R, 0, 0)$ 到点 $(0, 0, R)$，在第四卦限中从点 $(0, 0, R)$ 到点 $(R, 0, 0)$.

解 取平面 $x + z = R$ 上以 L 为边界的圆盘为 S，上侧为正，S 的半径为 $\frac{\sqrt{2}}{2}R$.

根据斯托克斯公式，得
$$\begin{aligned}
I &= \int_L y\,\mathrm{d}x + z\,\mathrm{d}y + x\,\mathrm{d}z \\
&= \iint_S \left(\frac{\partial(x)}{\partial y} - \frac{\partial(z)}{\partial z} \right)\mathrm{d}y\mathrm{d}z + \left(\frac{\partial(y)}{\partial z} - \frac{\partial(x)}{\partial x} \right)\mathrm{d}z\mathrm{d}x \\
&\quad + \left(\frac{\partial(z)}{\partial x} - \frac{\partial(y)}{\partial y} \right)\mathrm{d}x\mathrm{d}y \\
&= \iint_S (-1)\,\mathrm{d}y\mathrm{d}z + (-1)\,\mathrm{d}z\mathrm{d}x + (-1)\,\mathrm{d}x\mathrm{d}y.
\end{aligned}$$

由于 S 的正向单位法向量为

$$n = \frac{\sqrt{2}}{2}\bm{i} + \frac{\sqrt{2}}{2}\bm{k},$$

所以

$$I = \iint_S (-\bm{i} - \bm{j} - \bm{k}) \cdot \left(\frac{\sqrt{2}}{2}\bm{i} + \frac{\sqrt{2}}{2}\bm{k}\right) dS$$

$$= \iint_S (-\sqrt{2}) dS$$

$$= -\sqrt{2} \cdot \pi \left(\frac{\sqrt{2}}{2}R\right)^2 = -\frac{\sqrt{2}}{2}\pi R^2.$$

习题 10.4

1. 利用高斯公式计算下列曲面积分：

(1) $\iint_S x\mathrm{d}y\mathrm{d}z + 2y\mathrm{d}z\mathrm{d}x + 3z\mathrm{d}x\mathrm{d}y$，$S$ 是立方体 $\Omega = \{(x,y,z) \mid 0 \leqslant x \leqslant 1, 0 \leqslant y \leqslant 1, 0 \leqslant z \leqslant 1\}$ 的表面，外侧为正；

(2) $\iint_S x^2\mathrm{d}y\mathrm{d}z + y^2\mathrm{d}z\mathrm{d}x + z^2\mathrm{d}x\mathrm{d}y$，$S$ 是旋转抛物面 $z = 4 - x^2 - y^2$ 在上半空间中的部分，上侧为正；

(3) $\iint_S (x+z^2)\mathrm{d}y\mathrm{d}z + (y-z^2)\mathrm{d}z\mathrm{d}x + x\mathrm{d}x\mathrm{d}y$，$S$ 是柱体 $\Omega = \{(x,y,z) \mid 0 \leqslant y^2 + z^2 \leqslant 1, 0 \leqslant x \leqslant 2\}$ 的表面，外侧为正；

(4) $\iint_S x^3\mathrm{d}y\mathrm{d}z + y^3\mathrm{d}z\mathrm{d}x + z^3\mathrm{d}x\mathrm{d}y$，$S$ 是球面 $x^2 + y^2 + z^2 = a^2(a>0)$，外侧为正；

(5) $\iint_S xz^2\mathrm{d}y\mathrm{d}z + (x^2y - z^3)\mathrm{d}z\mathrm{d}x + (2xy + y^2z)\mathrm{d}x\mathrm{d}y$，$S$ 是上半球面 $z = \sqrt{a^2 - x^2 - y^2}$ $(a>0)$，上侧为正.

2. 利用斯托克斯公式计算下列曲线积分：

(1) $\int_L 2z\mathrm{d}x + x\mathrm{d}y + 3y\mathrm{d}z$，$L$ 是平面 $z = x$ 与柱面 $x^2 + y^2 = 4$ 的交线，从上向下看是顺时针方向；

(2) $\int_L (y-x)\mathrm{d}x + (x-z)\mathrm{d}y + (x-y)\mathrm{d}z$，$L$ 是平面 $x + 2y + z = 2$ 与

三个坐标面的交线,从上向下看是顺时针方向;

(3) $\int_L (z-y)dx + ydy + xdz$, L 是柱面 $x^2+y^2=x$ 与半球面 $z=\sqrt{1-x^2-y^2}$ 的交线,从上向下看是逆时针方向;

(4) $\int_L 2ydx + 3xdy - z^2dz$, L 是平面 $z=0$ 与球面 $x^2+y^2+z^2=4$ 的交线,从上向下看是逆时针方向.

3. 利用斯托克斯公式计算曲面积分 $\iint_S \text{curl}\boldsymbol{F} \cdot \boldsymbol{n}dS$.

(1) $\boldsymbol{F}(x,y,z) = x^2\boldsymbol{i} + y^2\boldsymbol{j} + z^2\boldsymbol{k}$, S 是半球面, $z=\sqrt{1-x^2-y^2}$,上侧为正;

(2) $\boldsymbol{F}(x,y,z) = yz\boldsymbol{i} + 3xz\boldsymbol{j} + z^2\boldsymbol{k}$, S 是球面 $x^2+y^2+z^2=4$ 在平面 $z=1$ 下方的部分,外侧为正;

(3) $\boldsymbol{F}(x,y,z) = (y-z)\boldsymbol{i} + yz\boldsymbol{j} - xz\boldsymbol{k}$, S 是立方体
$$\Omega = \{(x,y,z) \mid 0 \leqslant x \leqslant 1, 0 \leqslant y \leqslant 1, 0 \leqslant z \leqslant 1\}$$
的表面去掉 xOy 面上的那个底面,外侧为正.

复习题 10

1. 计算第二型曲线积分 $I = \int_L xyzdz$,其中 L 是平面 $y=z$ 与球面 $x^2+y^2+z^2=1$ 的交线,从上向下看是逆时针方向.

2. 计算第一型曲面积分 $I = \iint_S \dfrac{1}{x^2+y^2+z^2}dS$,其中 S 是柱面 $x^2+y^2=R^2$ 介于平面 $z=0$ 和 $z=h$ 之间的部分.

3. 计算第二型曲面积分 $I = \iint_S xyzdxdy$,其中 S 是球面 $x^2+y^2+z^2=1$ ($x \geqslant 0, y \geqslant 0$),外侧为正.

4. 设 D 是整个 xOy 平面去掉 y 的负半轴及原点后的区域. 证明 $\dfrac{xdx+ydy}{x^2+y^2}$ 在 D 上是某个函数的全微分,并求出一个这样的二元函数.

5. 设 Ω 是一个空间有界闭域, $\partial\Omega$ 分片光滑,证明 $V(\Omega) = \dfrac{1}{3}\iint_{\partial\Omega} xdydz + ydzdx + zdxdy$, $V(\Omega)$ 是 Ω 的体积.

6. 设 Ω 是平面 $ax+by+cz=d$ (a,b,c,d 都大于零)与三个坐标面所围成

的三棱锥,利用第 2 题的结论证明 $V(\Omega) = \dfrac{Ad}{\sqrt{a^2+b^2+c^2}}$,其中 A 是平面 $ax+by+cz=d$ 在第一卦限部分的面积.

7. 设 Ω 是一个空间有界闭域,$\partial\Omega$ 分片光滑,$\boldsymbol{n}$ 是 $\partial\Omega$ 的外向单位法向量,函数 $f(x,y,z), g(x,y,z)$ 在 Ω 上具有二阶连续偏导数,证明:

(1) $\displaystyle\iint_{\partial\Omega} \dfrac{\partial f(x,y,z)}{\partial n} \mathrm{d}S = \iiint_{\Omega} \Delta f(x,y,z) \mathrm{d}x\mathrm{d}y\mathrm{d}z$;

(2) $\displaystyle\iint_{\partial\Omega} f(x,y,z) \dfrac{\partial g(x,y,z)}{\partial n} \mathrm{d}S$

$= \displaystyle\iiint_{\Omega} [f(x,y,z)\Delta g(x,y,z) + \nabla f(x,y,z) \cdot \nabla g(x,y,z)] \mathrm{d}x\mathrm{d}y\mathrm{d}z$;

(3) $\displaystyle\iint_{\partial\Omega} \left[f(x,y,z) \dfrac{\partial g(x,y,z)}{\partial n} - g(x,y,z) \dfrac{\partial f(x,y,z)}{\partial n} \right] \mathrm{d}S$

$= \displaystyle\iiint_{\Omega} [f(x,y,z)\Delta g(x,y,z) - g(x,y,z)\Delta f(x,y,z)] \mathrm{d}x\mathrm{d}y\mathrm{d}z.$

其中 $\Delta f = \dfrac{\partial^2 f}{\partial x^2} + \dfrac{\partial^2 f}{\partial y^2} + \dfrac{\partial^2 f}{\partial z^2}$,$\dfrac{\partial f}{\partial n}$ 是函数 f 沿方向 $\boldsymbol{n}$ 的方向导数.

8. 设函数 $f(x,y,z)$ 在 $\mathbb{R}^3$ 中具有二阶连续偏导数. 证明 $\dfrac{\partial^2 f(x,y,z)}{\partial x^2} + \dfrac{\partial^2 f(x,y,z)}{\partial y^2} + \dfrac{\partial^2 f(x,y,z)}{\partial z^2} = 0 ((x,y,z) \in \mathbb{R}^3)$ 的充分必要条件是:对于 $\mathbb{R}^3$ 中的任意简单光滑封闭曲面 S,都有 $\displaystyle\iint_{S} \dfrac{\partial f(x,y,z)}{\partial n} \mathrm{d}S = 0$,其中 $\dfrac{\partial f}{\partial n}$ 为 f 沿 S 的外向法向量的方向导数.

无穷级数

第11章

级数是数与函数的一种重要表示形式,是微积分理论研究与实际应用中的一种强有力的工具.在函数表示、近似计算、微分方程求解等很多方面,级数都有着不可替代的作用.

本章主要讲述数项级数和幂级数、傅里叶级数的基本概念与基础知识.直观地说,数项级数就是有限个数的和的推广,是无穷个数相加.收敛与发散是级数的两个基本概念,如何判断数项级数的收敛与发散是本部分的主要内容.幂级数是多项式函数的推广,是无穷次的多项式;而傅里叶级数则是无穷个三角函数之和.

11.1 数列与数项级数的基本概念

11.1.1 数列

迄今为止,我们所讨论的(一元)函数的定义域都是实数的集合,通常是一个区间.但从历史上看,对函数极限的讨论要晚于对数列和级数极限的讨论.所谓"数列"或"序列"指的就是定义于正整数的集合而取值于实(复)数集的一种函数.

这类函数(数列)与普通函数的一个不同点是正整数集的任何子集都可以找到一个"最小"的元素,于是就可以按整数大小的次序把函数值排列起来:$f(1), f(2), \cdots, f(n), \cdots$,通常记为 $a_1, a_2, \cdots, a_n, \cdots$,简记为数列 $\{a_n\}$(注意函数值 a_n 之间并没有大小次序的限制).数列与普通函数另外一个不同之处是任何两个不相等实数之间一定可以找到另一个实数,而正整数没有这个性质(例如 3,4 之间没有正整数). 这一点不同使得关于数列极限的讨论大为简化. 因为谈到一个定义于实数集上的函数 $f(x)$ 在某点 a(包括 ∞)的极限时, 我们想到的是当 x 无限趋近 a 时, 其值 $f(x)$ 是否也会无限趋于某一实数 A. 对于数列来说, 因为自变量 n 不可能"无限趋近"某个正整数 a, 所以也谈不上函数值的"无限趋近". 惟一可能的是 $n \to \infty$ 的情形. 所以我们谈论数列的极限时一定指的是当 $n \to \infty$ 时 a_n 是否无限趋近某一实数 A.

既然数列的极限是函数极限的一种特殊情形, 以前我们讨论有关函数, 尤其是 $x \to \infty$ 时函数极限的一些概念和结论大体上都能照用. 例如, 说 $\{a_n\}$ 是一个无穷小序列, 指的是任意给定一个正数 ε, 总可以找出一个大的正数 N, 使得 $\forall n > N$, 都有 $|a_n| < \varepsilon$. 一个序列 $\{a_n\}$ 有极限为 A 指的是 $a_n = A + c_n$, A 是一个确定的数, 而 c_n 是一个无穷小序列, 等等.

将编上号的数字(实数或复数)按着编号从小到大的顺序排列起来就构成了一个 **数列**, 数列一般表示成

$$a_1, a_2, a_3, \cdots, a_n, \cdots$$

或 $\{a_n\}$, 其中 a_n 称为数列的 **通项**.

* 这里的 $1,2,\cdots$, 表示前后的次序, 并不表示 a_i 的大小次序.

例如以 $a_n = 1 - \dfrac{1}{n}$ $(n \geqslant 1)$ 为通项的数列的前几项为 $0, \dfrac{1}{2}, \dfrac{2}{3}, \dfrac{3}{4}, \dfrac{4}{5}, \cdots$;

以 $b_n = 1 + (-1)^n \dfrac{1}{n}$ 为通项的数列的前几项为 $0, \dfrac{3}{2}, \dfrac{2}{3}, \dfrac{5}{4}, \dfrac{4}{5}, \dfrac{7}{6}, \dfrac{6}{7}, \cdots$.

设 $\{a_n\}$ 是一个数列, A 是一个常数, 如果下标 n 越来越大时, a_n 可以无限地趋近常数 A, 则称数列 $\{a_n\}$ 收敛到常数 A, 记作 $\lim\limits_{n \to \infty} a_n = A$. 这时也称数列 $\{a_n\}$ 的极限是 A. 若 $\{a_n\}$ 不趋向于任何确定的常数, 则称数列 $\{a_n\}$ 发散.

如同函数极限的性质, 对于收敛的数列, 我们也有以下性质.

定理 11.1 设数列 $\{a_n\}$ 和 $\{b_n\}$ 均收敛, K 是一个任意实数, 则

(1) $\lim\limits_{n \to \infty}(a_n \pm b_n) = \lim\limits_{n \to \infty} a_n \pm \lim\limits_{n \to \infty} b_n$;

(2) $\lim\limits_{n \to \infty}(K a_n) = K \lim\limits_{n \to \infty} a_n$;

(3) $\lim\limits_{n \to \infty}(a_n b_n) = \lim\limits_{n \to \infty} a_n \lim\limits_{n \to \infty} b_n$;

(4) $\lim\limits_{n \to \infty} \dfrac{a_n}{b_n} = \dfrac{\lim\limits_{n \to \infty} a_n}{\lim\limits_{n \to \infty} b_n}$ (假设 $\lim\limits_{n \to \infty} b_n \neq 0$).

为了判断一个数列是否收敛, 我们给出以下两个常用的充分条件.

定理 11.2 (夹逼定理) 若数列 $\{a_n\}, \{b_n\}, \{c_n\}$ 满足 $a_n \leqslant b_n \leqslant c_n$ $(n \geqslant 1)$,

且 $\lim\limits_{n\to\infty}a_n = \lim\limits_{n\to\infty}c_n = A$，则 $\lim\limits_{n\to\infty}b_n = A$.

定理 11.3（单调有界有极限定理） 若数列 $\{a_n\}$ 满足(1) $a_n \leqslant a_{n+1}(n \geqslant 1)$，(2)存在 M，使得 $a_n \leqslant M(n \geqslant 1)$，则 $\lim\limits_{n\to\infty}a_n$ 存在.

类似地，当数列 $\{a_n\}$ 单调下降且有下界时，$\lim\limits_{n\to\infty}a_n$ 也存在.

11.1.2 数项级数的概念

定义 11.1 设 $u_1, u_2, u_3, \cdots, u_n, \cdots$ 是一个给定的数列，称形式和

$$u_1 + u_2 + u_3 + \cdots + u_n + \cdots \tag{11.1}$$

为**数项级数**，简称为**级数**，记作 $\sum\limits_{n=1}^{\infty} u_n$，即

$$\sum_{n=1}^{\infty} u_n = u_1 + u_2 + \cdots + u_n + \cdots,$$

其中 u_n 称为级数(11.1)的**通项**或**一般项**.

注意，(11.1)式所表示的是一种符号，虽然意在表示"无穷个 u_n 之和"，但它并没有一个明确的定义，要赋予它一个明确的定义，还得从有限和说起.

n 项实（复）数之和

$$S_n = u_1 + u_2 + \cdots + u_n = \sum_{k=1}^{n} u_k \tag{11.2}$$

称为级数(11.1)的**前 n 项部分和**，简称部分和，数列 $\{S_n\}$ 称为级数(11.1)的**部分和数列**.

级数 $\sum\limits_{n=1}^{\infty} \dfrac{1}{n} = 1 + \dfrac{1}{2} + \cdots + \dfrac{1}{n} + \cdots$ 称为**调和级数**，其通项为 $u_n = \dfrac{1}{n}$，其部分和为 $S_n = 1 + \dfrac{1}{2} + \cdots + \dfrac{1}{n}$.

设 q 为常数，级数 $\sum\limits_{n=1}^{\infty} q^{n-1} = 1 + q + \cdots + q^{n-1} + \cdots$ 称为**几何级数**，其通项为 $u_n = q^{n-1}$，其前 n 项部分和为

$$S_n = 1 + q + \cdots + q^{n-1} = \frac{1-q^n}{1-q}.$$

我们知道，有限个实数相加，其和一定是一个实数. 那么无穷多个实数相加，情况又会怎么样呢？例如，当 $|q|>1$ 时，几何级数的部分和数列 $\{S_n\}$ 满足 $\lim\limits_{n\to\infty}S_n = \lim\limits_{n\to\infty}\dfrac{1-q^n}{1-q} = \infty$；而当 $|q|<1$ 时，又有 $\lim\limits_{n\to\infty}S_n = \lim\limits_{n\to\infty}\dfrac{1-q^n}{1-q} = \dfrac{1}{1-q}$ 成立. 这

两种情况有何不同？我们又如何刻画它们呢？为此，我们引入下面的概念.

定义 11.2 若级数 $\sum_{n=1}^{\infty} u_n$ 的部分和数列 $\{S_n\}$ 的极限存在，记为 $\lim_{n\to\infty} S_n = S$，则称级数 $\sum_{n=1}^{\infty} u_n$ **收敛**，S 称为此级数的和，记作

$$\sum_{n=1}^{\infty} u_n = S.$$

此时也称级数收敛于 S.

若部分和数列 $\{S_n\}$ 没有极限，则称级数 $\sum_{n=1}^{\infty} u_n$ **发散**，此时该级数无和.

根据定义，几何级数 $\sum_{n=1}^{\infty} q^{n-1}$ 在 $|q|<1$ 时是收敛的，和为 $\dfrac{1}{1-q}$；在 $|q|>1$ 时是发散的；当 $q=1$ 时，由于 $S_n=n$，所以几何级数也是发散的；当 $q=-1$ 时，由于 $S_{2n}=0, S_{2n+1}=1$ 所以 $\lim_{n\to\infty} S_n$ 不存在，即此时几何级数也是发散的.

从定义看出，研究级数的收敛问题，就化成了研究其部分和数列的极限是否存在的问题.

例 11.1 讨论级数 $\sum_{n=1}^{\infty} \dfrac{1}{n(n+1)}$ 的收敛性.

解 前 n 项部分和为

$$S_n = \frac{1}{1\times 2} + \frac{1}{2\times 3} + \cdots + \frac{1}{n(n+1)}$$

$$= \left(1-\frac{1}{2}\right) + \left(\frac{1}{2}-\frac{1}{3}\right) + \cdots + \left(\frac{1}{n}-\frac{1}{n+1}\right)$$

$$= 1 - \frac{1}{n+1}.$$

因为

$$\lim_{n\to\infty} S_n = \lim_{n\to\infty}\left(1-\frac{1}{n+1}\right) = 1,$$

所以级数 $\sum_{n=1}^{\infty} \dfrac{1}{n(n+1)}$ 收敛，且其和为 1.

例 11.2 讨论调和级数 $\sum_{n=1}^{\infty} \dfrac{1}{n}$ 的收敛性.

解 考虑函数 $f(x) = \dfrac{1}{x}$（如图 11.1）. 由于当 $n \leqslant x \leqslant n+1$ 时，$\dfrac{1}{n} \geqslant \dfrac{1}{x}$，所以

$$\frac{1}{n} = \int_n^{n+1} \frac{1}{n} dx \geqslant \int_n^{n+1} \frac{1}{x} dx = \ln(n+1) - \ln n,$$

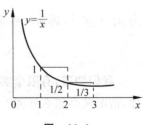

图 11.1

从而
$$1 + \frac{1}{2} + \cdots + \frac{1}{n} \geqslant (\ln 2 - \ln 1) + (\ln 3 - \ln 2) + \cdots + (\ln(n+1) - \ln n)$$
$$= \ln(n+1).$$
因为 $\lim\limits_{n\to\infty}\ln(n+1) = +\infty$,所以调和级数 $\sum\limits_{n=1}^{\infty}\dfrac{1}{n}$ 发散.

11.1.3 收敛级数的性质

性质 1 若级数 $\sum\limits_{n=1}^{\infty}u_n$ 收敛,则 $\lim\limits_{n\to\infty}u_n = 0$,即收敛级数的通项是一个无穷小量.

证明 设 $S_n = u_1 + u_2 + \cdots + u_n$,则
$$u_n = S_n - S_{n-1}, \quad n = 2, 3, \cdots.$$
因为 $\sum\limits_{n=1}^{\infty}u_n$ 收敛,所以 $\lim\limits_{n\to\infty}S_n$ 存在,且
$$\lim_{n\to\infty}S_{n-1} = \lim_{n\to\infty}S_n,$$
因此
$$\lim_{n\to\infty}u_n = \lim_{n\to\infty}(S_n - S_{n-1}) = \lim_{n\to\infty}S_n - \lim_{n\to\infty}S_{n-1} = 0.$$

性质 1 给出了收敛级数的必要条件,可以用来判断级数的发散性.例如对于级数 $\sum\limits_{n=1}^{\infty}(-1)^n$,因为 $\lim\limits_{n\to\infty}(-1)^n \neq 0$,所以 $\sum\limits_{n=1}^{\infty}(-1)^n$ 发散.

值得指出的是,$\lim\limits_{n\to\infty}u_n = 0$ 仅仅是级数 $\sum\limits_{n=1}^{\infty}u_n$ 收敛的必要条件,而不是充分条件.也就是说,从 $\lim\limits_{n\to\infty}u_n = 0$ 还不能判定级数 $\sum\limits_{n=1}^{\infty}u_n$ 一定收敛.例如调和级数 $\sum\limits_{n=1}^{\infty}\dfrac{1}{n}$ 是发散的,但它的通项却是无穷小量.

性质 2 若级数 $\sum\limits_{n=1}^{\infty}u_n$ 收敛,c 是一常数,则级数 $\sum\limits_{n=1}^{\infty}cu_n$ 收敛,且 $\sum\limits_{n=1}^{\infty}cu_n = c\sum\limits_{n=1}^{\infty}u_n$.

证明 记 $S_n = \sum\limits_{k=1}^{n}u_k$,则 $\sum\limits_{k=1}^{n}cu_k = c\sum\limits_{k=1}^{n}u_k = cS_n$,所以
$$\lim_{n\to\infty}\left(\sum_{k=1}^{n}cu_k\right) = \lim_{n\to\infty}(cS_n) = c\lim_{n\to\infty}S_n,$$

即 $\sum_{k=1}^{\infty} cu_n = c\sum_{n=1}^{\infty} u_n$.

性质 3 若级数 $\sum_{n=1}^{\infty} u_n$，$\sum_{n=1}^{\infty} v_n$ 均收敛，则级数 $\sum_{n=1}^{\infty}(u_n + v_n)$ 也收敛，且
$$\sum_{n=1}^{\infty}(u_n + v_n) = \sum_{n=1}^{\infty} u_n + \sum_{n=1}^{\infty} v_n.$$

证明 记 $A_n = \sum_{k=1}^{n} u_k$，$B_n = \sum_{k=1}^{n} v_k$，$A = \lim_{n\to\infty} A_n$，$B = \lim_{n\to\infty} B_n$，则
$$\sum_{k=1}^{n}(u_k + v_k) = \sum_{k=1}^{n} u_k + \sum_{k=1}^{n} v_k = A_n + B_n,$$

所以
$$\lim_{n\to\infty}\left[\sum_{k=1}^{n}(u_k + v_k)\right] = \lim_{n\to\infty}(A_n + B_n) = \lim_{n\to\infty} A_n + \lim_{n\to\infty} B_n = A + B.$$

即级数 $\sum_{n=1}^{\infty}(u_n + v_n)$ 收敛，且
$$\sum_{n=1}^{\infty}(u_n + v_n) = \sum_{n=1}^{\infty} u_n + \sum_{n=1}^{\infty} v_n.$$

性质 2 和性质 3 称为级数的线性运算性质.

例 11.3 讨论级数 $\sum_{n=1}^{\infty}\left(\dfrac{1}{2^n} + \dfrac{1}{3^n}\right)$ 的收敛性.

解 因为几何级数 $\sum_{n=1}^{\infty}\dfrac{1}{2^n}$ 与 $\sum_{n=1}^{\infty}\dfrac{1}{3^n}$ 都收敛，且
$$\sum_{n=1}^{\infty}\frac{1}{2^n} = \frac{\frac{1}{2}}{1-\frac{1}{2}} = 1, \quad \sum_{n=1}^{\infty}\frac{1}{3^n} = \frac{\frac{1}{3}}{1-\frac{1}{3}} = \frac{1}{2},$$

所以级数 $\sum_{n=1}^{\infty}\left(\dfrac{1}{2^n} + \dfrac{1}{3^n}\right)$ 收敛，且
$$\sum_{n=1}^{\infty}\left(\frac{1}{2^n} + \frac{1}{3^n}\right) = \sum_{n=1}^{\infty}\frac{1}{2^n} + \sum_{n=1}^{\infty}\frac{1}{3^n} = 1 + \frac{1}{2} = \frac{3}{2}.$$

性质 4 改变级数任意有限项的值，不改变级数的收敛性.

证明 设原级数为 $\sum_{n=1}^{\infty} u_n$，改变其任意有限项的值后所得新级数为 $\sum_{n=1}^{\infty} v_n$.

记 $w_n = u_n - v_n$，因 u_n 与 v_n 只有有限项不同，所以存在 $N > 0$，使得当 $n > N$ 时，$w_n = 0$，因此级数 $\sum_{n=1}^{\infty} w_n = \sum_{n=1}^{\infty}(u_n - v_n)$ 收敛.

由于
$$\sum_{n=1}^{\infty} u_n = \sum_{n=1}^{\infty} [v_n + (u_n - v_n)] = \sum_{n=1}^{\infty} (v_n + w_n),$$
所以,当 $\sum_{n=1}^{\infty} v_n$ 收敛时, $\sum_{n=1}^{\infty} u_n$ 收敛,当 $\sum_{n=1}^{\infty} v_n$ 发散时, $\sum_{n=1}^{\infty} u_n$ 发散.

性质 4 说明,考虑一个级数是否收敛,可以不管其前面有限项的值.

性质 5 若级数 $\sum_{n=1}^{\infty} u_n$ 收敛,则在该级数中任意添加括号所得的新级数仍收敛,且其和不变.

性质 5 说明,收敛级数作为一种无限项之和仍然满足加法运算的结合律. 这是有限个数的加法运算性质的一种直接推广.

习题 11.1

1. 写出下列数列的通项 a_n,判断 $\{a_n\}$ 的收敛性,在收敛时求出极限 $\lim_{n \to \infty} a_n$.

(1) $\dfrac{1}{2}, \dfrac{2}{3}, \dfrac{3}{4}, \dfrac{4}{5}, \cdots$;

(2) $-1, \dfrac{2}{3}, -\dfrac{3}{5}, \dfrac{4}{7}, -\dfrac{5}{9}, \cdots$;

(3) $1, \dfrac{2}{2^2-1^2}, \dfrac{3}{3^2-2^2}, \dfrac{4}{4^2-3^2}, \cdots$;

(4) $2, 1, \dfrac{2^3}{3^2}, \dfrac{2^4}{4^2}, \dfrac{2^5}{5^2}, \cdots$.

2. 已知 $\lim\limits_{n \to \infty} \left(1 + \dfrac{1}{n}\right)^n = e$,求下列极限:

(1) $\lim\limits_{n \to \infty} \left(1 + \dfrac{1}{3n}\right)^n$;

(2) $\lim\limits_{n \to \infty} \left(1 - \dfrac{1}{3n}\right)^n$;

(3) $\lim\limits_{n \to \infty} \left(1 + \dfrac{1}{n^2}\right)^n$;

(4) $\lim\limits_{n \to \infty} \left(\dfrac{n^2+2}{n^2+3}\right)^{n^2}$.

3. 设 $a_1 = 2, a_{n+1} = \dfrac{1}{2}\left(a_n + \dfrac{2}{a_n}\right)$,证明 $\lim\limits_{n \to \infty} a_n$ 存在,并求此极限值.

4. 用定义判断下列级数的收敛性,并对收敛的级数求和:

(1) $\sum\limits_{n=1}^{\infty} \left(\dfrac{1}{5}\right)^n$;

(2) $\sum\limits_{n=1}^{\infty} \dfrac{2}{(n+2)n}$;

(3) $\sum\limits_{n=1}^{\infty} \dfrac{1}{n(n+1)(n+2)}$;

(4) $\sum\limits_{n=1}^{\infty} \ln \dfrac{n}{n+1}$;

(5) $\sum\limits_{n=2}^{\infty} \ln\left(1 - \dfrac{1}{n^2}\right)$;

(6) $\sum\limits_{n=1}^{\infty} \left(\dfrac{9}{8}\right)^n$.

5. 利用收敛级数的性质判断下列级数的收敛性:

(1) $\sum_{n=1}^{\infty}\left(\dfrac{3}{2^n}+\dfrac{2}{3^n}\right)$; (2) $\sum_{n=1}^{\infty}\left(\dfrac{1}{n^2}+\dfrac{1}{2n}\right)$;

(3) $\sum_{n=1}^{\infty}\cos\dfrac{\pi}{2n-1}$;

(4) $\dfrac{1}{3}+\dfrac{1}{4}-\dfrac{1}{5}+\dfrac{1}{6}+\dfrac{1}{7}-\dfrac{1}{8}+\cdots+\dfrac{1}{3n}+\dfrac{1}{3n+1}-\dfrac{1}{3n+2}+\cdots$.

6. 设 $\triangle ABC$ 是边长为 a 的等边三角形,记 $\triangle ABC$ 为 T_1,以 T_1 三边的中点为顶点得到等边三角形 T_2,再以 T_2 三边的中点为顶点得到等边三角形 T_3,这样不断地取下去,就会得到一个等边三角形序列.记 A_n 为 T_n 中去掉 T_{n+1} 后其余三个等边三角形内切圆的面积之和,求 $A_1+A_2+A_3+\cdots$ 的值.

11.2 正项级数

判断级数的收敛性,除了利用收敛性定义及其性质外,是否还有其他更为简单有效的方法呢? 本节就介绍正项级数判别收敛的有关方法.

定义 11.3 在级数 $\sum_{n=1}^{\infty}u_n$ 中,若 $u_n\geqslant 0$,则称级数 $\sum_{n=1}^{\infty}u_n$ 为**正项级数**.

由于 $u_n\geqslant 0$,所以级数 $\sum_{n=1}^{\infty}u_n$ 的部分和数列 $\{S_n\}$ 单调增加. 根据单调有界有极限定理可知,单调增加数列 $\{S_n\}$ 有极限的充分必要条件是 $\{S_n\}$ 有上界. 因此有下面的定理.

定理 11.4 正项级数 $\sum_{n=1}^{\infty}u_n$ 收敛的充分必要条件是其部分和数列有上界.

例 11.4 讨论 p 级数 $\sum_{n=1}^{\infty}\dfrac{1}{n^p}$ 的收敛性.

解 当 $p=1$ 时,调和级数 $\sum_{n=1}^{\infty}\dfrac{1}{n}$ 发散,其部分和数列无界.

当 $p<1$ 时,因为 $\dfrac{1}{k^p}>\dfrac{1}{k}$,所以 $\sum_{k=1}^{n}\dfrac{1}{k^p}>\sum_{k=1}^{n}\dfrac{1}{k}$,故 $\sum_{k=1}^{n}\dfrac{1}{k^p}$ 无界,$\sum_{n=1}^{\infty}\dfrac{1}{n^p}$ 发散.

当 $p>1$ 时,对于 $n\leqslant x\leqslant n+1$,有 $n^p\leqslant x^p\leqslant (n+1)^p$,所以

$$\frac{1}{(n+1)^p} \leqslant \frac{1}{x^p} \leqslant \frac{1}{n^p}, \quad n \leqslant x \leqslant n+1,$$

因此

$$1 + \frac{1}{2^p} + \frac{1}{3^p} + \cdots + \frac{1}{n^p}$$

$$\leqslant 1 + \int_1^2 \frac{1}{x^p} \mathrm{d}x + \int_2^3 \frac{1}{x^p} \mathrm{d}x + \cdots + \int_{n-1}^n \frac{1}{x^p} \mathrm{d}x$$

$$= 1 + \int_1^n \frac{1}{x^p} \mathrm{d}x$$

$$= 1 + \frac{1}{p-1}\left(1 - \frac{1}{n^{p-1}}\right) < 1 + \frac{1}{p-1},$$

即 $\sum_{k=1}^{n} \frac{1}{k^p}$ 有界，故 $\sum_{n=1}^{\infty} \frac{1}{n^p}$ 收敛．

综上所述，p 级数 $\sum_{n=1}^{\infty} \frac{1}{n^p}$ 在 $p > 1$ 时收敛，在 $p \leqslant 1$ 时发散．

11.2.1 比较判敛法

收敛的正项级数的特征是它的部分和数列有界，比较判敛法的要点是将待研究的正项级数的通项与某个敛散性已知的正项级数的通项作比较，进而确定其部分和数列是否有界．

定理 11.5（比较判敛法） 设 $\sum_{n=1}^{\infty} u_n$ 是正项级数，则

(1) 若存在收敛的正项级数 $\sum_{n=1}^{\infty} v_n$，使当 n 充分大时，有 $0 \leqslant u_n \leqslant v_n$，则级数 $\sum_{n=1}^{\infty} u_n$ 收敛；

(2) 若存在发散的正项级数 $\sum_{n=1}^{\infty} w_n$，使当 n 充分大时，有 $0 \leqslant w_n \leqslant u_n$，则级数 $\sum_{n=1}^{\infty} u_n$ 发散．

证明 (1) 因为前有限项不影响级数的敛散性，所以不妨设 $\forall n \in \mathbb{N}, 0 \leqslant u_n \leqslant v_n$.

记级数 $\sum_{n=1}^{\infty} v_n$ 的和为 V，前 n 项部分和为 V_n，则 $\forall n \in \mathbb{N}, V_n \leqslant V$. $\forall n \in \mathbb{N}$，因为 $u_n \leqslant v_n$，所以 $\sum_{k=1}^{n} u_k \leqslant \sum_{k=1}^{n} v_k = V_n \leqslant V$，于是级数 $\sum_{n=1}^{\infty} u_n$ 的部分和数列有

界,从而级数 $\sum_{n=1}^{\infty} u_n$ 收敛.

(2) 假设级数 $\sum_{n=1}^{\infty} u_n$ 收敛,由(1)可得级数 $\sum_{n=1}^{\infty} w_n$ 收敛,与已知条件矛盾,所以级数 $\sum_{n=1}^{\infty} u_n$ 发散.

例 11.5 讨论级数 $\sum_{n=1}^{\infty} \dfrac{1}{\sqrt{n^2+5}}$ 与 $\sum_{n=1}^{\infty} \dfrac{1}{\sqrt{n}} \ln\left(1+\dfrac{1}{n}\right)$ 的收敛性.

解 对于级数 $\sum_{n=1}^{\infty} \dfrac{1}{\sqrt{n^2+5}}$,由于当 $n \geqslant 2$ 时,有

$$n^2+5 = n^2+4+1 \leqslant n^2+2n+1 = (n+1)^2,$$

所以 $\dfrac{1}{\sqrt{n^2+5}} \geqslant \dfrac{1}{n+1}$. 而级数 $\sum_{n=1}^{\infty} \dfrac{1}{n+1}$ 发散,所以级数 $\sum_{n=1}^{\infty} \dfrac{1}{\sqrt{n^2+5}}$ 发散.

对于级数 $\sum_{n=1}^{\infty} \dfrac{1}{\sqrt{n}} \ln\left(1+\dfrac{1}{n}\right)$,任给 $n \geqslant 1$,都有

$$0 < \dfrac{1}{\sqrt{n}} \ln\left(1+\dfrac{1}{n}\right) < \dfrac{1}{\sqrt{n}} \cdot \dfrac{1}{n} = \dfrac{1}{n^{\frac{3}{2}}},$$

且 p 级数 $\sum_{n=1}^{\infty} \dfrac{1}{n^{\frac{3}{2}}}$ 收敛,所以级数 $\sum_{n=1}^{\infty} \dfrac{1}{\sqrt{n}} \ln\left(1+\dfrac{1}{n}\right)$ 收敛.

例 11.6 设 $\lambda > 0$ 且级数 $\sum_{n=1}^{\infty} a_n^2$ 收敛,讨论级数 $\sum_{n=1}^{\infty} \dfrac{|a_n|}{\sqrt{n^2+\lambda}}$ 的收敛性.

解 因为

$$\dfrac{|a_n|}{\sqrt{n^2+\lambda}} \leqslant \dfrac{1}{2}\left(|a_n|^2 + \left(\dfrac{1}{\sqrt{n^2+\lambda}}\right)^2\right) = \dfrac{1}{2}\left(a_n^2 + \dfrac{1}{n^2+\lambda}\right),$$

且级数 $\sum_{n=1}^{\infty} a_n^2$ 与 $\sum_{n=1}^{\infty} \dfrac{1}{n^2+\lambda}$ 都收敛,所以级数 $\sum_{n=1}^{\infty} \dfrac{1}{2}\left(a_n^2 + \dfrac{1}{n^2+\lambda}\right)$ 收敛,从而级数 $\sum_{n=1}^{\infty} \dfrac{|a_n|}{\sqrt{n^2+\lambda}}$ 收敛.

比较判敛法是判断正项级数收敛性的一个重要方法. 只有掌握一些常见级数的敛散性,并加以灵活运用,才能熟练地应用比较判敛法.

定理 11.6 (比较判敛法的极限形式) 设 $\sum_{n=1}^{\infty} u_n$ 与 $\sum_{n=1}^{\infty} v_n$ 均为正项级数,且 $\lim\limits_{n \to \infty} \dfrac{u_n}{v_n} = c$. 则

(1) 当 $0<c<+\infty$ 时，$\sum_{n=1}^{\infty} u_n$ 与 $\sum_{n=1}^{\infty} v_n$ 同时收敛或同时发散；

(2) 当 $c=0$ 时，若 $\sum_{n=1}^{\infty} v_n$ 收敛，则 $\sum_{n=1}^{\infty} u_n$ 收敛；

(3) 当 $c=+\infty$ 时，若 $\sum_{n=1}^{\infty} v_n$ 发散，则 $\sum_{n=1}^{\infty} u_n$ 发散.

例 11.7 讨论级数 $\sum_{n=1}^{\infty} 2^n \sin \frac{\pi}{3^n}$ 的收敛性.

解 因为 $\lim_{n\to\infty} \dfrac{2^n \sin \frac{\pi}{3^n}}{\left(\frac{2}{3}\right)^n} = \pi$，且级数 $\sum_{n=1}^{\infty} \left(\frac{2}{3}\right)^n$ 收敛，所以级数 $\sum_{n=1}^{\infty} 2^n \sin \frac{\pi}{3^n}$ 收敛.

例 11.8 讨论级数 $\sum_{n=1}^{\infty} \dfrac{n+1}{\sqrt{n^3+2n+1}}$ 的收敛性.

解 因为 $\lim_{n\to\infty} \dfrac{n+1}{\sqrt{n^3+2n+1}} \Big/ \dfrac{1}{\sqrt{n}} = 1$，且级数 $\sum_{n=1}^{\infty} \dfrac{1}{\sqrt{n}}$ 发散，所以级数 $\sum_{n=1}^{\infty} \dfrac{n+1}{\sqrt{n^3+2n+1}}$ 发散.

11.2.2 比值判敛法

使用比较判敛法或其极限形式时，困难在于需要寻找一个比较级数. 如何利用级数通项自身的特点来判断级数的收敛性，这就是下述判敛法的内容.

定理 11.7（比值判敛法） 设 $\sum_{n=1}^{\infty} u_n$ 是正项级数，若 $\lim_{n\to\infty} \dfrac{u_{n+1}}{u_n} = c$（或 $+\infty$），则：

(1) 当 $c<1$ 时，$\sum_{n=1}^{\infty} u_n$ 收敛；

(2) 当 $c>1$（或 $+\infty$）时，$\sum_{n=1}^{\infty} u_n$ 发散，且 $\sum_{n=1}^{\infty} u_n = +\infty$.

当 $\lim_{n\to\infty} \dfrac{u_{n+1}}{u_n} = 1$ 时，由比值判敛法无法给出级数 $\sum_{n=1}^{\infty} u_n$ 的敛散性. 例如，对于 p 级数 $\sum_{n=1}^{\infty} \dfrac{1}{n^p}$，总有 $\lim_{n\to\infty} \dfrac{n^p}{(n+1)^p} = 1$，但当 $p>1$ 时，p 级数收敛，而当 $p\leqslant 1$ 时，p 级数却发散.

比值判敛法又称达朗贝尔判敛法.

例 11.9 讨论级数 $\sum\limits_{n=1}^{\infty} \dfrac{a^n}{n!} (a>0)$ 的收敛性.

解 记 $u_n = \dfrac{a^n}{n!}$，由于 $\lim\limits_{n\to\infty} \dfrac{u_{n+1}}{u_n} = \lim\limits_{n\to\infty} \dfrac{a^{n+1}}{(n+1)!} \cdot \dfrac{n!}{a^n} = \lim\limits_{n\to\infty} \dfrac{a}{n+1} = 0$，所以级数 $\sum\limits_{n=1}^{\infty} \dfrac{a^n}{n!}$ 收敛.

例 11.10 讨论级数 $\sum\limits_{n=1}^{\infty} \dfrac{(n+1)!}{n^{n+1}}$ 的收敛性.

解 记 $u_n = \dfrac{(n+1)!}{n^{n+1}}$，由于

$$\lim_{n\to\infty} \dfrac{u_{n+1}}{u_n} = \lim_{n\to\infty} \dfrac{(n+2)!}{(n+1)^{n+2}} \cdot \dfrac{n^{n+1}}{(n+1)!}$$

$$= \lim_{n\to\infty} \dfrac{1+\dfrac{2}{n}}{\left(1+\dfrac{1}{n}\right)^2} \cdot \dfrac{1}{\left(1+\dfrac{1}{n}\right)^n}$$

$$= \dfrac{1}{e} < 1,$$

所以级数 $\sum\limits_{n=1}^{\infty} \dfrac{(n+1)!}{n^{n+1}}$ 收敛.

习题 11.2

1. 利用比较判敛法判断下列级数的收敛性：

(1) $\sum\limits_{n=1}^{\infty} \dfrac{n}{n^2+2n+3}$；

(2) $\sum\limits_{n=1}^{\infty} \dfrac{3n+1}{n^3-4}$；

(3) $\sum\limits_{n=1}^{\infty} \dfrac{1}{n\sqrt{n+1}}$；

(4) $\sum\limits_{n=1}^{\infty} \left(\dfrac{1+n^2}{1+n^3}\right)^2$；

(5) $\sum\limits_{n=1}^{\infty} n\ln\left(1+\dfrac{1}{n^a}\right) (a>0)$；

(6) $\sum\limits_{n=2}^{\infty} (\sqrt{n+1} - \sqrt{n})^p \ln\dfrac{n-1}{n+1} \ (p>0)$；

(7) $\sum\limits_{n=1}^{\infty} \sqrt{n}\left(1-\cos\dfrac{1}{n}\right)$.

2. 利用比值判敛法判断下列级数的收敛性:

(1) $\sum_{n=1}^{\infty} \frac{9^n}{n!}$;

(2) $\sum_{n=1}^{\infty} \frac{5^n}{n^5}$;

(3) $\sum_{n=1}^{\infty} \frac{n^3}{n!}$;

(4) $\sum_{n=1}^{\infty} \frac{(2n-1)!!}{3^n n!}$;

(5) $\sum_{n=2}^{\infty} \frac{(\ln^n n) n!}{n^n}$;

(6) $\sum_{n=2}^{\infty} \frac{1}{2^n} \tan \frac{\pi}{2^n}$.

3. 设 $a_n > 0$, 若级数 $\sum_{n=1}^{\infty} a_n$ 收敛, 试证级数 $\sum_{n=1}^{\infty} a_n^2$ 收敛.

4. 设数列 $\{a_n\}$ 满足 $\lim_{n \to \infty} n a_n = 1$, 试证级数 $\sum_{n=1}^{\infty} a_n$ 发散.

5. 设 $a_n \geq 0, b_n > 0$, 若 $\lim_{n \to \infty} \frac{a_n}{b_n} = 0$, 且级数 $\sum_{n=1}^{\infty} b_n$ 收敛, 证明级数 $\sum_{n=1}^{\infty} a_n$ 收敛.

11.3 任意项级数

11.3.1 交错级数

在研究了正项级数以后,本节将讨论一般的数项级数,即任意项级数. 首先研究形如 $\sum_{n=1}^{\infty}(-1)^{n-1} u_n (u_n > 0)$ 的一类级数, 这类级数的特点是它的正项和负项相间排列,这类级数称为**交错级数**.

定理 11.8(莱布尼茨判敛法) 若交错级数 $\sum_{n=1}^{\infty}(-1)^{n-1} u_n (u_n > 0)$ 满足 (1) $u_n \geq u_{n+1} (n=1,2,\cdots)$, (2) $\lim_{n \to \infty} u_n = 0$, 则:

(1) $\sum_{n=1}^{\infty}(-1)^{n-1} u_n$ 收敛, 其和 S 满足 $u_1 - u_2 \leq S \leq u_1$;

(2) $S_n = \sum_{k=1}^{n}(-1)^{k-1} u_k$ 满足 $u_{n+1} - u_{n+2} \leq |S - S_n| \leq u_{n+1}$.

本定理中的条件又称为莱布尼茨条件.

例 11.11 讨论下列级数的收敛性:

(1) $\sum_{n=1}^{\infty} \frac{(-1)^{n-1}}{n^p}$;

(2) $\sum_{n=2}^{\infty} \frac{(-1)^n \ln n}{n}$.

解 (1) 因为对任意的 p, 都有 $\frac{1}{n^p} > 0$, 所以 $\sum_{n=1}^{\infty} \frac{(-1)^{n-1}}{n^p}$ 是交错级数.

当 $p>0$ 时,由于 $\left\{\dfrac{1}{n^p}\right\}$ 单调减少且 $\lim\limits_{n\to\infty}\dfrac{1}{n^p}=0$,所以级数 $\sum\limits_{n=1}^{\infty}\dfrac{(-1)^{n-1}}{n^p}$ 收敛.

当 $p\leqslant 0$ 时,因为 $\lim\limits_{n\to\infty}\dfrac{(-1)^{n-1}}{n^p}\neq 0$,所以级数 $\sum\limits_{n=1}^{\infty}\dfrac{(-1)^{n-1}}{n^p}$ 发散.

(2) 当 $n\geqslant 2$ 时,因为 $\dfrac{\ln n}{n}>0$,所以 $\sum\limits_{n=2}^{\infty}\dfrac{(-1)^n \ln n}{n}$ 是交错级数.

令 $f(x)=\dfrac{\ln x}{x}$,则

$$f'(x)=\dfrac{1-\ln x}{x^2}<0\quad (x\geqslant 3),$$

且

$$\lim_{x\to\infty}\dfrac{\ln x}{x}=\lim_{x\to\infty}\dfrac{1}{x}=0.$$

故当 $n\geqslant 3$ 时,$\dfrac{\ln n}{n}$ 单调减少且 $\lim\limits_{n\to\infty}\dfrac{\ln n}{n}=0$,所以级数 $\sum\limits_{n=2}^{\infty}\dfrac{(-1)^n \ln n}{n}$ 收敛.

11.3.2 绝对收敛与条件收敛

从前面的例题可以看到,虽然级数 $\sum\limits_{n=1}^{\infty}\dfrac{1}{n}$ 发散,但是级数 $\sum\limits_{n=1}^{\infty}(-1)^{n-1}\dfrac{1}{n}$ 收敛.不过,这种收敛与级数 $\sum\limits_{n=1}^{\infty}\dfrac{1}{n^2}$ 的收敛还是不同的,$\sum\limits_{n=1}^{\infty}(-1)^{n-1}\dfrac{1}{n}$ 的通项趋向于 0 的速度比 $\sum\limits_{n=1}^{\infty}\dfrac{1}{n^2}$ 的通项趋向于 0 的速度要慢,只是因为正负抵消,才保证了其收敛.那么,这两种收敛是否存在着本质的区别呢?答案是肯定的.下面就讨论这个问题.

定义 11.4 (1) 若级数 $\sum\limits_{n=1}^{\infty}|u_n|$ 收敛,则称级数 $\sum\limits_{n=1}^{\infty}u_n$ **绝对收敛**;

(2) 若级数 $\sum\limits_{n=1}^{\infty}u_n$ 收敛,而级数 $\sum\limits_{n=1}^{\infty}|u_n|$ 发散,则称级数 $\sum\limits_{n=1}^{\infty}u_n$ **条件收敛**.

例如,级数 $\sum\limits_{n=1}^{\infty}\dfrac{(-1)^{n-1}}{n^p}$ 在 $0<p\leqslant 1$ 时条件收敛;在 $p>1$ 时绝对收敛;而在 $p\leqslant 0$ 时发散.

关于级数绝对收敛与级数收敛之间的关系,我们有下面的定理.

定理 11.9 (绝对值判敛法) 若级数 $\sum\limits_{n=1}^{\infty}|u_n|$ 收敛,则级数 $\sum\limits_{n=1}^{\infty}u_n$ 收敛,

即绝对收敛的级数必收敛.

证明 因为 $0 \leqslant u_n + |u_n| \leqslant 2|u_n|$，且级数 $\sum\limits_{n=1}^{\infty} 2|u_n|$ 收敛，所以根据比较判敛法可知级数 $\sum\limits_{n=1}^{\infty}(u_n + |u_n|)$ 收敛，从而级数

$$\sum_{n=1}^{\infty} u_n = \sum_{n=1}^{\infty}[(u_n + |u_n|) - |u_n|]$$

收敛.

例 11.12 讨论下列级数的收敛性：

(1) $\sum\limits_{n=1}^{\infty} \dfrac{(-1)^{n-1} a^n}{n}$； (2) $\sum\limits_{n=1}^{\infty} n^a b^n$.

解 (1) 记 $u_n = \dfrac{|a|^n}{n}$，则 $\lim\limits_{n\to\infty} \dfrac{u_{n+1}}{u_n} = |a|$. 所以当 $|a|<1$ 时，级数绝对收敛；当 $|a|>1$ 时，$\lim\limits_{n\to\infty} u_n = +\infty$，原级数发散；当 $a=1$ 时，原级数是交错级数，条件收敛；当 $a=-1$ 时，原级数是调和级数，发散.

(2) 记 $u_n = |n^a b^n|$，则 $\lim\limits_{n\to\infty} \dfrac{u_{n+1}}{u_n} = \lim\limits_{n\to\infty}\left|\dfrac{(n+1)^a b^{n+1}}{n^a b^n}\right| = |b|$.

当 $|b|<1$ 时，原级数对任意的 a 值都绝对收敛；当 $|b|>1$ 时，无论 a 取何值，总有 $\lim\limits_{n\to\infty} u_n = +\infty$，因此原级数发散.

当 $b=1$ 时，原级数变为 $\sum\limits_{n=1}^{\infty} \dfrac{1}{n^{-a}}$，$a<-1$ 时收敛，$a \geqslant -1$ 时发散.

当 $b=-1$ 时，原级数变为 $\sum\limits_{n=1}^{\infty} \dfrac{(-1)^n}{n^{-a}}$，$a<-1$ 时绝对收敛，$-1 \leqslant a < 0$ 时条件收敛，$a \geqslant 0$ 时发散.

习题 11.3

1. 写出一个发散级数 $\sum\limits_{n=1}^{\infty}(-1)^{n-1} u_n$，使得 $u_n > 0$，且 $\lim\limits_{n\to\infty} u_n = 0$.

2. 写出一个发散级数 $\sum\limits_{n=1}^{\infty}(-1)^{n-1} u_n$，使得 $u_n > 0$，且 $u_n \geqslant u_{n+1}$.

3. 已知级数 $\sum\limits_{n=1}^{\infty} u_n$ 收敛，能否断定级数 $\sum\limits_{n=1}^{\infty} u_n^2$ 收敛？

4. 判断下列级数的收敛性，并指出是条件收敛还是绝对收敛：

(1) $\sum_{n=1}^{\infty}(-1)^{n-1}\dfrac{2}{3n+1}$;   (2) $\sum_{n=1}^{\infty}(-1)^{n+1}\dfrac{1}{\ln(n+1)}$;

(3) $\sum_{n=2}^{\infty}(-1)^{n-1}\dfrac{\ln n}{\sqrt{n}}$;   (4) $\sum_{n=1}^{\infty}(-1)^{n-1}\dfrac{1}{n-\ln n}$;

(5) $\sum_{n=1}^{\infty}(-1)^{n-1}\dfrac{1}{n\sqrt{n}}$;   (6) $\sum_{n=1}^{\infty}(-1)^{n-1}\dfrac{2^n}{n!}$;

(7) $\sum_{n=1}^{\infty}\dfrac{\cos n\pi}{n}$;   (8) $\sum_{n=1}^{\infty}(-1)^{n-1}\dfrac{\sin n}{n\sqrt{n}}$.

5. 已知级数 $\sum_{n=1}^{\infty}u_n, \sum_{n=1}^{\infty}v_n$ 都收敛,且对任意的 n 都有 $u_n \leqslant w_n \leqslant v_n$,证明级数 $\sum_{n=1}^{\infty}w_n$ 收敛.

11.4 幂级数

在(11.1)式中,如果 $u_1, u_2, \cdots$ 是一串给定的一元函数 $u_1(x), u_2(x), \cdots$,则称(11.1)式是一个函数项级数.对于一个函数项级数,当 x 的值确定后,就是一个数项级数,它可以收敛或发散,而集合 $\left\{x \mid \sum_{n=1}^{\infty}u_n(x) \text{ 收敛}\right\}$ 就称为函数项级数 $\sum_{n=1}^{\infty}u_n(x)$ 的收敛域.

幂级数是一类特殊的函数项级数,它的通项是 $a_n x^n$,其中 a_n 是常数.这种函数项级数是多项式的推广,是"无穷次"的多项式.本节主要讨论两个问题:一是幂级数的收敛域和幂级数在收敛域中的性质;二是讨论如何将函数展开为幂级数及相关的问题.

11.4.1 幂级数的收敛半径

形如

$$\sum_{n=0}^{\infty}a_n(x-x_0)^n = a_0 + a_1(x-x_0) + \cdots + a_n(x-x_0)^n + \cdots$$

的级数称为**幂级数**,其中常数 $a_n(n=0,1,2,\cdots)$ 称为幂级数的**系数**.

幂级数的形式非常简单,每一项都是常数乘以整次幂函数.需要强调的是,幂级数的项是严格按升幂排序的,像级数

$$\sum_{n=1}^{\infty}(2x^n - x^{n-1}),$$

尽管其每一项都是多项式,但不是幂级数.

当点 x_1 使得级数 $\sum_{n=0}^{\infty} a_n(x_1-x_0)^n$ 收敛时,点 x_1 称为幂级数 $\sum_{n=0}^{\infty} a_n(x-x_0)^n$ 的**收敛点**,所有收敛点构成的集合称为幂级数的**收敛域**.

对于收敛域中的每一点 x,都有惟一的实数 $\sum_{n=0}^{\infty} a_n(x-x_0)^n$ 与之对应,这样就得到了收敛域上的一个函数,称为幂级数的(逐点收敛的)**和函数**,记作 $S(x)=\sum_{n=0}^{\infty} a_n(x-x_0)^n$.

作为一类特殊的函数项级数,幂级数具有一些特殊的性质.为了方便,下面我们以 $x_0=0$ 的幂级数,即

$$\sum_{n=0}^{\infty} a_n x^n = a_0 + a_1 x + a_2 x^2 + \cdots + a_n x^n + \cdots$$

为例来进行讨论.对于 $x_0 \neq 0$ 的幂级数,可用同样的方法来处理.

例 11.13 求下列幂级数的收敛域:

(1) $\sum_{n=1}^{\infty} \dfrac{x^n}{n}$; (2) $\sum_{n=0}^{\infty} \dfrac{x^n}{n!}$; (3) $\sum_{n=0}^{\infty} n! x^n$.

解 (1) 因为 $\lim\limits_{n\to\infty}\left|\dfrac{x^{n+1}}{n+1}\cdot\dfrac{n}{x^n}\right|=|x|$,所以当 $|x|<1$ 时,幂级数 $\sum_{n=1}^{\infty}\dfrac{x^n}{n}$ 绝对收敛;当 $|x|>1$ 时,$\lim\limits_{n\to\infty}\left|\dfrac{x^n}{n}\right|=+\infty$,幂级数 $\sum_{n=1}^{\infty}\dfrac{x^n}{n}$ 发散;当 $x=1$ 时,幂级数 $\sum_{n=1}^{\infty}\dfrac{x^n}{n}$ 发散;当 $x=-1$ 时,幂级数 $\sum_{n=1}^{\infty}\dfrac{x^n}{n}$ 条件收敛.

综上可知,$\sum_{n=1}^{\infty}\dfrac{x^n}{n}$ 的收敛域为 $[-1,1)$.

(2) 因为

$$\lim_{n\to\infty}\dfrac{|x^{n+1}|}{(n+1)!}\cdot\dfrac{n!}{|x^n|}=\lim_{n\to\infty}\dfrac{|x|}{n+1}=0,$$

所以对任意的 x,幂级数 $\sum_{n=0}^{\infty}\dfrac{x^n}{n!}$ 都绝对收敛,于是 $\sum_{n=0}^{\infty}\dfrac{x^n}{n!}$ 也收敛,故 $\sum_{n=0}^{\infty}\dfrac{x^n}{n!}$ 的收敛域为 $(-\infty,+\infty)$.

(3) 因为

$$\lim_{n\to\infty}\dfrac{(n+1)!}{n!}\dfrac{|x^{n+1}|}{|x^n|}=\lim(n+1)|x|=\begin{cases}0, & x=0,\\ +\infty, & x\neq 0,\end{cases}$$

所以,当 $x\neq 0$ 时,$\sum_{n=0}^{\infty}n!x^n$ 发散;当 $x=0$ 时,$\sum_{n=0}^{\infty}n!x^n$ 收敛.因此幂级数 $\sum_{n=0}^{\infty}n!x^n$

的收敛域为$\{0\}$.

例 11.13 中的 3 个幂级数的收敛域都是区间,事实上,这是幂级数收敛域的一个共性.下面我们将证明,每个形如 $\sum_{n=0}^{\infty} a_n x^n$ 的幂级数,其收敛域都是 $x=0$ 或是以 0 为中心的一个对称区间.

定理 11.10(阿贝尔定理) 若幂级数 $\sum_{n=0}^{\infty} a_n x^n$ 在一点 $\bar{x} \neq 0$ 处收敛,则对所有满足 $|x|<|\bar{x}|$ 的 x,此级数都绝对收敛;若级数 $\sum_{n=0}^{\infty} a_n x^n$ 在一点 $\bar{x}$ 处发散,则对所有满足 $|x|>|\bar{x}|$ 的 x,此级数都发散.

证明 如果级数 $\sum_{n=0}^{\infty} a_n \bar{x}^n$ 收敛,则其一般项 $a_n \bar{x}^n$ 趋向于零,所以它们是一个有界集,即存在正数 M,使得
$$|a_n \bar{x}^n| \leqslant M, \quad n \in \mathbb{N}.$$
对任意满足不等式 $|x|<|\bar{x}|$ 的 x,均有
$$r = \left|\frac{x}{\bar{x}}\right| < 1,$$
于是
$$|a_n x^n| = \left|a_n \bar{x}^n \cdot \frac{x^n}{\bar{x}^n}\right| = |a_n \bar{x}^n| \cdot \left|\frac{x}{\bar{x}}\right|^n \leqslant M r^n.$$
由于级数 $\sum_{n=0}^{\infty} M r^n$ 收敛,所以由比较判敛法知,当 $|x|<|\bar{x}|$ 时,$\sum_{n=0}^{\infty} a_n x^n$ 绝对收敛.

另一方面,如果在 $x=\bar{x}$ 时,级数 $\sum_{n=0}^{\infty} a_n x^n$ 发散,要证对所有满足 $|x|>|\bar{x}|$ 的 x,级数一定发散.用反证法.如果存在 x_0 满足 $|x_0|>|\bar{x}|$,且使得级数 $\sum_{n=0}^{\infty} a_n x_0^n$ 收敛,则根据上面已经证明的结论,级数 $\sum_{n=0}^{\infty} a_n \bar{x}^n$ 绝对收敛,这与假设矛盾.证毕.

由定理 11.10 可以看出,对于幂级数 $\sum_{n=1}^{\infty} a_n x^n$,它的收敛性有以下三种情形:

(1) 当且仅当 $x=0$ 时收敛,即对任意 $x \neq 0$,级数 $\sum_{n=0}^{\infty} a_n x^n$ 都不收敛,这时该级数的收敛域只有一个点 $x=0$,例如 $\sum_{n=0}^{\infty} n! x^n$.

(2) 对所有 $x \in (-\infty, +\infty)$，级数 $\sum\limits_{n=0}^{\infty} a_n x^n$ 都收敛，这时该级数的收敛域是 $(-\infty, +\infty)$，例如 $\sum\limits_{n=1}^{\infty} \dfrac{x^n}{n!}$.

(3) 存在两个不同的实数 x_1, x_2，使得当 $x = x_1$ 时，级数 $\sum\limits_{n=0}^{\infty} a_n x^n$ 收敛，当 $x = x_2$ 时，级数 $\sum\limits_{n=0}^{\infty} a_n x^n$ 发散. 这时不难推出，存在正数 R，使得该级数在 $(-R, R)$ 内绝对收敛，在 $(-\infty, -R)$ 和 $(R, +\infty)$ 内发散. 在情形 (3) 中，正数 R 称为幂级数 $\sum\limits_{n=0}^{\infty} a_n x^n$ 的 **收敛半径**. 对于情形 (1)，(2)，可以认为幂级数 $\sum\limits_{n=0}^{\infty} a_n x^n$ 的收敛半径分别是 $R = 0$ 和 $R = +\infty$.

由于任何一个幂级数 $\sum\limits_{n=0}^{\infty} a_n x^n$ 都属于而且只属于上述三种情形之一，所以，对任意给定的幂级数 $\sum\limits_{n=0}^{\infty} a_n x^n$ 都存在惟一的 $R(0 \leqslant R \leqslant +\infty)$，使得幂级数在 $|x| < R$ 时绝对收敛，在 $|x| > R$ 时发散. 这说明，幂级数的收敛半径 R 是存在惟一的，且具有上述两条性质. 开区间 $(-R, R)$ 又称为 $\sum\limits_{n=0}^{\infty} a_n x^n$ 的 **收敛区间**.

由以上分析可知，对于幂级数 $\sum\limits_{n=0}^{\infty} a_n x^n$，只要知道了它的收敛半径 R，也就知道了它的收敛区间，有了收敛区间 $(-R, R)$，再加上对其端点 $x = \pm R$ 收敛性的判断，就确定了幂级数的收敛域. 那么，如何求幂级数 $\sum\limits_{n=0}^{\infty} a_n x^n$ 的收敛半径呢？我们有下述定理.

定理 11.11 对于幂级数 $\sum\limits_{n=0}^{\infty} a_n x^n$，如果

$$\lim_{n \to \infty} \left| \dfrac{a_{n+1}}{a_n} \right| = \rho, \tag{11.3}$$

则：(1) 当 $0 < \rho < +\infty$ 时，收敛半径 $R = \dfrac{1}{\rho}$；

(2) 当 $\rho = 0$ 时，收敛半径 $R = +\infty$；

(3) 当 $\rho = +\infty$ 时，收敛半径 $R = 0$.

证明 考察级数 $\sum\limits_{n=0}^{\infty} a_n x^n$，由于

$$\lim_{n\to\infty}\left|\frac{a_{n+1}x^{n+1}}{a_n x^n}\right| = \lim_{n\to\infty}\left|\frac{a_{n+1}}{a_n}\right| |x| = \rho |x|,$$

所以，根据比值判敛法，当 $\rho |x| < 1$ 时，级数 $\sum_{n=0}^{\infty} a_n x^n$ 绝对收敛；当 $\rho |x| > 1$ 时，级数 $\sum_{n=0}^{\infty} a_n x^n$ 的一般项 $a_n x^n \not\to \infty$，从而发散. 于是

(1) 当 $0 < \rho < +\infty$ 时，如果 $|x| < \dfrac{1}{\rho}$，则级数 $\sum_{n=0}^{\infty} a_n x^n$ 绝对收敛；如果 $|x| > \dfrac{1}{\rho}$，则级数的通项 $a_n x^n$ 不趋于零，级数 $\sum_{n=0}^{\infty} a_n x^n$ 发散，因此收敛半径为 $R = \dfrac{1}{\rho}$.

(2) 当 $\rho = 0$ 时，对任意 $x \in (-\infty, +\infty)$ 级数 $\sum_{n=0}^{\infty} a_n x^n$ 绝对收敛，因而收敛半径 $R = +\infty$.

(3) 当 $\rho = +\infty$ 时，对所有 $x \neq 0$，级数 $\sum_{n=0}^{\infty} a_n x^n$ 的一般项 $a_n x^n$ 趋向无穷，因而发散，所以收敛半径为 $R = 0$.

例 11.14 求幂级数 $\sum_{n=1}^{\infty} \dfrac{1}{n}\left(\dfrac{x}{3}\right)^n$ 的收敛半径与收敛域.

解 因为 $\lim_{n\to\infty} \dfrac{1}{(n+1)3^{n+1}} \cdot n3^n = \dfrac{1}{3}$，所以收敛半径为 3.

当 $x = 3$ 时，级数 $\sum_{n=1}^{\infty} \dfrac{1}{n}$ 发散；当 $x = -3$ 时，级数 $\sum_{n=1}^{\infty} \dfrac{(-1)^n}{n}$ 收敛，所以原级数的收敛域为 $[-3, 3)$.

例 11.15 求幂级数 $\sum_{n=0}^{\infty} 2^n (x-1)^{2n}$ 的收敛半径与收敛域.

解 直接对原级数的绝对值级数运用比值法，得
$$\lim_{n\to\infty}\left|\frac{2^{n+1}(x-1)^{2(n+1)}}{2^n(x-1)^{2n}}\right| = 2(x-1)^2,$$

所以，当 $2(x-1)^2 < 1$，即 $|x-1| < \dfrac{1}{\sqrt{2}}$ 时，原级数绝对收敛；当 $2(x-1)^2 > 1$，即 $|x-1| > \dfrac{1}{\sqrt{2}}$ 时，原级数的通项为无穷大量，级数发散. 从而收敛半径为 $\dfrac{1}{\sqrt{2}}$.

又当 $x - 1 = \pm \dfrac{1}{\sqrt{2}}$ 时，级数变为 $\sum_{n=0}^{\infty} 1$，该级数发散，所以原级数的收敛域为 $\left(1 - \dfrac{1}{\sqrt{2}}, 1 + \dfrac{1}{\sqrt{2}}\right)$.

* 收敛半径是针对幂级数提出来的,不能随便应用于一般的函数项级数. 例如对函数项级数 $\sum_{n=1}^{\infty} \sin^n x$ 来说,它在 $x = \frac{\pi}{2} + \frac{\pi}{20}$ 处收敛,但在比这一点小的 $x = \frac{\pi}{2}$ 处却并不收敛.

11.4.2 幂级数的性质

幂级数在其收敛区域内表示一个函数,即其和函数 $S(x)$. 现在我们不加证明地给出和函数的连续性、可积性及可导性结论,并给出逐项积分和逐项微分公式. 这是幂级数的重要性质,是讨论幂级数问题的主要工具.

定理 11.12(和函数的连续性) 若幂级数 $\sum_{n=0}^{\infty} a_n x^n$ 的收敛半径 $R > 0$,则其和函数在它的收敛域上连续,即对于其收敛域中的任一点 x_0,有

$$\lim_{x \to x_0} \sum_{n=0}^{\infty} a_n x^n = \sum_{n=0}^{\infty} a_n x_0^n.$$

定理 11.13(逐项积分与逐项微分) 若幂级数 $\sum_{n=0}^{\infty} a_n x^n$ 的收敛半径 $R > 0$,和函数为 $S(x)$,则

(1) $S(x)$ 在 $(-R, R)$ 内可导,且可以逐项求导,即

$$S'(x) = \sum_{n=0}^{\infty} (a_n x^n)' = \sum_{n=1}^{\infty} n a_n x^{n-1}, \quad -R < x < R; \quad (11.4)$$

(2) 对于任意的 $x \in (-R, R)$,$S(t)$ 在 $[0, x]$(或 $[x, 0]$)上可积,并且

$$\int_0^x S(t) \mathrm{d}t = \sum_{n=0}^{\infty} \int_0^x a_n t^n \mathrm{d}t = \sum_{n=0}^{\infty} \frac{a_n}{n+1} x^{n+1}. \quad (11.5)$$

事实上,三个幂级数 $\sum_{n=0}^{\infty} a_n x^n$,$\sum_{n=1}^{\infty} n a_n x^{n-1}$ 和 $\sum_{n=0}^{\infty} \frac{a_n}{n+1} x^{n+1}$ 还具有相同的收敛半径,并且有下述常用的结论:

若幂级数 $\sum_{n=0}^{\infty} a_n x^n$ 的收敛半径 $R > 0$,则其和函数 $S(x)$ 在 $(-R, R)$ 内有任意阶导数,且

$$S^{(k)}(x) = \sum_{n=k}^{\infty} n(n-1) \cdots (n-k+1) a_n x^{n-k}, \quad k = 1, 2, \cdots,$$

其中等式右端的幂级数的收敛半径仍为 R.

只要反复应用逐项求导性质,就可以得到此结论.

例 11.16 已知 $\sum_{n=0}^{\infty} (-1)^n x^{2n}$ 的和函数为 $\frac{1}{1+x^2}$,求 $\sum_{n=0}^{\infty} \frac{(-1)^n}{2n+1} x^{2n+1}$ 的和函数 $S(x)$ 及其定义域.

解 因为
$$S(x) = \sum_{n=0}^{\infty} \frac{(-1)^n}{2n+1} x^{2n+1},$$
所以在 $(-R,R)$ 内，有
$$S'(x) = \sum_{n=0}^{\infty} (-1)^n x^{2n} = \frac{1}{1+x^2},$$
由于 $S(0)=0$，故 $S(x) = \int_0^x \frac{1}{1+t^2} dt = \arctan x$.

因为 $\lim\limits_{n\to\infty} \left| \frac{x^{2n+3}}{2n+3} \cdot \frac{2n+1}{x^{2n+1}} \right| = x^2$，所以 $R=1$，且当 $x=1$ 时，级数变为 $\sum\limits_{n=0}^{\infty} \frac{(-1)^n}{2n+1}$，收敛；当 $x=-1$ 时，级数变为 $\sum\limits_{n=0}^{\infty} \frac{(-1)^{n+1}}{2n+1}$，收敛，故收敛域为 $[-1,1]$. 根据连续性知 $S(x)$ 的定义域为 $[-1,1]$.

习题 11.4

1. 求下列幂级数的收敛半径和收敛域：

(1) $\sum\limits_{n=1}^{\infty} \frac{(-1)^{n-1} x^{2n-1}}{(2n-1)!}$； (2) $\sum\limits_{n=1}^{\infty} n^2 x^n$；

(3) $\sum\limits_{n=0}^{\infty} \frac{2^n}{n!} x^n$； (4) $\sum\limits_{n=1}^{\infty} n!(x-1)^n$；

(5) $\sum\limits_{n=1}^{\infty} \left(\frac{1}{2^n} + (-2)^n \right)(x+1)^n$；

(6) $\sum\limits_{n=1}^{\infty} \left(1 + \frac{1}{2} + \frac{1}{3} + \cdots + \frac{1}{n}\right) \frac{1}{2^n} (2x+3)^n$；

(7) $\sum\limits_{n=1}^{\infty} \frac{(3x+1)^n}{n 2^n}$； (8) $\sum\limits_{n=1}^{\infty} (-1)^n \frac{(2x-3)^n}{4^n \sqrt{n}}$.

2. 设幂级数 $\sum\limits_{n=0}^{\infty} a_n x^n$ 在 $x=3$ 处条件收敛，求 $\sum\limits_{n=1}^{\infty} n a_n (x-1)^{n+1}$ 的收敛区间.

3. 证明 $y = \sum\limits_{n=0}^{\infty} \frac{x^n}{(n!)^2}$ 满足等式 $xy'' + y' - y = 0$.

11.5 函数的幂级数展开和傅里叶级数展开

通过前面的讨论，我们知道幂级数在它的收敛域内表示一个函数，但人们更关心的是它的反问题，即如何将一个已知的函数表示成幂级数. 由上面的讨论知道,幂级数所表示的函数至少是充分光滑的(有任意阶导数),即如果一个函数可以表示成幂级数,一个必要条件是它应该充分光滑,所以并不是任何函数都可能用幂级数来表示.

如果
$$f(x) = \sum_{n=0}^{\infty} a_n (x-x_0)^n$$
在区间 I 上成立,则称 $f(x)$ 在 I 上能展开为 x_0 处的幂级数.

现在的问题是,一个函数 $f(x)$ 在什么条件下能够展开为某一点 x_0 处的幂级数,展开的形式是否惟一?展开系数如何求?等等.下面我们就来讨论这些问题.

11.5.1 泰勒级数

若函数 $f(x)$ 在 x_0 有任意阶导数,则称形如
$$f(x_0) + f'(x_0)(x-x_0) + \frac{f''(x_0)}{2!}(x-x_0)^2$$
$$+ \cdots + \frac{f^{(n)}(x_0)}{n!}(x-x_0)^n + \cdots$$
的幂级数为 $f(x)$ 在 x_0 的**泰勒级数**,记作
$$f(x) \sim f(x_0) + f'(x_0)(x-x_0) + \frac{f''(x_0)}{2!}(x-x_0)^2$$
$$+ \cdots + \frac{f^{(n)}(x_0)}{n!}(x-x_0)^n + \cdots,$$
其中 $\frac{f^n(x_0)}{n!}$ 称为 $f(x)$ 在 x_0 处的泰勒系数.

在实际应用中,通常考虑的是 $x_0 = 0$ 的特殊情况,此时的泰勒级数称为**麦克劳林级数**,即
$$f(x) \sim f(0) + f'(0)x + \frac{f''(0)}{2!}x^2 + \cdots + \frac{f^{(n)}(0)}{n!}x^n + \cdots.$$

这一段的主要问题是讨论函数在一点的幂级数展开形式与它在这一点的泰勒级数之间的关系,并进一步讨论在什么条件下函数 $f(x)$ 可展开为它的泰勒级数,即 $f(x)$ 的泰勒级数在什么条件下收敛于 $f(x)$.

在上册中,我们得到当 $f(x)$ 在 x_0 具有 n 阶导数时泰勒公式成立:
$$f(x) = f(x_0) + f'(x_0)(x-x_0) + \frac{f''(x_0)}{2!}(x-x_0)^2 + \cdots$$

$$+ \frac{f^{(n)}(x_0)}{n!}(x-x_0)^n + o[(x-x_0)^n].$$

利用泰勒公式,便知 $f(x)$ 在区间 (x_0-R, x_0+R) 内能展开为 x_0 处的泰勒级数的充分必要条件是

$$\lim_{n\to+\infty} o[(x-x_0)^n] = 0, \quad x \in (x_0-R, x_0+R).$$

这就是函数能展开为泰勒级数的条件.

这个条件如何应用这里不提,但容易知道的是一个函数在一点 x_0 附近可以展开为泰勒级数的必要条件是函数在 x_0 处无穷可微.

下面给出当函数能展开为幂级数时,它的系数与泰勒系数之间的关系.

定理 11.14 如果函数 $f(x)$ 在 $(x_0-R, x_0+R)(R>0)$ 内可以展开为 x_0 处的幂级数,即

$$f(x) = \sum_{n=0}^{\infty} a_n(x-x_0)^n, \quad x \in (x_0-R, x_0+R), \qquad (11.6)$$

那么系数 a_n 满足

$$a_n = \frac{1}{n!} f^{(n)}(x_0), \quad n = 0, 1, 2, \cdots.$$

证明 由(11.6)式可知,$f(x)$ 在 (x_0-R, x_0+R) 内具有任意阶导数,且

$$f^{(k)}(x) = \sum_{n=k}^{\infty} n(n-1)\cdots(n-k+1) a_n (x-x_0)^{n-k}, \quad k = 0, 1, 2, \cdots.$$

当 $k=0$ 时,令 $x=x_0$,得

$$f(x_0) = a_0;$$

当 $k=1$ 时,令 $x=x_0$,得

$$f'(x_0) = a_1;$$

一般地,令 $x=x_0$,得

$$f^{(k)}(x_0) = k! a_k,$$

即 $a_k = \frac{1}{k!} f^{(k)}(x_0)$,这就是系数 a_n 满足的条件.

这一定理说明,若 $f(x)$ 能展开为 x_0 处的幂级数,则此幂级数一定是 $f(x)$ 在 x_0 处的泰勒级数,即幂级数的展开形式是惟一的.

11.5.2 函数展开为幂级数举例

为了讨论一般函数展开为幂级数的问题,首先给出几个简单函数展开为麦克劳林级数的结论:

(1) $e^x = 1 + x + \dfrac{1}{2!}x^2 + \dfrac{1}{3!}x^3 + \cdots + \dfrac{1}{n!}x^n + \cdots,\ x \in (-\infty, +\infty)$;

(2) $\dfrac{1}{1+x} = 1 - x + x^2 - \cdots + (-1)^n x^n + \cdots,\ x \in (-1, 1)$;

(3) $\ln(1+x) = x - \dfrac{x^2}{2} + \dfrac{x^3}{3} - \cdots + (-1)^{n-1}\dfrac{x^n}{n} + \cdots,\ x \in (-1, 1]$;

(4) $\sin x = x - \dfrac{1}{3!}x^3 + \dfrac{1}{5!}x^5 - \cdots + \dfrac{(-1)^n}{(2n+1)!}x^{2n+1} + \cdots,\ x \in (-\infty, +\infty)$;

(5) $\cos x = 1 - \dfrac{1}{2!}x^2 + \dfrac{1}{4!}x^4 - \cdots + \dfrac{(-1)^n}{(2n)!}x^{2n} + \cdots,\ x \in (-\infty, +\infty)$.

这几个展开公式都可以直接利用麦克劳林级数的定义及函数展开为泰勒级数的条件得到,但能够直接用定义求麦克劳林级数的函数毕竟是少数. 一般函数的幂级数展开式是用所谓的间接展开法得到的,这种方法是根据幂级数展开形式的惟一性定理,从已知的幂级数展开式出发,利用幂级数的线性运算性质、变量替换、逐项求导与逐项积分等方法间接地求得函数的麦克劳林级数展开. 例如 $\cos x$ 的麦克劳林级数就可以通过对 $\sin x$ 的级数逐项求导得到,而 $\ln(1+x)$ 的麦克劳林级数就可以通过对 $\dfrac{1}{1+x}$ 的麦克劳林级数逐项积分得到. 前面给出的几个简单函数的麦克劳林级数是我们利用间接展开方法求函数幂级数展开式的基础.

例 11.17 将函数 $\dfrac{1}{(1-x)(2-x)}$ 在 $x_0 = 0$ 展开为幂级数.

解 因为 $\dfrac{1}{(1-x)(2-x)} = \dfrac{1}{1-x} - \dfrac{1}{2-x}$,而

$$\dfrac{1}{1-x} = \sum_{n=0}^{\infty} x^n,\quad -1 < x < 1,$$

$$\dfrac{1}{2-x} = \dfrac{1}{2} \cdot \dfrac{1}{1 - \dfrac{x}{2}} = \dfrac{1}{2} \sum_{n=0}^{\infty} \left(\dfrac{x}{2}\right)^n,\quad -2 < x < 2,$$

因而当 $-1 < x < 1$ 时,有

$$\dfrac{1}{(1-x)(2-x)} = \sum_{n=0}^{\infty} \left(1 - \dfrac{1}{2^{n+1}}\right) x^n.$$

例 11.18 将函数 $\ln x$ 展开为 $x - 2$ 的幂级数.

解 注意到

$$\ln x = \ln[2 + (x-2)] = \ln 2 + \ln\left(1 + \dfrac{x-2}{2}\right).$$

因为当 $x \in (-1, 1]$ 时,有
$$\ln(1+x) = \sum_{n=1}^{\infty} \frac{(-1)^{n-1}}{n} x^n,$$

所以,当 $\frac{x-2}{2} \in (-1, 1]$,即 $x \in (0, 4]$ 时,有
$$\ln x = \ln 2 + \sum_{n=1}^{\infty} \frac{(-1)^{n-1}}{n} \frac{1}{2^n} (x-2)^n.$$

例 11.19 将函数 $\frac{1}{(1-x)^2}$ 在 $x_0 = 0$ 展开为幂级数.

解 注意到 $\frac{1}{(1-x)^2} = \left(\frac{1}{1-x}\right)'$,并且
$$\frac{1}{1-x} = 1 + x + x^2 + \cdots + x^n + \cdots, \quad -1 < x < 1,$$

所以
$$\frac{1}{(1-x)^2} = \left(\frac{1}{1-x}\right)' = 1 + 2x + 3x^2 + \cdots + nx^{n-1} + \cdots$$
$$= \sum_{n=0}^{\infty} (n+1) x^n, \quad -1 < x < 1.$$

例 11.20 将函数 $\arctan \frac{2x}{1-x^2}$ 在 $x_0 = 0$ 处展开为幂级数.

解 因为 $\left(\arctan \frac{2x}{1-x^2}\right)' = \frac{2}{1+x^2}$,且
$$\frac{2}{1+x^2} = 2 \sum_{n=0}^{\infty} (-1)^n (x^2)^n = 2 \sum_{n=0}^{\infty} (-1)^n x^{2n}, \quad -1 < x < 1,$$

所以
$$\arctan \frac{2x}{1-x^2} - \arctan \frac{2x}{1-x^2} \bigg|_{x=0}$$
$$= \int_0^x \left(\arctan \frac{2t}{1-t^2}\right)' dt = 2 \int_0^x \sum_{n=0}^{\infty} (-1)^n t^{2n} dt$$
$$= 2 \sum_{n=0}^{\infty} \frac{(-1)^n}{2n+1} x^{2n+1}, \quad -1 < x < 1.$$

又因为 $\arctan 0 = 0$,所以
$$\arctan \frac{2x}{1-x^2} = 2 \sum_{n=0}^{\infty} \frac{(-1)^n}{2n+1} x^{2n+1}, \quad -1 < x < 1.$$

值得注意的是,此例中级数 $\sum_{n=0}^{\infty} \dfrac{(-1)^n}{2n+1} x^{2n+1}$ 的收敛域是 $[-1,1]$,但函数 $\arctan \dfrac{2x}{1-x^2}$ 展开为幂级数的展开区间只是 $(-1,1)$.

例 11.21 求数项级数 $\sum_{n=1}^{\infty} \dfrac{n}{(n+1)!}$ 的和.

解 考虑幂级数 $\sum_{n=1}^{\infty} \dfrac{n}{(n+1)!} x^{n-1}$,并记其和函数为 $S(x)(-\infty < x < +\infty)$,则

$$\sum_{n=1}^{\infty} \dfrac{n}{(n+1)!} = S(1).$$

由于

$$\int_0^x S(t)\,\mathrm{d}t = \sum_{n=1}^{\infty} \int_0^x \dfrac{n}{(n+1)!} t^{n-1}\,\mathrm{d}t = \sum_{n=1}^{\infty} \dfrac{x^n}{(x+1)!}$$

$$= \dfrac{1}{x} \sum_{n=1}^{\infty} \dfrac{x^{n+1}}{(n+1)!} = \dfrac{1}{x}(\mathrm{e}^x - 1 - x), \quad x \neq 0,$$

两端求导得

$$S(x) = \left[\dfrac{1}{x}(\mathrm{e}^x - 1 - x)\right]' = -\dfrac{1}{x^2}\mathrm{e}^x + \dfrac{1}{x}\mathrm{e}^x + \dfrac{1}{x^2},$$

所以

$$\sum_{n=1}^{\infty} \dfrac{n}{(n+1)!} = S(1) = 1.$$

求数项级数的和时,经常将数项级数看成是一个幂级数在某一点的值,这样就可以利用幂级数的所有性质,先求幂级数的和函数,再求和函数在该点的值. 而求和函数的问题恰好又是将函数展开为指定点的幂级数的反问题.

对某些简单的数项级数也可以利用已知结果直接求和. 例如,级数 $\sum_{n=1}^{\infty} \dfrac{n}{(n+1)!}$ 的和也可如下求得:

$$\sum_{n=1}^{\infty} \dfrac{n}{(n+1)!} = \sum_{n=1}^{\infty} \dfrac{n+1-1}{(n+1)!}$$

$$= \sum_{n=1}^{\infty} \dfrac{1}{n!} - \sum_{n=1}^{\infty} \dfrac{1}{(n+1)!}$$

$$= \left(\sum_{n=0}^{\infty} \dfrac{1}{n!} - 1\right) - \left(\sum_{n=0}^{\infty} \dfrac{1}{n!} - 1 - 1\right)$$

$$= 1.$$

11.5.3 函数在$[-\pi,\pi)$区间上的傅里叶展开

在初等函数中,幂函数 x^n 和三角函数 $\cos nx$, $\sin nx$ 是最为常见的. 有了函数项级数的概念以后,人们首先想到的是用幂级数的有限和(多项式)$\sum_{k=1}^{n}a_k(x-x_0)^k$ 来近似表示函数 $f(x)$ 在点 $x=x_0$ 附近的值,进一步就会考虑到如何利用三角多项式 $T_n(x)=\dfrac{a_0}{2}+\sum_{k=1}^{n}(a_k\cos kx+b_k\sin kx)$.

在 $f(x)$ 于 $x=x_0$ 点可微的条件下,我们已经知道如何求逼近 $f(x)$ 的多项式的系数. 但这种近似有一点不足之处,就是它只在点 x_0 的附近才有效. 例如 $f(x)=\sin x$ 在 $x=0$ 处的泰勒展开式,取前两项(三次多项式)来近似,则在 $x=\dfrac{\pi}{2}$ 处,二者之差已超过 0.05(图形见上册图 4.3),而在 $x=\pi$ 处,二者之差已超过 1(它是函数 $\sin x$ 的最大值)!因此如果要求在整个区间 $[-\pi,\pi]$ 上逐点逼近函数 $\sin x$,它的泰勒展开式不会是最好的选择. 于是我们转向三角多项式 $T_n(x)$.

当我们用初等函数 $P(x)$ 在区间 $[a,b]$ 逼近函数 $f(x)$ 的时候,逼近的精确程度往往用数值 $\max\limits_{x\in[a,b]}|f(x)-P(x)|$ 来衡量. 如果只关注在某个点 x_0 "附近" 的逼近,则可以用 $x\in[x_0-\delta,x_0+\delta]$ 来代替 $x\in[a,b]$,其中 $\delta>0$ 可以取得充分小. 如果我们不在意在个别点上差值 $|f(x)-P(x)|$ 的大小,而要求相当于两条曲线 $y=f(x)$, $y=P(x)$ 在 a,b 之间所围的面积较小,即 $\sigma=\int_{a}^{b}(f(x)-P(x))^2\mathrm{d}x$(均方差) 较小,就可以选三角多项式 $T_n(x)$ 来逼近 $f(x)$. 下面来说明这一点.

设函数 $f(x)$ 的定义域为 $[-\pi,\pi)$,以下就来选三角多项式 $T_n(x)$ 的系数 a_n,b_n,使 $f(x)-T_n(x)$ 的均方差最小.

$$\int_{-\pi}^{\pi}(f(x)-T_n(x))^2\mathrm{d}x=\int_{-\pi}^{\pi}\left(f(x)-\frac{a_0}{2}-\sum_{k=1}^{n}(a_k\cos kx+b_k\sin kx)\right)^2\mathrm{d}x$$

$$=\int_{-\pi}^{\pi}f^2(x)\mathrm{d}x+\int_{-\pi}^{\pi}\frac{a_0^2}{4}\mathrm{d}x+\int_{-\pi}^{\pi}\left(\sum_{k=1}^{n}a_k\cos kx+b_n\sin kx\right)^2\mathrm{d}x$$

$$-2\int_{-\pi}^{\pi}\frac{a_0}{2}f(x)\mathrm{d}x-2\sum_{k=1}^{n}\int_{-\pi}^{\pi}(a_kf(x)\cos kx+b_kf(x)\sin x)\mathrm{d}x$$

$$+2\cdot\frac{a_0}{2}\sum_{k=1}^{n}\int_{-\pi}^{\pi}(a_k\cos kx+b_k\sin kx)\mathrm{d}x.$$

利用下面的等式：

$$\int_{-\pi}^{\pi} \cos kx \, dx = \int_{-\pi}^{\pi} \sin kx \, dx = 0, \quad k = 1, 2, \cdots,$$

$$\int_{-\pi}^{\pi} \cos kx \sin mx \, dx = 0, \quad k, m = 1, 2, \cdots,$$

$$\int_{-\pi}^{\pi} \cos kx \cos mx \, dx = \int_{-\pi}^{\pi} \sin kx \sin mx \, dx = \begin{cases} \pi, & k = m, \\ 0, & k \neq m; \end{cases}$$

又记

$$\int_{-\pi}^{\pi} f(x) \cos kx \, dx = A_k, \quad \int_{-\pi}^{\pi} f(x) \sin kx \, dx = B_k.$$

则

$$\int_{-\pi}^{\pi} (f(x) - T_n(x))^2 \, dx = \int_{-\pi}^{\pi} f^2(x) \, dx + \frac{\pi}{2} a_0^2 - \int_{-\pi}^{\pi} f(x) \, dx \cdot a_0$$

$$- 2 \sum_{k=1}^{n} (a_k A_k + b_k B_k) + \pi \sum_{k=1}^{n} (a_k^2 + b_k^2)$$

$$= \int_{-\pi}^{\pi} f^2(x) \, dx + \frac{\pi}{2} \Big[a_0^2 - 2 a_0 \cdot \frac{1}{\pi} \int_{-\pi}^{\pi} f(x) \, dx$$

$$+ \frac{1}{\pi^2} \Big(\int_{-\pi}^{\pi} f(x) \, dx \Big)^2 - \frac{1}{\pi^2} \Big(\int_{-\pi}^{\pi} f(x) \, dx \Big)^2 \Big]$$

$$+ \pi \Big[\sum_{k=1}^{n} (a_k^2 + b_k^2) - \sum_{k=1}^{n} (2 a_k A_k + 2 b_k B_k) \frac{1}{\pi}$$

$$+ \sum_{k=1}^{n} \frac{1}{\pi^2} (A_k^2 + B_k^2) - \sum_{k=1}^{n} \frac{1}{\pi^2} (A_k^2 + B_k^2) \Big]$$

$$= \int_{-\pi}^{\pi} f^2(x) \, dx + \frac{\pi}{2} \Big(a_0 - \frac{1}{\pi} \int_{-\pi}^{\pi} f(x) \, dx \Big)^2$$

$$- \frac{1}{2\pi} \Big(\int_{-\pi}^{\pi} f(x) \, dx \Big)^2 + \pi \Big[\sum_{k=1}^{n} \Big(a_k - \frac{1}{\pi} A_k \Big)^2$$

$$+ \sum_{k=1}^{n} \Big(b_k - \frac{1}{\pi} B_k \Big)^2 \Big] - \frac{1}{\pi} \sum_{k=1}^{n} (A_k^2 + B_k^2).$$

$f(x)$ 给定后,选 a_0, a_k, b_k,使上式的值最小. 注意上式是三个正的平方和和两个负的平方和,由于后者已经随 $f(x)$ 而固定,所以使上式的值最小的系数就应该取

$$\begin{cases} a_0 = \dfrac{1}{\pi}\int_{-\pi}^{\pi} f(x)\mathrm{d}x, \\ a_k = \dfrac{1}{\pi}\int_{-\pi}^{\pi} f(x)\cos kx\,\mathrm{d}x, \quad k=1,2,\cdots, \\ b_k = \dfrac{1}{\pi}\int_{-\pi}^{\pi} f(x)\sin kx\,\mathrm{d}x, \quad k=1,2,\cdots. \end{cases} \qquad (11.7)$$

定义 11.5 设 $f(x)$ 的定义域为 $[-\pi,\pi)$，则根据 (11.7) 式所定义的函数项级数

$$T(f) \sim \frac{a_0}{2} + \sum_{k=1}^{\infty}(a_k\cos kx + b_k\sin kx) \qquad (11.8)$$

称为由 $f(x)$ 生成的傅里叶级数或 $f(x)$ 的傅里叶展开式，a_0, a_k, b_k 称为 $f(x)$ 的傅里叶系数．

(11.8) 式只是一个形式上的函数项级数．首先要讨论它的逐点收敛性问题，即下列极限是否对一切 $x\in[-\pi,\pi)$ 存在：

$$\lim_{n\to\infty}\left(\frac{a_0}{2} + \sum_{k=1}^{n}(a_k\cos kx + b_k\sin kx)\right),$$

并且对任意 $x\in[-\pi,\pi)$，极限值是否就是 $f(x)$．

然而我们在构造级数 (11.8) 时，着眼点是均方逼近，所以在讨论收敛性时，就得考虑下列极限是否存在：

$$\lim_{n\to\infty}\int_{-\pi}^{\pi}\left[f(x) - \frac{a_0}{2} - \sum_{k=1}^{n}(a_k\cos kx + b_k\sin kx)\right]^2\mathrm{d}x. \qquad (11.9)$$

在这里，我们叙述而不证明关于函数项级数 (11.8) 收敛性的两个定理，第一个是关于均方收敛的；第二个是关于逐点收敛的．

定理 11.15 如果函数 $f(x)$ 在区间 $[-\pi,\pi)$ 可积，则极限式 (11.9) 成立．

定理 11.16 如果函数 $f(x)$ 在区间 $[-\pi,\pi)$ 连续或只有有限个第一类间断点，而且只有有限个极值点，则它的傅里叶级数在下述意义下收敛到 $f(x)$：(1) 如果 x 是 $f(x)$ 的连续点，则 $\dfrac{a_0}{2} + \sum\limits_{k=1}^{\infty}(a_k\cos kx + b_k\sin kx) = f(x)$；(2) 如果 $f(x)$ 在 x 不连续，则

$$\frac{a_0}{2} + \sum_{k=1}^{\infty}(a_k\cos kx + b_k\sin kx) = \frac{1}{2}[f(x^-) + f(x^+)].$$

设函数 $f(x)$ 定义在 $[-\pi,\pi)$ 上，用 $f(x)$ 的傅里叶展开式的有限项来逼近 $f(x)$，逼近的函数都是初等函数（三角函数），其定义域都是 $(-\infty,+\infty)$，而被逼近函数 $f(x)$ 只在 $[-\pi,\pi)$ 有定义．为了一致，把函数 $f(x)$ 的定义域拓展到 $(-\infty,+\infty)$．因为 (11.8) 式右端是以 2π 为周期的周期函数，所以也把 $f(x)$

周期地开拓到$(-\infty,+\infty)$，即定义
$$F(x) = \begin{cases} f(x), & x \in [-\pi,\pi), \\ f(x-2m\pi), & x \in [(2m-1)\pi,(2m+1)\pi), \end{cases} \quad m = \pm 1, \pm 2, \cdots,$$
见图 11.2.

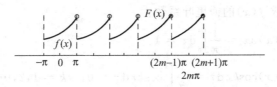

图 11.2

一般就把(11.8)式的右端称为周期函数 $F(x)$ 的傅里叶级数.

11.5.4 一般区间$[-l,l]$上的傅里叶级数、函数按正(余)弦级数展开

如果函数的定义域为$[-l,l]$，则对自变量 x 做变换 $x = \dfrac{l}{\pi}t$ 以后，就变成以上所述的情况.

在这个变换下，x 的区间$[-l,l]$就变成 t 的区间$[-\pi,\pi)$，而函数 $f(x) = f\left(\dfrac{l}{\pi}t\right) = g(t)$. 这样，以 t 为自变量，定义域为$[-\pi,\pi)$的可积函数 $g(t)$ 就有它的傅里叶级数：
$$g(t) \sim \frac{a_0}{2} + \sum_{k=1}^{\infty}(a_k \cos kt + b_k \sin kt),$$
其中
$$a_k = \frac{1}{\pi}\int_{-\pi}^{\pi}g(t)\cos kt\,\mathrm{d}t, \quad k = 0,1,2,\cdots,$$
$$b_k = \frac{1}{\pi}\int_{-\pi}^{\pi}g(t)\sin kt\,\mathrm{d}t, \quad k = 1,2,\cdots.$$

回到变量 x，就有
$$f(x) \sim \frac{a_0}{2} + \sum_{k=1}^{\infty}\left(a_k \cos \frac{k\pi}{l}x + b_k \sin \frac{k\pi}{l}x\right), \quad (11.10)$$
其中
$$a_k = \frac{1}{l}\int_{-l}^{l}f(x)\cos\frac{k\pi}{l}x\,\mathrm{d}x, \quad k = 0,1,2,\cdots,$$
$$b_k = \frac{1}{l}\int_{-l}^{l}f(x)\sin\frac{k\pi}{l}x\,\mathrm{d}x, \quad k = 1,2,\cdots.$$

这就是定义于$[-l,l]$上可积函数$f(x)$的傅里叶级数.

例 11.22 求下列函数的傅里叶级数:
$$f(x) = \begin{cases} 0, & -\pi \leqslant x < 0, \\ 1, & 0 \leqslant x < \pi. \end{cases}$$

解 只需求$f(x)$的傅里叶系数:
$$a_0 = \frac{1}{\pi}\int_{-\pi}^{\pi} f(x)\mathrm{d}x = \frac{1}{\pi}\int_0^{\pi} \mathrm{d}x = 1,$$
$$a_k = \frac{1}{\pi}\int_{-\pi}^{\pi} f(x)\cos kx\,\mathrm{d}x = \frac{1}{\pi}\int_0^{\pi} \cos kx\,\mathrm{d}x = 0, \quad k=1,2,\cdots,$$
$$b_k = \frac{1}{\pi}\int_{-\pi}^{\pi} f(x)\sin kx\,\mathrm{d}x = \frac{1}{\pi}\int_0^{\pi} \sin kx\,\mathrm{d}x = \begin{cases} 0, & k = 2m, \\ \dfrac{2}{(2m-1)\pi}, & k = 2m-1. \end{cases}$$

于是,
$$f(x) \sim \frac{1}{2} + \frac{2}{\pi}\sum_{m=1}^{\infty} \frac{\sin(2m-1)x}{2m-1}.$$

例 11.23 求函数$f(x) = x^2$在$[-1,1)$上的傅里叶级数.

解 首先求傅里叶系数. 由于x^2在$[-1,1)$上是偶函数,所以
$$a_0 = \frac{2}{1}\int_0^1 x^2\,\mathrm{d}x = \frac{2}{3},$$
$$\begin{aligned}
a_k &= \frac{2}{1}\int_0^1 x^2 \cos k\pi x\,\mathrm{d}x = \frac{2}{k\pi}(x^2\sin k\pi x)\Big|_0^1 - \frac{4}{k\pi}\int_0^1 x\sin k\pi x\,\mathrm{d}x \\
&= 0 + \frac{4}{(k\pi)^2}(x\cos k\pi x)\Big|_0^1 - \frac{4}{(k\pi)^2}\int_0^1 \cos k\pi x\,\mathrm{d}x \\
&= \frac{4}{(k\pi)^2}\cos k\pi = (-1)^k \frac{4}{(k\pi)^2}, \quad k = 1,2,\cdots,
\end{aligned}$$
$$b_k = \frac{1}{1}\int_{-1}^1 x^2 \sin k\pi x\,\mathrm{d}x = 0, \quad k = 1,2,\cdots,$$
这里用到了$x^2\sin k\pi x$是奇函数.

于是,
$$x^2 \sim \frac{1}{3} + \frac{4}{\pi^2}\sum_{k=1}^{\infty}(-1)^k \frac{\cos k\pi x}{k^2}.$$

对于一般区间$[a,b]$,我们以$[0,L]$为例. 设$f(x)$在$(0,L)$上可积,先把它的定义域任意延拓到$[-L,L]$(只要求延拓后的函数在$[-L,L]$可积),然后以$2L$为周期,把这个$[-L,L]$上的可积函数再延拓到$(-\infty,+\infty)$,最后所得的周期函数记为$F(x)$. 所求出$F(x)$的傅里叶级数就是$f(x)$在$[0,L]$上的傅里叶级数.

因为第一次延拓(把 $f(x)$ 的定义域由 $[0,L]$ 延拓到 $[-L,L]$)有很大的任意性,所以可以选择延拓后的 $f(x)$ 是 $[-L,L]$ 上的偶函数或奇函数. 如果延拓为偶函数,则所有的系数 b_k 将是 0(因为积分区间对称而被积函数 $f(x)\sin\dfrac{k\pi x}{L}$ 是奇函数),同样的理由,如果把 $f(x)$ 延拓为奇函数,则所有的 a_k 将是 0,这就简化了原来的傅里叶级数.

请看下面的例子.

例 11.24 把函数 $f(x)=2-x$ 在 $[0,2]$ 上展开成以 4 为周期的余弦级数.

解 先把函数 $f(x)$ 偶延拓到 $[-2,2]$ 上,记它为 $g(x)$,即

$$g(x)=\begin{cases}2+x,&-2\leqslant x<0,\\2-x,&0\leqslant x<2.\end{cases}$$

再把这个函数以周期 4 延拓到 $(-\infty,+\infty)$,如图 11.3 所示.

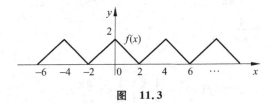

图 11.3

利用公式 (11.10) 求傅里叶系数. 现在 $l=2$,

$$b_k=\frac{1}{2}\int_{-2}^{2}f(x)\sin\frac{k\pi}{2}x\,\mathrm{d}x=0,\quad k=1,2,\cdots,$$

这是由于被积函数是奇函数.

$$a_0=\frac{1}{2}\int_{-2}^{2}g(x)\mathrm{d}x=\int_{0}^{2}(2-x)\mathrm{d}x=2,$$

$$a_k=\int_{0}^{2}(2-x)\cos\frac{k\pi}{2}x\,\mathrm{d}x=\frac{2}{k\pi}(2-x)\sin\frac{k\pi}{2}x\Big|_{0}^{2}+\frac{2}{k\pi}\int_{0}^{2}\sin\frac{k\pi}{2}x\,\mathrm{d}x$$

$$=-\left(\frac{2}{k\pi}\right)^2\cos\frac{k\pi}{2}x\Big|_{0}^{2}=\left(\frac{2}{k\pi}\right)^2(1-(-1)^k)=\begin{cases}0,&k=2m,\\\dfrac{8}{\pi^2}\dfrac{1}{k^2},&k=2m-1.\end{cases}$$

所以

$$f(x)\sim 1+\frac{8}{\pi^2}\sum_{m=1}^{\infty}\frac{1}{(2m-1)^2}\cos\frac{2m-1}{2}\pi x.$$

例 11.25 同上题,只是要求展开为正弦级数.

解 这就要求把函数奇延拓到 $[-2,2)$,再把延拓后的函数记为 $g(x)$,即

$$g(x) = \begin{cases} -(2+x), & -2 \leqslant x < 0, \\ 2-x, & 0 \leqslant x < 2, \end{cases}$$

再把 $g(x)$ 以周期 4 延拓到 $(-\infty, +\infty)$，如图 11.4 所示。

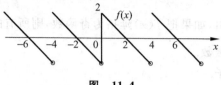

图 11.4

求傅里叶系数。现在仍是 $l=2$，

$$a_k = 0, \quad k = 0, 1, 2, \cdots,$$

$$b_k = \frac{1}{2} \int_{-2}^{2} g(x) \sin \frac{k\pi}{2} x \, dx = \int_{0}^{2} (2-x) \sin \frac{k\pi}{2} x \, dx$$

$$= -\frac{2}{k\pi}(2-x)\cos\frac{k\pi}{2}x \Big|_0^2 - \frac{2}{k\pi}\int_0^2 \cos\frac{k\pi}{2}x \, dx$$

$$= \frac{4}{k\pi}.$$

所以，

$$f(x) \sim \frac{4}{\pi} \sum_{k=1}^{\infty} \frac{1}{k} \sin \frac{k\pi}{2} x.$$

这个式子还告诉我们一个无理数 π 的算法：利用定理 11.16 把 $x=1$ 代入上式，就得到

$$\pi = 4\left(1 - \frac{1}{3} + \frac{1}{5} - \frac{1}{7} + \cdots\right).$$

上面两个例题中的函数是不同的，所以它们有完全不同的傅里叶展开式。然而如果只看 $[0,2]$ 这一段，这两个不同的函数在这一段的值完全相同，尽管它们的展开式形式上并不相同。

习题 11.5

1. 利用定义求下列函数在指定点的泰勒级数：

(1) $f(x) = a^x$, $x_0 = 0$;

(2) $f(x) = \frac{1}{2}(e^x - e^{-x})$, $x_0 = 0$;

(3) $f(x) = \cos x$, $x_0 = \frac{\pi}{2}$;

(4) $f(x)=\sin x, x_0=a$.

2. 利用间接展开法求下列函数在指定点的泰勒级数,并指出收敛域.

(1) $f(x)=\dfrac{1}{1-x^2}, x_0=0$;

(2) $f(x)=\dfrac{1}{(1+x)^2}, x_0=0$;

(3) $f(x)=\dfrac{1}{3+2x}, x_0=0$;

(4) $f(x)=\ln x, x_0=1$;

(5) $f(x)=\displaystyle\int_0^x \ln(1+t)\,\mathrm{d}t, x_0=0$;

(6) $f(x)=\displaystyle\int_0^x \dfrac{\sin t}{t}\,\mathrm{d}t, x_0=0$;

(7) $f(x)=\displaystyle\int_0^x \cos^2 t\,\mathrm{d}t, x_0=0$;

(8) $f(x)=\displaystyle\int_0^x \dfrac{\arctan t}{t}\,\mathrm{d}t, x_0=0$;

(9) $f(x)=(x+1)\mathrm{e}^{-x}, x_0=0$;

(10) $f(x)=\ln\dfrac{1}{2+2x+x^2}, x_0=-1$.

3. 求下列函数的麦克劳林级数中指定的项:

(1) $f(x)=\mathrm{e}^x \sin x$, 0 至 4 次项;

(2) $f(x)=\dfrac{\arctan x}{\mathrm{e}^x}$, 0 至 5 次项;

(3) $f(x)=\tan x$, 0 至 3 次项.

4. 求下列幂级数的收敛域及和函数:

(1) $\displaystyle\sum_{n=1}^{\infty}(-1)^{n-1}x^n$;   (2) $\displaystyle\sum_{n=2}^{\infty}\dfrac{x^{n-2}}{n!}$;

(3) $\displaystyle\sum_{n=1}^{\infty}\dfrac{(2x)^n}{n}$;   (4) $\displaystyle\sum_{n=0}^{\infty}\dfrac{x^n}{2^n}$;

(5) $\displaystyle\sum_{n=1}^{\infty}(2n+1)x^n$;   (6) $\displaystyle\sum_{n=1}^{\infty}\dfrac{2n-1}{2^n}x^{2n-2}$;

(7) $\displaystyle\sum_{n=1}^{\infty}\dfrac{n(n+1)}{2}(x+1)^{n-1}$;   (8) $\displaystyle\sum_{n=1}^{\infty}\dfrac{(x-1)^n}{n}$;

(9) $\displaystyle\sum_{n=1}^{\infty}\dfrac{(-1)^{n-1}}{n(2n-1)}x^{2n}$;   (10) $\displaystyle\sum_{n=0}^{\infty}\dfrac{x^{4n-1}}{4n+1}$;

(11) $\sum_{n=1}^{\infty} \frac{n^2+1}{n! \cdot 2^n} x^n$.

5. 求下列函数在指定区间的傅里叶级数,并画出在$(-\infty,+\infty)$上的图形.

(1) $f(x)=\begin{cases} -\frac{\pi}{2}, & -\pi \leqslant x<0, \\ \frac{\pi}{2}, & 0 \leqslant x<\pi. \end{cases}$ 在$[-\pi,\pi)$.

(2) $f(x)=\begin{cases} 0, & -l \leqslant x<-1, \\ 1, & -1 \leqslant x<1, \\ 0, & 1 \leqslant x<l. \end{cases}$ 在$[-l,l), l>1$.

(3) $f(x)=x$,在$[-l,l)$.

(4) $f(x)=|x|$,在$[-l,l)$.

6. 将下列函数展开成周期为 π 的傅里叶正弦级数:

$$f(x)=\cos x, \quad 0 \leqslant x<\frac{\pi}{2}.$$

7. 将下列函数展开成周期为 $2l$ 的傅里叶余弦级数:

$$f(x)=\begin{cases} 1-x, & 0 \leqslant x<1, \\ 0, & 1<x<l, \end{cases} \quad 在[-l,l), l>1.$$

11.6 广义积分

再回到定积分的问题. 以前我们讨论定积分的概念时,被积函数总是有界的,而积分区间总是有限的. 在学习了无穷级数以后,我们就可以放宽这两个限制. 对于积分区间可以是无穷的情况我们称为**无穷积分**,而对被积函数可能在某些点附近无界的情况则称为**瑕积分**,统称为**广义积分**或**反常积分**. 下面分别加以讨论.

11.6.1 无穷积分

定义 11.6 假设函数 $f(x)$ 在区间$[a,+\infty)$ 有定义,而对任何 $L>a$,$f(x)$ 在区间$[a,L]$上可积. 我们定义下列式子 $\lim_{L\to+\infty}\int_a^L f(x)\mathrm{d}x$ 为 $f(x)$ 在$[a,+\infty)$上的"广义积分". 如果极限 $\lim_{L\to+\infty}\int_a^L f(x)\mathrm{d}x = A$ 存在,则称这个广义积分收敛,并把数 A 称为 $f(x)$ 的**无穷积分**,记为 $\int_a^{+\infty} f(x)\mathrm{d}x$.

如果上述极限不存在,则称这个广义积分为发散的.

同样可定义广义积分 $\lim\limits_{L\to-\infty}\int_L^a f(x)\mathrm{d}x$ 及无穷积分 $\int_{-\infty}^a f(x)\mathrm{d}x$.

根据牛顿-莱布尼茨公式,如果 $f(x)$ 有原函数 $F(x)$,则取极限后有 $\lim\limits_{L\to+\infty}\int_a^L f(x)\mathrm{d}x = \lim\limits_{L\to+\infty}(F(L)-F(a))$. 所以, $f(x)$ 的无穷积分的收敛性问题就归结到其原函数极限 $\lim\limits_{L\to+\infty} F(L)$ 的存在性问题,这和无穷级数的收敛性问题归结到其部分和极限的存在性问题一样.

同样可以定义 $\lim\limits_{L\to-\infty}\int_L^a f(x)\mathrm{d}x = \int_{-\infty}^a f(x)\mathrm{d}x$. 而 $\int_{-\infty}^{+\infty} f(x)\mathrm{d}x$ 的定义是 $\int_{-\infty}^a f(x)\mathrm{d}x, \int_a^{+\infty} f(x)\mathrm{d}x$ 都收敛(注意,不是 $\lim\limits_{L\to+\infty}\int_{-L}^L f(x)\mathrm{d}x$ 收敛).

例 11.26 讨论无穷积分 $\int_1^{+\infty}\dfrac{\mathrm{d}x}{x^\lambda}$ 的收敛性.

解 当 $\lambda\neq 1$ 时,

$$\int_1^{+\infty}\frac{\mathrm{d}x}{x^\lambda} = \lim_{L\to+\infty}\int_1^L\frac{\mathrm{d}x}{x^\lambda} = \lim_{L\to+\infty}\frac{1}{1-\lambda}(L^{1-\lambda}-1) = \begin{cases}\dfrac{1}{\lambda-1}, & \text{当 } \lambda>1, \\ +\infty, & \text{当 } \lambda<1;\end{cases}$$

当 $\lambda=1$ 时,

$$\int_1^{+\infty}\frac{\mathrm{d}x}{x} = \lim_{L\to+\infty}\ln L \to +\infty.$$

所以,这个无穷积分当 $\lambda>1$ 时收敛,当 $\lambda\leqslant 1$ 时发散.

例 11.27 讨论无穷积分 $\int_a^{+\infty}\dfrac{\mathrm{d}x}{x(\ln x)^\lambda}$ 的收敛性,其中 $a>1$.

解 $\int_a^L\dfrac{\mathrm{d}x}{x(\ln x)^\lambda} = \int_a^L\dfrac{\mathrm{d}(\ln x)}{(\ln x)^\lambda} = \int_{\ln a}^{\ln L}\dfrac{\mathrm{d}t}{t^\lambda}$,利用例 11.26,可知这个无穷积分当 $\lambda>1$ 时收敛,当 $\lambda\leqslant 1$ 时发散.

类似于无穷级数收敛性的比较判别法,下面是相应的无穷积分收敛性的比较判别法.

命题 11.1 设对任意的 $L>a$,函数 $f(x),g(x)$ 在 $[a,L]$ 上可积,而且 $0\leqslant f(x)\leqslant g(x)$,则有下面的结论:

(1) 如果 $\int_a^{+\infty} g(x)\mathrm{d}x$ 收敛,则 $\int_a^{+\infty} f(x)\mathrm{d}x$ 也收敛;

(2) 如果 $\int_a^{+\infty} f(x)\mathrm{d}x$ 发散,则 $\int_a^{+\infty} g(x)\mathrm{d}x$ 也发散.

根据这个命题,通常把例 11.26 中的无穷积分 $\int_a^{+\infty}\dfrac{\mathrm{d}x}{x^\lambda}\left(\text{或}\int_a^{+\infty}\dfrac{\mathrm{d}x}{(x-c)^\lambda},a<c\right)$ 作为比较的一个标准,这就是下面的定理.

定理 11.17 设对任意的 $L>a$,非负函数 $f(x)$ 在 $[a,L]$ 上可积,则有

以下的判别法：

(1) 如果存在正常数 M, d，使得 $f(x) \leqslant \dfrac{M}{x^{1+d}}$，那么无穷积分 $\displaystyle\int_a^{+\infty} f(x)\,\mathrm{d}x$ 收敛；

(2) 如果存在正常数 M，使 $f(x) \geqslant \dfrac{M}{x}$，那么无穷积分 $\displaystyle\int_a^{+\infty} f(x)\,\mathrm{d}x$ 发散.

例 11.28　判断下列无穷积分的收敛与发散性：

(1) $\displaystyle\int_1^{+\infty} \dfrac{\mathrm{d}x}{x\sqrt{1+x}}$；　　(2) $\displaystyle\int_1^{+\infty} x^m \mathrm{e}^{-x}\,\mathrm{d}x$；

(3) $\displaystyle\int_1^{+\infty} \dfrac{\ln(1+x^2)}{x}\,\mathrm{d}x$；　　(4) $\displaystyle\int_1^{+\infty} \dfrac{x\ln x}{1+x}\,\mathrm{d}x$.

解　(1) 估计被积函数 $\dfrac{1}{x\sqrt{1+x}} \leqslant \dfrac{1}{x\sqrt{x}} = \dfrac{1}{x^{3/2}}$，根据例 11.26，这个积分收敛.

(2) 因为 $\displaystyle\lim_{x\to+\infty} x^m \mathrm{e}^{-x} = 0$，所以对任何实数 m，函数 $x^m \mathrm{e}^{-x}$ 在 $[1, +\infty)$ 上有界，于是 $x^m \mathrm{e}^{-x} = \dfrac{x^{m+2}\mathrm{e}^{-x}}{x^2} \leqslant \dfrac{M}{x^2}$.

由例 11.26，这个无穷积分收敛.

(3) 估计被积函数 $\dfrac{\ln(1+x^2)}{x} \geqslant \dfrac{\ln 2}{x}$，根据例 11.26 及命题 11.1，这个积分发散.

(4) 由于 $\dfrac{x\ln x}{1+x} \geqslant \dfrac{\ln x}{2}$，而根据定义，积分 $\displaystyle\int_1^{+\infty} \ln x\,\mathrm{d}x$ 发散，所以积分发散.

以上讨论的是非负（或非正）函数的无穷积分，下面讨论可变号函数的无穷积分. 与无穷级数的情况类似，我们先给出定义.

定义 11.7　如果非负函数 $|f(x)|$ 的无穷积分收敛，则称 $f(x)$ 的无穷积分**绝对收敛**. 如果无穷积分 $\displaystyle\int_a^{+\infty} |f(x)|\,\mathrm{d}x$ 发散，而无穷积分 $\displaystyle\int_a^{+\infty} f(x)\,\mathrm{d}x$ 收敛，则称 $\displaystyle\int_a^{+\infty} f(x)\,\mathrm{d}x$ **条件收敛**.

与级数的情况一样，下面是一个判定可变号函数无穷积分为收敛的充分条件.

定理 11.18　如果无穷积分 $\displaystyle\int_a^{+\infty} |f(x)|\,\mathrm{d}x$ 收敛，则无穷积分 $\displaystyle\int_a^{+\infty} f(x)\,\mathrm{d}x$ 也收敛.

11.6.2 瑕积分

定义 11.8 如果函数 $f(x)$ 在 $[a,b]$ 上无界,但在任何闭区间 $[a,b-c]$($b-a>c>0$) 上可积,定义 $\int_a^b f(x)\mathrm{d}x = \lim_{c\to 0^+} \int_a^{b-c} f(x)\mathrm{d}x = \int_a^{b-0} f(x)\mathrm{d}x$,并称之为 $f(x)$ 在 $[a,b]$ 上的**瑕积分**,b 称为**瑕点**. 如果这个极限存在,就说瑕积分收敛,否则就说它发散.

如果 $f(x)$ 在区间 $[a,b]$ 的某一内点 c 附近无界,则 $f(x)$ 在 $[a,b]$ 上的瑕积分定义为

$$\int_a^b f(x)\mathrm{d}x = \int_a^{c-0} f(x)\mathrm{d}x + \int_{c+0}^b f(x)\mathrm{d}x.$$

与无穷积分的情况一样,判别一个非负(非正)函数瑕积分的收敛性常用比较判别法. 最常见的判别函数是 $\dfrac{1}{(x-c)^p}$(这里假设瑕点为 $x=c$).

例 11.29 判别瑕积分 $\int_0^1 \dfrac{\mathrm{d}x}{x^p}$ 的收敛性.

解 如果 $p \neq 1$,则

$$\int_0^1 \frac{\mathrm{d}x}{x^p} = \frac{1}{1-p} x^{1-p} \Big|_{0^+}^1 = \begin{cases} \dfrac{1}{1-p}, & p < 1, \\ +\infty, & p > 1. \end{cases}$$

如果 $p=1$,则 $\int_0^1 \dfrac{\mathrm{d}x}{x} = \ln x \Big|_{0^+}^1 \to +\infty.$

所以 $\int_0^1 \dfrac{\mathrm{d}x}{x^p}$ 当 $p<1$ 时收敛,而当 $p \geq 1$ 时发散.

定理 11.19 设在 $(a,b]$ 上, $0 \leq f(x) \leq g(x)$, a 是它们的瑕点,则

(1) 如果 $\int_a^b g(x)\mathrm{d}x$ 收敛,则 $\int_a^b f(x)\mathrm{d}x$ 收敛;

(2) 如果 $\int_a^b f(x)\mathrm{d}x$ 发散,则 $\int_a^b g(x)\mathrm{d}x$ 发散.

把这个定理与例 11.29 联系起来,就得到以下的判别法.

定理 11.20 如果 $f(x)$ 在 $(a,b]$ 上非负,而且以 a 为瑕点,则

(1) 如果有常数 $M>0, p<1$,使得 $f(x) \leq \dfrac{M}{(x-a)^p}$,则 $\int_a^b f(x)\mathrm{d}x$ 收敛;

(2) 如果有常数 $m>0, p \geq 1$,使得 $f(x) \geq \dfrac{m}{(x-a)^p}$,则 $\int_a^b f(x)\mathrm{d}x$ 发散.

对于一个在瑕点附近可变号的函数，同样可定义瑕积分的绝对收敛和条件收敛，也有类似于定理 11.18 的结论.

例 11.30　讨论下列瑕积分的收敛与发散性：

(1) $\int_0^1 \ln x \, dx$;　　　　　　(2) $\int_0^1 \dfrac{dx}{\sqrt{1-x^2}}$;

(3) $\int_0^1 x^{p-1}(1-x)^{q-1} dx$;　　(4) $\int_1^{+\infty} x^{m-1} e^{-x} dx$.

解　(1) 这个积分的瑕点在 $x=0$. 判断这个瑕积分收敛的简单办法是求出 $\int_c^1 \ln x \, dx$，然后看 $c \to 0^+$ 的极限是否存在.

下面用的是比较判别法. 由于在 $(0,1)$ 内 $\ln x$ 为负，我们可以考虑等价的瑕积分 $\int_0^1 (-\ln x) dx = \int_0^1 |\ln x| dx$. 为此考虑 $|\ln x| = \dfrac{x^{1/2} |\ln x|}{x^{1/2}}$. 利用洛比达法则可知 $\lim\limits_{x \to 0^+} x^{1/2} |\ln x| = 0$，所以在 $(0,1]$ 上，函数 $x^{1/2} |\ln x| \leqslant M$. 于是 $|\ln x| \leqslant \dfrac{M}{x^{1/2}}$. 根据定理 11.20，可知这个瑕积分收敛.

(2) 此积分的瑕点在 $x=1$，由于 $\dfrac{1}{\sqrt{1-x^2}} = \dfrac{1}{\sqrt{1+x}} \cdot \dfrac{1}{\sqrt{1-x}}$，而在 $[0,1)$ 上，$\dfrac{1}{\sqrt{1+x}} \leqslant 1$，因此被积函数满足 $\dfrac{1}{\sqrt{1-x^2}} \leqslant \dfrac{1}{\sqrt{1-x}}$，根据定理 11.20，这个瑕积分收敛.

(3) 这个积分有两个瑕点：$x=0$ 及 $x=1$. 可以把它们分开

$$\int_0^1 x^{p-1}(1-x)^{q-1} dx = \int_0^{1/2} x^{p-1}(1-x)^{q-1} dx + \int_{1/2}^1 x^{p-1}(1-x)^{q-1} dx.$$

根据定理 11.20，第一个瑕积分在 $p>0$ 时收敛，而第二个瑕积分在 $q>0$ 时收敛. 所以原积分在 $p>0, q>0$ 时收敛.

(4) 这是一个在 $x=0$ 处有瑕点的瑕积分，又是一个无穷积分. 可以写成

$$\int_0^1 x^{m-1} e^{-x} dx + \int_1^{+\infty} x^{m-1} e^{-x} dx.$$

第一个瑕积分当 $m>0$ 时收敛；第二个积分的被积函数可写成 $\dfrac{x^{m+1} e^{-x}}{x^2}$，由洛比达法则，可知当 $x \to +\infty$ 时，$x^{m+1} e^{-x} \to 0$，因此它在 $[1,+\infty)$ 上有界，根据定理 11.17，这个无穷积分收敛，所以原积分在 $m>0$ 时收敛.

习题 11.6

1. 计算下列广义积分：

(1) $\int_2^{+\infty} \dfrac{\mathrm{d}x}{x^2-1}$; (2) $\int_0^{+\infty} x\mathrm{e}^{-x^2}\mathrm{d}x$;

(3) $\int_\mathrm{e}^{+\infty} \dfrac{\mathrm{d}x}{x(\ln x)^2}$; (4) $\int_1^{+\infty} \dfrac{\mathrm{d}x}{x\sqrt{x^2-1}}$;

(5) $\int_0^1 \dfrac{\arcsin x}{\sqrt{1-x^2}}\mathrm{d}x$; (6) $\int_0^1 \ln x\,\mathrm{d}x$.

2. 讨论下列广义积分的收敛性：

(1) $\int_0^{+\infty} \dfrac{2x+1}{x^3+x^2+1}\mathrm{d}x$; (2) $\int_1^{+\infty} \dfrac{\mathrm{d}x}{x^p+x^q}\ (p>0, q>0)$;

(3) $\int_0^1 \dfrac{\mathrm{d}x}{\sqrt{x(1-x)}}$; (4) $\int_0^1 \dfrac{\ln x}{1-x}\mathrm{d}x$.

3. 设无穷积分 $\int_0^{+\infty} f^2(x)\mathrm{d}x$ 与 $\int_0^{+\infty} g^2(x)\mathrm{d}x$ 都收敛，证明：

(1) $\int_0^{+\infty} f(x)g(x)\mathrm{d}x$ 绝对收敛；

(2) $\int_0^{+\infty} [f(x)+g(x)]^2\mathrm{d}x$ 收敛.

复习题 11

1. 已知级数 $\sum\limits_{n=1}^{\infty}(-1)^{n-1}u_n=2$, $\sum\limits_{n=1}^{\infty}u_{2n-1}=5$, 求级数 $\sum\limits_{n=1}^{\infty}u_n$ 的和.

2. 设级数 $\sum\limits_{n=1}^{\infty}u_n$ 收敛，且 $\lim\limits_{n\to\infty}\dfrac{v_n}{u_n}=1$. 问级数 $\sum\limits_{n=1}^{\infty}v_n$ 是否也收敛？

3. 若级数 $\sum\limits_{n=1}^{\infty}(-1)^{n-1}u_n\ (u_n>0)$ 条件收敛，证明级数 $\sum\limits_{n=1}^{\infty}u_{2n-1}$ 发散.

4. 设 $f(x)=\sum\limits_{n=0}^{\infty}a_n x^n, x\in(-R,R)(R>0)$, 若 $f(x)$ 是偶函数，试证 $a_{2n+1}=0\ (n=0,1,2,\cdots)$.

第 11 章　无穷级数

5. 将函数 $f(x)=\ln(x+\sqrt{x^2+1})$ 展开成 x 的幂级数.

6. 将函数 $f(x)=\dfrac{1}{1+x}$ 展开为 $\dfrac{1}{x}$ 的幂级数.

7. 求极限 $\lim\limits_{n\to\infty}\left[2^{\frac{1}{3}}\times 4^{\frac{1}{9}}\times 8^{\frac{1}{27}}\times\cdots\times(2^n)^{\frac{1}{3^n}}\right]$.

8. 求下列级数的和：

(1) $\sum\limits_{n=1}^{\infty}\dfrac{n^2}{n!}$;

(2) $\sum\limits_{n=0}^{\infty}(-1)^n\dfrac{n+1}{(2n+1)!}$.

常微分方程

第 12 章

12.1 基本定义

在讨论常微分方程的问题之前,我们先提一下更一般的函数方程.

在中学学习代数的时候,我们就知道所谓"代"数,就是把一个数,代入一个含有未知量 x 的式子中去(那时的式子往往是 x 的多项式,例如 x^2+x-1 之类;在学了函数的概念之后,就知道这类"含有未知量 x 的式子"其实就是一个函数的解析表示式,而"代入"不过是求这个函数的值). 与"代入"相对的就是"解方程",它是中学代数课学习的主要内容. 例如,我们把 $x=2$ 代入 $f(x)=x^2+x-1$,很容易知道它的值是 5,而解方程的问题就是反过来问:如果知道式子 $f(x)$ 以及它所应取的值是 5,问如何去找 x 使得 $f(x)=5$? 因此解方程的问题就是求这个式子所表示的函数 f 的反函数 f^{-1},然后求这个反函数的值,也就是求 $f^{-1}(5)$.

一元函数 $y=f(x)$ 是实数集 $\mathbb{R}$ 到实数集 $\mathbb{R}$ 的一个映射(对应关系),它的逆映射(反函数)存在的条件是这个映射是一一的. 这种一一对应的关系当然不止限于实数范围. 例如,如果把在区间 $I=[0,1]$ 上连续函数的全体记为 $C(I)$,我们定义一个集合 $C(I)$ 到实数集 $\mathbb{R}$ 之间的映射 F 为

$$F: F(f(x)) = \int_0^1 f(x) \mathrm{d}x = c \in \mathbb{R},$$

这个映射是一个多一映射,因为很多不同的连续函数在 I 上的积分可以取同一值. 例如 $C(I)$ 中不同的函数 $3x^2, 4x^3$ 都对应到

第 12 章 常微分方程

同一实数 $c=1$；于是函数方程 $\int_0^1 f(x)\mathrm{d}x = 1$ 的解就不止一个了.

又例如我们把 I 上所有具有一阶连续导数的函数集合记为 $C^1(I)$. 定义一个 $C^1(I)$ 到 $C(I)$ 的映射 D 为

$$D: D(f(x)) = f'(x) \in C(I),$$

这也是一个多一映射, 因为我们知道, 如果 $f(x)$ 对应到 $f'(x) \in C(I)$, 则对任意常数 $A, f(x)+A$ 也对应到同一个 $f'(x)$. 和上一例子不同的是, 所有映射到 $f'(x)$ 的 $C^1(I)$ 中的函数彼此间都只相差一个常数; 因此函数方程 $f'(x)=g(x)$（其中 g 为已知函数）的解虽然不止一个, 但所有的解彼此间只差一个常数.

以前所说的求已知函数 $g(x)$ 的不定积分 $f(x)$ 的问题, 其实就是求解函数方程 $f'(x)=g(x)$; 也就是求一个函数 $f(x)$, 使它的导函数正好就是已知函数 $g(x)$. 这个方程的解是一个函数, 而方程中还出现了未知函数的导数, 所以人们把这类函数方程叫做**微分方程**.

定义 12.1 在区间 $I=(a,b)$ 内的一个含有自变量 x、未知函数 $y(x)$ 及其导函数的函数方程

$$F(x,y(x),y'(x),\cdots,y^{(n)}(x)) = 0 \tag{12.1}$$

就叫做一个**常微分方程**; 其中实际出现导数最高的阶数叫做这个微分方程的**阶数**. 例如 $yy''+xy'=1, y''+\dfrac{y}{\sqrt{1+y'^2}}=0$ 都是二阶常微分方程.

如果把一个常微分方程 $F(x,y(x),y'(x))=0$ 中的 $y'(x)$ 解出来, 就得到显式表示：

$$y'(x) = f(x,y(x)). \tag{12.2}$$

定义 12.2 设函数 $y=g(x)$ 在 I 中连续并有直到 n 阶的导数, 如果把它们代入 (12.1) 式后使之成为 x 的一个恒等式, 则称函数 $g(x)$ 是常微分方程 (12.1) 的一个**解**.

从理论上说, 对微分方程的研究首先是它的解的存在性和惟一性. 知道了解的存在, 我们就不至于盲目地去寻求并不存在的东西; 证明解只有一个, 就可以不受方法的约束, 因为我们知道用任何办法（包括直觉的猜测）所得到的解都是一样的.

然而并非所有的常微分方程都有解, 即使有解, 往往也不止一个. 对于存在性的问题, 一般解决的办法是对方程 (12.1) 中的函数 F 加以限制; 但对于解的惟一性问题, 光是限制函数 F 还不够, 因为即使是最简单的方程 $y'=f(x)$, 它的解 $y(x)=\int f(x)\mathrm{d}x+C$ 由于带有任意常数也有无穷多个, 所以要

使方程的解只有一个,还需要对解加以限制.先引进下面两个定义.

定义 12.3 方程(12.1)所有的解称为它的**通解**,它们通常可用一个带有 n 个独立的任意常数的函数 $y=y(x,C_1,C_2,\cdots,C_n)$ 来表示;一个任意常数都确定了的解叫做方程(12.1)的一个**特解**.

* 所谓"独立的 n 个任意常数"就是指这些常数之间不存在任何函数关系.

定义 12.4 设 $x_0 \in I$,而 $y_0, y_1, \cdots, y_n$ 为 $n+1$ 个任意给定的实数,则方程(12.1)的一个满足条件 $y(x_0)=y_0, y'(x_0)=y_1, \cdots, y^{(n)}(x_0)=y_n$ 的特解 $y=y(x)$ 就称为如下**初值问题**(或柯西问题)的解:

$$\begin{cases} F(x,y,y',\cdots,y^{(n)}) = 0, \\ y(x_0) = y_0, \\ y'(x_0) = y_1, \\ \vdots \\ y^{(n)}(x_0) = y_n. \end{cases} \tag{12.3}$$

对于一阶方程,初值问题的提法就是:

$$\begin{cases} y' = f(x,y), \\ y(x_0) = y_0. \end{cases} \tag{12.4}$$

例如在 $[0,1]$ 上解初值问题

$$\begin{cases} y^2 y' - (x+1)(y-2) = 4, \\ y(0) = -1, \end{cases}$$

它的解就是

$$y = x - 1.$$

下面就是一个常用的一阶常微分方程初值问题解的存在及惟一性定理.

定理 12.1 设在矩形区域 $D: |x-x_0|<a, |y-y_0|<b$ 中,二元函数 $f(x,y)$ 连续,而且对于自变量 y 满足"利普希茨条件": $|f(x,y_1)-f(x,y_2)| \leqslant L|y_1-y_2|$,其中 L 为常数,则初值问题(12.4)在区间 $[x_0-h, x_0+h]$ 上有且只有一个解,其中 $h=\min\left\{a, \dfrac{b}{M}\right\}$,而 $M=\max\limits_{D}\{|f(x,y)|\}$.

* 这里所说的解的存在,是指存在一个可微函数 $y(x)$,它满足(12.4)式,并不要求可以用解析式子把它表示出来,更没有要求用初等函数来表示.事实上,有大量常微分方程的解是不能用初等函数来表示的.

* 为了保证初值问题解的惟一性,类似于利普希茨条件之类的假设是不可少的.例如看 $[0,1]$ 上的初值问题

$$\begin{cases} y' = 2y^{1/2}, \\ y(0) = 0. \end{cases}$$

这个问题有一个明显的解 $y(x) \equiv 0$,但它还有一个解 $y = x^2$,所以这个初值问题的解不是惟一的.

习题 12.1

1. 验证下列各题中的函数 $y = y(x)$ 是否是所给微分方程的解.
   (1) $xy' = 2y, y = 5x^2$;
   (2) $y'' - 3y' + 2y = 0, y = C_1 e^x + C_2 e^{2x}$;
   (3) $(x - 2y)y' = 2x - y, y = y(x)$ 满足 $x^2 - xy + y^2 = C$;
   (4) $x(y-1)y'' + (xy' + y - 2)y' = 0, y = y(x)$ 满足 $y = \ln(xy)$.

2. 验证 $y = \frac{1}{2}e^x + \frac{1}{x}(C_1 e^x + C_2 e^{-x})$ (C_1, C_2 是任意常数) 是方程 $xy'' + 2y' - xy = e^x$ 的通解.

3. 利用解的惟一性,设 $y = \varphi(x)$ 是方程 $y' + P(x)y = 0$ 的一个不恒等于零的解,其中 $P(x)$ 是 $[a, b]$ 上的连续函数.证明 $\varphi(x) \neq 0$ 对所有的 $x \in [a, b]$ 都成立.

12.2 解常微分方程的一些初等方法

利用不定积分来求方程(12.2)的解的方法叫做**初等方法**.这种方法没有太多的规律可循,有的比较简单,有些则需要较高的技巧.下面我们将通过一些例子来说明一些最常用的方法.

1. 解一阶方程的分离变量法

这是一种常用的基本方法,主要的技巧是设法把方程(12.2)化成一个全微分.

例 12.1 求解方程 $y' = -\frac{y}{x}$.

解 把方程写成形式 $\frac{\mathrm{d}y}{\mathrm{d}x} = -\frac{y}{x}$,则有 $x\mathrm{d}y + y\mathrm{d}x = 0$,左端是一个全微分 $\mathrm{d}(xy) = 0$,因而 $xy = C$,或得到解 $y(x) = \frac{C}{x}$,其中 C 为任意常数,所以这是方程的通解.

例 12.2 求解方程 $y' = \dfrac{1-x}{xy}$.

解 把方程写为 $y\mathrm{d}y = \left(\dfrac{1}{x}-1\right)\mathrm{d}x$，两边求不定积分，就得到 $\dfrac{1}{2}y^2 = \ln|x| - x + C$，或者写成通解的形式 $y = \pm\sqrt{2\ln|x| - 2x + 2C}$.

例 12.3 求解方程 $y' = \dfrac{y-x}{y+x}$.

解 这个方程不能直接分离变量，但它可通过以下的代换来做到.

设 $y = vx$，其中 v 也是 x 的函数. 把它代入方程，得到

$$v'x + v = \dfrac{(v-1)x}{(v+1)x}, \quad \text{或} \quad v'x = -\dfrac{v^2+1}{v+1},$$

这个关于函数 v 的微分方程就是变量可以分离的了，即 $\dfrac{v+1}{v^2+1}\mathrm{d}v = -\dfrac{\mathrm{d}x}{x}$；两边求不定积分，得到

$$\dfrac{1}{2}\ln(v^2+1) + \arctan v = -\ln|x| + C.$$

把 $v = \dfrac{y}{x}$ 代回去，就得到解 $y(x)$ 的隐函数表示：

$$\ln(x^2 + y^2) + 2\arctan\dfrac{y}{x} = C_1.$$

例 12.4 求解方程 $y' = g(x+y)$，其中 g 是一个已知的一元连续函数.

解 做代换 $x + y = v$，则 $y' = v' - 1$，代入原方程得 $v' = 1 + g(v)$，这个方程可分离变量，即 $\dfrac{\mathrm{d}v}{1+g(v)} = \mathrm{d}x$. 得到解为隐函数 $\displaystyle\int^{x+y}\dfrac{\mathrm{d}t}{1+g(t)} = x + C$；左边是一个不定积分.

* 试把这个隐函数两边对 x 求导，验证它是解.

2. 一阶线性方程

形如 $y' + p(x)y = q(x)$ 的方程，其中 p 和 q 为已知的连续函数，称为**一阶线性微分方程**；其中 $q(x) \equiv 0$ 的情况称为**齐次线性方程**，否则称为**非齐次线性方程**.

这类方程之所以被称为"线性"，是因为在方程中所出现的都是未知函数及其导数的线性（一次）函数；因此对齐次线性方程来说，它们的解具有一个重要的性质：如果 $y_1(x), y_2(x)$ 是齐次方程的两个解，则对任意常数 C_1, C_2，$C_1 y_1 + C_2 y_2$ 也是齐次方程的解. 这就是齐次线性方程解的**叠加原理**.

一阶线性方程是一种常见的微分方程，对它的求解仍是利用分离变量法.

例 12.5 求解方程 $y'=(1+x)y$.

解 分离变量得 $\dfrac{\mathrm{d}y}{y}=(1+x)\mathrm{d}x$，两边求不定积分，即得 $\ln y=x+\dfrac{x^2}{2}+C$，通解为

$$y=C_1\mathrm{e}^{x+\frac{x^2}{2}},\quad 其中 \quad C_1=\mathrm{e}^C.$$

例 12.6 求解方程 $y'+p(x)y=0$，其中 $p(x)$ 是已知的连续函数.

解 这是一个一般形式的一阶齐次线性方程. 仍用分离变量法，得 $\dfrac{\mathrm{d}y}{y}=-p(x)\mathrm{d}x$，求不定积分后，得 $\ln y=-\displaystyle\int p(x)\mathrm{d}x+C$，或写成显式的通解：

$$y(x)=C_1\mathrm{e}^{-\int p(x)\mathrm{d}x}.$$

例 12.7 求解方程 $y'=xy+2x$.

解 这是一个一阶非齐次线性方程. 从形式上看，不能马上用分离变量的方法，但我们可以设法把前两项凑成一个全微分.

为此把方程的两边同乘一个待定的函数 $h(x)$，方程变为 $h(x)\mathrm{d}y-h(x)xy\mathrm{d}x=2h(x)x\mathrm{d}x$，要使左边成为一个全微分 $\mathrm{d}(h(x)y)=h(x)\mathrm{d}y+h'(x)y\mathrm{d}x$，于是要求 $h(x)$ 满足 $h'(x)=-h(x)x$，这是一个可以分离变量的方程，得到一个特解 $h(x)=\mathrm{e}^{-\int x\mathrm{d}x}=\mathrm{e}^{-\frac{x^2}{2}}$. 回到原方程，把它的两边都乘以 $\mathrm{e}^{-\frac{x^2}{2}}$，得到 $\mathrm{e}^{-\frac{x^2}{2}}y'-\mathrm{e}^{-\frac{x^2}{2}}xy=\mathrm{e}^{-\frac{x^2}{2}}2x$，或 $(\mathrm{e}^{-\frac{x^2}{2}}y)'=2x\mathrm{e}^{-\frac{x^2}{2}}$. 于是得到通解 $y(x)=\mathrm{e}^{\frac{x^2}{2}}\left(\displaystyle\int 2x\mathrm{e}^{-\frac{x^2}{2}}\mathrm{d}x+C\right)=-2+C\mathrm{e}^{\frac{x^2}{2}}$.

例 12.8（解一般一阶非齐次线性方程） 求解

$$y'+p(x)y=q(x). \tag{12.5}$$

解 用与例 12.7 同样方法，把方程两边同乘 $\mathrm{e}^{\int p(x)\mathrm{d}x}$，得到

$$\dfrac{\mathrm{d}}{\mathrm{d}x}(\mathrm{e}^{\int p(x)\mathrm{d}x}y(x))=\mathrm{e}^{\int p(x)\mathrm{d}x}q(x).$$

再求不定积分，最后得到方程(12.5)的通解

$$y(x)=\mathrm{e}^{-\int p(x)\mathrm{d}x}\int \mathrm{e}^{\int p(x)\mathrm{d}x}q(x)\mathrm{d}x+C\mathrm{e}^{-\int p(x)\mathrm{d}x}. \tag{12.6}$$

*例 12.9 求解方程 $y'=\dfrac{1}{x+y^2}$.

解 这个方程不属于上面讨论过的类型，但我们可以把要求的解函数 $y=y(x)$ 写成 $x=x(y)$ 的形式. 这样原方程就变成一个求 $x=x(y)$ 的方程 $\dfrac{\mathrm{d}y}{\mathrm{d}x}=\dfrac{1}{\mathrm{d}x/\mathrm{d}y}=\dfrac{1}{x+y^2}$，或者 $x'=x+y^2$. 这是一个求 $x(y)$ 的线性方程，它的解就是

$$x=\mathrm{e}^y\int \mathrm{e}^{-y}y^2\mathrm{d}y+C\mathrm{e}^y=-(y^2+2y+2)+C\mathrm{e}^y.$$

3. 一阶常微分方程的一些应用

例 12.10（正交轨线问题） 求与同心圆族 $x^2+y^2=a^2$ 中的每一个圆都正交的曲线族.

设平面上两条曲线 $y=y_1(x), y=y_2(x)$ 交于一点 (x,y)，它们在这一点的切线斜率分别为 $y_1'(x)=\tan\psi, y_2'(x)=\tan\varphi$. 如果这两条切线正交，就称这两条曲线在这一点**正交**，如图 12.1. 两条曲线在一点相互正交的必要充分条件是 $\psi-\varphi=\dfrac{\pi}{2}$，或在等式 $\tan(\psi-\varphi)=\dfrac{\tan\psi-\tan\varphi}{1+\tan\psi\tan\varphi}$ 中，有 $\tan\psi\tan\varphi=y_1'y_2'=-1$.

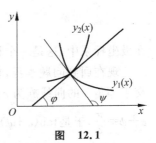

图 12.1

现在已知一族圆心在原点的同心圆族，求一族曲线，其中每一条曲线都与所有的同心圆正交（这样的曲线族叫做原曲线族的**正交轨线**）.

解 对圆族中任意一个圆，都有 $2x\mathrm{d}x+2y\mathrm{d}y=0$，因而在点 (x,y) 处圆的切线斜率为 $y'=-\dfrac{x}{y}$，与之在 (x,y) 处正交的曲线的切线斜率应该是 $y'=\dfrac{y}{x}$. 这是一个可分离变量的方程，通解（曲线族）就是 $y=Cx$. 它们组成所有过原点的直线族.

例 12.11（等倾轨线问题） 求与同心圆族 $x^2+y^2=a^2$ 中的每一个圆都交于定角 α 的曲线族.

解 这个问题是上面例子的推广，解法也类似. 这里我们在极坐标系中来解这个问题. 我们先看在极坐标系中一个显函数（曲线）$r=r(\theta)$ 在一点处的斜率是如何表示的.

如图 12.2, t 是曲线在一点的切线, l 是过原点与向径同向的直线；这两条直线的夹角 ψ 与 θ 之和就是切线 t 与 x 轴的夹角，它的正切就是我们要求的切线斜率.

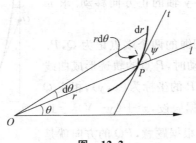

图 12.2

下面就来具体计算曲线上一点的切线和向径之间夹角的正切 $\tan\psi$.

在图 12.2 中,可以看出,如果曲线的方程为 $r=r(\theta)$,则在其上一点,切线和向径之间的夹角 ψ 满足关系 $\tan\psi = r\mathrm{d}\theta/\mathrm{d}r$,或

$$\tan\psi = \frac{r}{r'}. \tag{12.7}$$

在极坐标系中,这是一个很有用的式子.

现在回到问题本身,在极坐标系中,同心圆族的方程就是 $r=a$. 设与它们交于等角 α 的曲线族为 $r=r(\theta)$,由于圆的向径与圆周正交,如图 12.3,即有 $\alpha+\psi=\frac{\pi}{2}$,于是 $\tan(\alpha+\psi)=\frac{\tan\alpha+\tan\psi}{1-\tan\alpha\tan\psi}$ 应该是 ∞,即 $\tan\psi=\frac{1}{\tan\alpha}$(常数). 根据(12.7)式,就有 $r'=r\tan\alpha$,这是一个线性齐次方程,它的通解就是 $f(\theta)=Ce^{\theta\tan\alpha}$. 这族曲线叫做**对数螺线**或**对角螺线**.

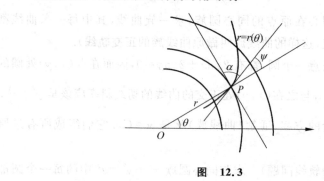

图 12.3

这族螺线与同心圆族 $r=a$ 所交的角都是 α,而过原点的直线族 $y=Cx$(在极坐标系中是 $\theta=K$(常数))又与同心圆族正交,所以可以看出,这族螺线族也与过原点的直线族交于定角.

例 12.12(曳物线问题) 在 xOy 平面上,一根长为一个单位,柔软而无弹性的细绳位于 x 轴的区间 $[0,1]$ 上,在 $x=1$ 的一端系一个小物体 m,然后使其另一端沿 y 轴的正方向移动. 求 m 的移动轨迹.

解 如图 12.4,细绳的两个端点记为 Q,P. 在 Q 点沿 y 轴向上移动时,P 点的轨迹形成曲线 $y=y(x)$. 取曲线上点 P 的坐标为 (x,y),相应 Q 点的坐标为 $(0,Y)$,根据假设,$x^2+(y-Y)^2=1$,即 $y-Y=-\sqrt{1-x^2}$. 根据题意,PQ 的方向就是

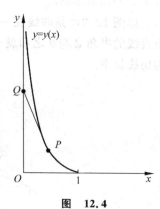

图 12.4

曲线在(x,y)点的切线方向,也就是

$$y' = \frac{y-Y}{x} = \frac{\sqrt{1-x^2}}{-x}.$$

这是一个可以直接求不定积分的微分方程,它的解就是

$$y(x) = -\int_1^x \frac{\sqrt{1-x^2}}{x}\mathrm{d}x + C. \tag{12.8}$$

可以用变量替换 $x=\cos t, \mathrm{d}x=-\sin t\mathrm{d}t$ 来求这个不定积分:

$$-\int\frac{\sqrt{1-x^2}}{x}\mathrm{d}x = \int\frac{\sin^2 t\mathrm{d}t}{\cos t} = \int\tan t\sin t\mathrm{d}t = -\sin t + \ln|\sec t + \tan t|$$

$$= -\sqrt{1-x^2} + \ln\left|\frac{1}{x} + \frac{\sqrt{1-x^2}}{x}\right|. \tag{12.9}$$

把它代入(12.8)式,再利用 $x=1$ 时,$y=0$,得到 $C=0$. 因此这个问题的解就是(12.9)式.

　　* 函数(12.9)称为"曳物线",它满足"曳物线方程". 这个方程描述了一类现象,其中的核心是所求曲线上任何一点的切线和此点与另一动点的连线正好一致. 例如它也可用于"追踪问题": Q 沿已知曲线逃跑,追踪者 P 从某点出发,盯住 Q 追赶,则他跑过的路线就是某一类曳物线.

例 12.13(元素的衰变)　放射性元素衰变过程的实验根据是: 在任何时刻 t,原子个数的减少率与当时原子的总数成正比,即它表示为一个一阶线性方程:

$$\frac{\mathrm{d}N(t)}{\mathrm{d}t} = -\lambda N(t), \tag{12.10}$$

其中比例常数 $\lambda > 0$ 称为这种元素的**衰变常数**,对不同的元素它的值由实验确定. 另外,我们把元素的原子核有半数发生衰变所需的时间 τ 称为这种元素的**半衰期**.

　　如果某种元素在开始时($t=0$)原子核数是 N_0,这时方程(12.10)的解为 $N(t)=N_0 \mathrm{e}^{-\lambda t}$. 根据半衰期的定义,$\frac{N_0}{2}=N_0\mathrm{e}^{-\lambda\tau}$. 于是得到半衰期的表示式 $\tau = \frac{\ln 2}{\lambda}$. 把这个式子代入解中,就得到 $N(t)=N_0\mathrm{e}^{-\frac{\ln 2}{\tau}t}$. 解出 t 得

$$t = \frac{\tau}{\ln 2}\ln\frac{N_0}{N(t)}. \tag{12.11}$$

(12.11)式可以用来估算古文物的年代. 在(12.11)式中,右端的比值 $\frac{N_0}{N(t)}$ 可以用下面的方法计算: 由 $N'(t)=-\lambda N(t), N'(0)=-\lambda N_0$,得 $\frac{N(0)}{N(t)}=$

$\dfrac{N'(0)}{N'(t)}$，其中 $N'(t)$ 是测试对象的衰变率，$N'(0)$ 是同一元素当时测试的衰变率，它们都可以测出；又因为元素的半衰期是已知的，所以由(12.11)式的右端可以估算出古文物的年代 t.

例 12.14（人口增长） 1798 年，马尔萨斯首次提出，一个地区人口的增长率与当时的人口总数成正比，即

$$\frac{\mathrm{d}N(t)}{\mathrm{d}t} = rN(t), \tag{12.12}$$

其中 $N(t)$ 表示在时刻 t 某地区的人口总量，比例常数 $r>0$ 称为人口增长率（按理 $N(t)$ 的值应该是正整数，但在人口数量较大，时间较长的情况下，不妨认为它是一个实数值的可微函数）.

这又是一个一阶齐次线性方程. 根据(12.6)式，它的解是 $N(t)=N_0 \mathrm{e}^{rt}$，其中 N_0 是初始时刻的人口数.

我们探讨一下这个模型的合理性. 由方程的解可以推出：如果 t 以年为单位，最初人口数为 N_0，以后第一年人口数为 $N_1 = N_0 \mathrm{e}^r$，第二年为 $N_2 = N_0 \mathrm{e}^{2r}$……第 k 年为 $N_k = N_0 \mathrm{e}^{kr}$……于是每年的人口数组成一个等比数列，公比为 e^r，即人口数每年都是上年的 e^r 倍，如果取 r 为 2%，则 $\mathrm{e}^r = 1.0202$. 对于这个增加的倍数，在一个人口密度不大的地区，在较短的时间段内还是合理的，但时间长了，就很难保持这种增速（注意：$t \to \infty$ 时，$N(t) \to \infty$）. 一般在人口密度较大的时候，人口增长率会下降，因此对长期来说，r 为常数的假设需要改进.

例 12.15（人口阻滞增长——逻辑斯谛模型） 1837 年，费尔胡斯对上例的人口增长模型作了以下的改进：把人口增长率为常数 r 改为非常数 $r-bN$（其中 r,b 是常数），即当 N 不大时，比例系数较大，而 N 较大时，比例系数则较小. 方程变成

$$\frac{\mathrm{d}N}{\mathrm{d}t} = (r-bN)N,$$

这个方程叫做逻辑斯谛方程. 它不是线性方程，但可以分离变量. 下面来求解.

解 分离变量，得

$$\frac{\mathrm{d}N}{(r-bN)N} = \left(\frac{1}{N} + \frac{b}{r-bN}\right)\frac{\mathrm{d}N}{r} = \mathrm{d}t.$$

积分，得

$$\ln N - \ln(r-bN) = rt + C, \quad \frac{N}{r-bN} = C_1 \mathrm{e}^{rt}, \quad \frac{r}{N} - b = C' \mathrm{e}^{-rt},$$

最后有

$$N(t) = \frac{r}{b + C'\mathrm{e}^{-rt}},$$

这就是通解. 如再要求它满足初值 $N(0) = N_0$, 则可消去任意常数而得

$$N(t) = \frac{r}{b + \left(\dfrac{r}{N_0} - b\right)\mathrm{e}^{-rt}}.$$

这个解的图像见图 12.5. 注意, 开始一段人口增长较快, 但时间一长, 人口增长越来越慢, 当 $t \to \infty$ 时, $N(t)$ 趋于常数 r/b.

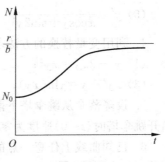

图 12.5

习题 12.2

1. 求下列微分方程的解:
   (1) $xy' - y\ln y = 0$;
   (2) $\sqrt{1-x^2}\, y' = \sqrt{1-y^2}$;
   (3) $\mathrm{e}^x(\mathrm{e}^y - 1)\mathrm{d}x + \mathrm{e}^y(\mathrm{e}^x + 1)\mathrm{d}y = 0$;
   (4) $\cos x \sin y\, \mathrm{d}x + \sin x \cos y\, \mathrm{d}y = 0$;
   (5) $y' = \mathrm{e}^{2x-y}, y(0) = 0$;
   (6) $\cos y\, \mathrm{d}x + (\mathrm{e}^x + 1)\sin y\, \mathrm{d}y = 0, y(0) = \dfrac{\pi}{4}$.

2. 求下列微分方程的解:
   (1) $xy' = y(\ln y - \ln x)$;
   (2) $(x^3 + y^3)\mathrm{d}x = 3xy^2\mathrm{d}y$;
   (3) $(1 + 2\mathrm{e}^{\frac{x}{y}})\mathrm{d}x = 2\mathrm{e}^{\frac{x}{y}}\left(\dfrac{x}{y} - 1\right)\mathrm{d}y$;
   (4) $y' = \dfrac{x}{y} + \dfrac{y}{x}, y(1) = 2$;
   (5) $(x - y - 1)\mathrm{d}x + (4y + x - 1)\mathrm{d}y = 0$.

3. 求下列微分方程的解:
   (1) $y' + y = \mathrm{e}^{-x}$;
   (2) $y' + y\tan x = \sin 2x$;
   (3) $y\ln y\, \mathrm{d}x + (x - \ln y)\mathrm{d}y = 0$;
   (4) $y' + \dfrac{1}{x}y = \dfrac{\sin x}{x}, y(\pi) = 1$;

(5) $y' = \dfrac{1}{x\cos y + \sin 2y}$.

4. 利用变量替换的方法求解下列微分方程：

(1) $y' - 2xy = xy^2$； (2) $3y' + y = (1-2x)y^4$；

(3) $xy' + y = y\ln(xy)$； (4) $(1-x^2)y'' - xy' = 0, y(0) = 0, y'(0) = 1$.

5. 设降落伞从跳伞塔下落后，所受空气阻力与速度成正比，并设降落伞离开跳伞塔时($t=0$)速度为零，求降落伞下落速度与时间的函数关系.

6. 已知曲线上任意一点的横坐标与该点处法线同 x 轴交点横坐标的乘积等于该点纵坐标的平方，求此曲线的方程.

12.3 二阶线性常系数微分方程

这类方程的一般形式为

$$y''(x) + py'(x) + qy(x) = r(x), \quad (12.13)$$

其中 p,q 为已知实常数，$r(x)$ 为已知函数. 如果 $r(x) \equiv 0$，则称方程(12.13)为**齐次方程**，否则称为**非齐次方程**.

我们先讨论齐次方程的解法，为此假设方程的解具有形式 $y(x) = e^{\lambda x}$，其中 λ 为待定常数，把这个式子代入方程(12.13)，得到

$$(\lambda^2 + p\lambda + q)e^{\lambda x} = 0,$$

要使它满足方程(12.13)，必须有 $\lambda^2 + p\lambda + q = 0$，这是一个 λ 的二次代数方程，称为方程(12.13)的**特征方程**. 它的两个解是

$$\lambda = \frac{1}{2}(-p \pm \sqrt{p^2 - 4q}).$$

下面根据 p,q 的不同情况来讨论方程(12.13)解的形式.

(1) $p^2 - 4q > 0$. 这时 λ 取两个实数值 λ_1, λ_2，于是方程(12.13)有两个不同的解 $e^{\lambda_1 x}, e^{\lambda_2 x}$，而它的通解就是 $y(x) = C_1 e^{\lambda_1 x} + C_2 e^{\lambda_2 x}$.

(2) $p^2 - 4q < 0$. 这时 λ 取两个互相共轭的复数 $\alpha + i\beta, \alpha - i\beta$，其中 α, β 都是实数，而且 $\beta \neq 0$. 而方程(12.13)就有两个不同的解 $e^{(\alpha+i\beta)x}, e^{(\alpha-i\beta)x}$，注意这两个解都是复值函数，为了避免这一点，我们利用二阶线性齐次微分方程的一个重要特性：**叠加原理**，即这种方程任意两个解各自乘以常数再相加，所得的函数仍是解.

取常数 $C_1 = C_2 = \dfrac{1}{2}$，则 $\dfrac{1}{2}(e^{(\alpha+i\beta)x} + e^{(\alpha-i\beta)x}) = e^{\alpha x}\cos\beta x$ 也是解；又取 $C_1 = \dfrac{1}{2i}, C_2 = \dfrac{-1}{2i}$，则 $\dfrac{1}{2i}(e^{(\alpha+i\beta)x} - e^{(\alpha-i\beta)x}) = e^{\alpha x}\sin\beta x$ 也是解. 于是它的通解就

是实值函数 $y(x) = \mathrm{e}^{\alpha x}(C_1 \cos\beta x + C_2 \sin\beta x)$，其中 C_1, C_2 为任意常数.

(3) $p^2 - 4q = 0$. 这时只求得方程(12.13)的一个解 $y_1 = \mathrm{e}^{-\frac{p}{2}x}$.

为了再得到一个解，设它具有形式 $y_2 = f(x) \mathrm{e}^{-\frac{p}{2}x}$，$f(x)$ 是一个待定函数. 利用

$$y'_2 = -\frac{p}{2} f(x) \mathrm{e}^{-\frac{p}{2}x} + f'(x) \mathrm{e}^{-\frac{p}{2}x},$$

$$y''_2 = \frac{p^2}{4} f(x) \mathrm{e}^{-\frac{p}{2}x} - \frac{p}{2} f'(x) \mathrm{e}^{-\frac{p}{2}x} - \frac{p}{2} f'(x) \mathrm{e}^{-\frac{p}{2}x} + f''(x) \mathrm{e}^{-\frac{p}{2}x},$$

把这些结果代入方程(12.13)，就有

$$\left(\frac{p^2}{4} f(x) - p f'(x) + f''(x) - \frac{p^2}{2} f(x) + p f'(x) + q f(x) \right) \mathrm{e}^{-\frac{p}{2}x} = 0.$$

利用 $p^2 - 4q = 0$，括号内只剩下一项 $f''(x)$，所以为了 $f(x) \mathrm{e}^{-\frac{p}{2}x}$ 满足方程(12.13)，必须 $f''(x) \equiv 0$，也就是 $f(x) = Ax + B$，这就得到了第二个解 $y_2(x) = (Ax + B) \mathrm{e}^{-\frac{p}{2}x}$.

这时通解就是

$$y(x) = (C_1 + C_2 x) \mathrm{e}^{-\frac{p}{2}x}.$$

例 12.16 在 $\mathbb{R}$ 上求解下列微分方程.

(1) $y'' - 4y = 0$； (2) $y'' + 4y = 0$；

(3) $y'' + y' + y = 0$； (4) $y'' + 4y' + 4 = 0$；

(5) 求下列初值问题的解：$\begin{cases} 2y'' + 3y' = 0, \\ y|_{x=0} = 1, \\ y'|_{x=0} = -1. \end{cases}$

解 (1) 特征方程是 $\lambda^2 - 4 = 0$，解为 $\lambda_1 = 2, \lambda_2 = -2$. 方程的通解是

$$y(x) = C_1 \mathrm{e}^{2x} + C_2 \mathrm{e}^{-2x}.$$

(2) 特征方程是 $\lambda^2 + 4 = 0$，解为 $\lambda_1 = 2\mathrm{i}, \lambda_2 = -2\mathrm{i}$. 方程的通解是

$$y(x) = C_1 \cos 2x + C_2 \sin 2x.$$

(3) 特征方程是 $\lambda^2 + \lambda + 1 = 0$，两个解是

$$\lambda_1 = \frac{1}{2}(-1 + \mathrm{i}\sqrt{3}), \quad \lambda_2 = \frac{1}{2}(-1 - \mathrm{i}\sqrt{3}).$$

方程的通解是 $y(x) = \mathrm{e}^{-\frac{x}{2}} \left(C_1 \cos \frac{\sqrt{3}}{2} x + C_2 \sin \frac{\sqrt{3}}{2} x \right)$.

(4) 特征方程是 $\lambda^2+4\lambda+4=0$,它只有一个解 $\lambda=-2$,所以通解就是
$$y(x)=(C_1+C_2 x)e^{-2x}.$$

(5) 特征方程是 $2\lambda^2+3\lambda=0$,两个解是 $\lambda_1=0, \lambda_2=-\dfrac{3}{2}$. 通解是 $y(x)=C_1+C_2 e^{-\frac{3}{2}x}$. 要求它满足两个初值条件,就得到
$$y(0)=C_1+C_2=1, \quad y'(0)=-\dfrac{3}{2}C_2=-1.$$

由这两个方程求得 $C_2=\dfrac{2}{3}, C_1=\dfrac{1}{3}$. 初值问题的解就是 $y(x)=\dfrac{1}{3}(1+2e^{-\frac{3}{2}x})$.

讨论了齐次方程以后,我们考虑非齐次方程(12.13)(即不再假定 $r(x)\equiv 0$).

假设方程(12.13)在齐次情况下的两个解为 $y_1(x), y_2(x)$. 现在设非齐次方程的解为

$$y(x)=C_1(x)y_1(x)+C_2(x)y_2(x), \qquad (12.14)$$

其中 $C_1(x), C_2(x)$ 是待定的 x 的函数.对它求导,得

$y=C_1 y_1+C_2 y_2,$

$y'=C_1 y_1'+C_2 y_2'+C_1' y_1+C_2' y_2,$

$y''=C_1 y_1''+C_2 y_2''+C_1' y_1'+C_2' y_2'+C_1'' y_1+C_1' y_1'+C_2'' y_2+C_2' y_2'.$

把上面第二个式子乘以 p,第一个式子乘以 q,然后把三个式子相加,就得到

$C_1(y_1''+py_1'+qy_1)+C_2(y_2''+py_2'+qy_2)+p(y_1 C_1'+y_2 C_2')$
$+(y_1' C_1'+y_2' C_2')+(C_1' y_1+C_2' y_2)'=r(x).$

在这个式子中,由于 y_1, y_2 是齐次方程的解,所以前两项为 0,又选 $C_1(x), C_2(x)$ 使它们满足

$$\begin{cases} y_1 C_1'+y_2 C_2'=0, \\ y_1' C_1'+y_2' C_2'=r(x), \end{cases}$$

这是一个以 C_1', C_2' 为未知数的代数线性方程组.可以用行列式表示它的解:

$$C_1'=\dfrac{\begin{vmatrix} 0 & y_2 \\ r & y_2' \end{vmatrix}}{\begin{vmatrix} y_1 & y_2 \\ y_1' & y_2' \end{vmatrix}}, \quad C_2'=\dfrac{\begin{vmatrix} y_1 & 0 \\ y_1' & r \end{vmatrix}}{\begin{vmatrix} y_1 & y_2 \\ y_1' & y_2' \end{vmatrix}}.$$

这两个式子的分母是由齐次方程的解 y_1, y_2 及其导数所组成的行列式,一般称之为朗斯基行列式,并记为 $W(x)$,即

$$W(x)=W(y_1,y_2)=\begin{vmatrix} y_1 & y_2 \\ y_1' & y_2' \end{vmatrix}=y_1 y_2'-y_1' y_2.$$

于是得到

$$C_1(x) = -\int y_2(x)\frac{r(x)}{W(x)}dx, \quad C_2(x) = \int y_1(x)\frac{r(x)}{W(x)}dx.$$

最后得到非齐次方程(12.13)的通解为

$$y(x) = \int \frac{(-y_2(t)y_1(x) + y_1(t)y_2(x))r(t)}{W(t)}dt + C_1 y_1(x) + C_2 y_2(x).$$

$$(12.15)$$

这个解依赖于两个任意常数 C_1, C_2,右端第一项代入方程(12.13)后为 $r(x)$,后两项代入后都是 0,所以它是方程(12.13)的通解.

* 在(12.15)式中,我们没有提位于分母的朗斯基行列式 $W(y_1,y_2)$ 是否不为 0,这里对此作一个简单的分析:如果 $W(y_1,y_2) = y_1 y_2' - y_1' y_2$ 恒等于零,则 $\frac{y_1'}{y_1} = \frac{y_2'}{y_2} = a(x)$,或 $y_i' = a(x)y_i$,解出 $y_i(x) = C_i e^{\int a(x)dx}(i=1,2)$. 于是 $y_2(x) = Cy_1(x)$,其中 C 为常数.这说明 y_1,y_2 不是两个互相独立的齐次方程的解,或者用代数的语言来说,y_1,y_2 是"线性相关"的.反过来,如果两个齐次方程的解 y_1,y_2 是线性相关的,则 $y_2 = Cy_1$,C 为不依赖 x 的常数,于是

$$W(y_1,y_2) = \begin{vmatrix} y_1 & y_2 \\ y_1' & y_2' \end{vmatrix} = \begin{vmatrix} y_1 & Cy_1 \\ y_1' & Cy_1' \end{vmatrix} \equiv 0,$$

所以齐次方程的两个解线性相关的充分必要条件是它们构成的朗斯基行列式恒等于零.

进一步还可以证明(这里不证),如果两个齐次方程的解 y_1,y_2 的朗斯基行列式在某一点 $x_0,W(x_0)=0$,则可推出 $W(x) \equiv 0$,即 $W(x)$ 要么就恒为零,否则就恒不为零.所以只要 y_1,y_2 是齐次方程的两个线性无关的解,(12.15)式中的分母就不会取零值,因而它就是有意义的.

例 12.17 求方程 $y'' + y = \tan x$ 的通解.

解 齐次方程的两个解是 $y_1 = \cos x, y_2 = \sin x$.

$$W(y_1,y_2) = \begin{vmatrix} \cos x & \sin x \\ -\sin x & \cos x \end{vmatrix} = 1.$$

所以非齐次方程的通解就是

$$y(x) = \int(-\sin t \cos x + \cos t \sin x)\tan t\, dt + C_1 \cos x + C_2 \sin x$$

$$= \sin x \cos x - \cos x \ln|\sec x + \tan x| - \sin x \cos x + C_1 \cos x + C_2 \sin x$$

$$= -\cos x \ln|\sec x + \tan x| + C_1 \cos x + C_2 \sin x.$$

例 12.18 求方程 $y'' + y' - 2y = e^{2x}$ 的通解.

解 齐次方程的特征方程是 $\lambda^2 + \lambda - 2 = 0$,两个根为 $\lambda_1 = -2, \lambda_2 = 1$,所以

齐次方程的两个解是
$$y_1(x) = e^{-2x}, \quad y_2(x) = e^x.$$
而 $W(x) = 3e^{-x}$，根据 (12.15) 式，方程的通解是
$$y(x) = \frac{1}{3}\int e^t(-e^t e^{-2x} + e^{-2t}e^x)e^{2t}dt + C_1 e^{-2x} + C_2 e^x$$
$$= -\frac{1}{12}e^{2x} + \frac{1}{3}e^{2x} + C_1 e^{-2x} + C_2 e^x$$
$$= \frac{1}{4}e^{2x} + C_1 e^{-2x} + C_2 e^x.$$

习题 12.3

1. 求下列齐次方程的通解：
   (1) $y'' + 6y' + 9y = 0$；
   (2) $y'' + 4y' + 5y = 0$；
   (3) $y^{(4)} + y''' + y' + y = 0$；
   (4) $3y'' - 2y' - 8y = 0$；
   (5) $y^{(6)} + 2y^{(5)} + y^{(4)} = 0$；
   (6) $y''' + 6y'' + 11y' + 6y = 0$.

2. 求出以下列函数为特解的常系数齐次线性微分方程：
   (1) e^{2x}, e^{-2x}，二阶；
   (2) e^x, xe^x，二阶；
   (3) $2, \cos x, \sin x$，三阶；
   (4) $e^{-x}, 2xe^{-x}, 3e^x$，三阶.

3. 写出下列非齐次方程一个特解的形式：
   (1) $y'' - 5y' + 6y = 3e^{4x}$；
   (2) $y'' + y = (x^2 - 1)e^x$；
   (3) $y'' - 2y' + 5y = xe^x \cos 2x$；
   (4) $y'' + 4y = 2\cos^2 2x$；
   (5) $y'' + k^2 y' = k\sin(kx + 2)$；
   (6) $y^{(4)} - y''' = 4$.

4. 求下列二阶非齐次微分方程的通解：
   (1) $y'' + 2y' - 3y = 4x$；
   (2) $2y'' + y' - y = 2e^x$；
   (3) $y'' - 3y' + 2y = xe^x$；
   (4) $y'' - 3y' + 2y = \cos x$；
   (5) $y'' + 4y' + 5y = \sin x$.

5. 求下列二阶非齐次微分方程满足初值条件的特解：
   (1) $y'' + 3y' + 2y = \sin x, y(0) = y'(0) = 0$；
   (2) $y'' + y' = \frac{1}{2}\cos x, y(0) = y'(0) = 0$.

6. 利用变量替换 $x = e^t$，求下列二阶微分方程的通解：
   (1) $x^2 y'' + xy' - y = 0$；
   (2) $x^2 y'' + 2xy' - 2y = 0$.

7. 设 $y = e^{2x} + (1 + x)e^x$ 是微分方程 $y'' + ay' + by = ce^x$ 的一个解，求 a, b, c

的值以及该方程的通解.

8. 长度等于 6m 的链条在光滑桌面上滑动.假定在开始时刻链条垂在桌面下的部分长度为 1m,问链条全部滑下桌面需要多长时间?

9. 弹簧上端固定,下面挂有三个质量相同的重物,使弹簧伸长了 $3a$.若突然除去其中两个重物,弹簧开始自由振动,求剩余重物的运动规律.

10. 从船上向海中沉放某种探测仪器.按照探测要求,需要确定仪器的下沉深度 y(从海平面算起)与下沉速度 v 之间的函数关系.仪器在重力作用下,自海平面由静止开始铅直下沉,在下沉过程中仪器受到海水的浮力以及阻力的作用.已知仪器体积为 B,质量等于 m,海水密度为 ρ.又假设仪器在下沉过程中所受海水阻力大小与仪器下沉速度成正比,比例系数为 $k(k>0)$.试建立 y 与 v 所满足的微分方程,并求出函数关系式 $y=y(v)$.

12.4 二阶常系数线性方程的应用

例 12.19(弹簧的振动) 如图 12.6,有一水平放置的弹簧,一端 Q 固定,另一端 P 与质量为 m 的物体相连.设物体只能沿直线(x 轴)运动,把原点定在 P 的自然平衡位置.如果 P 点离开自然平衡点而开始运动,求 P 点的位置 x 随时间 t 变化的情况.

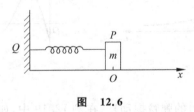

图 12.6

解 在 $|x|$ 变化较小的情况下,弹簧在 x 处所受的力有两种:(1)弹性力.由胡克定律,这个力的大小与 x 成正比,而方向与 Ox 的方向相反,即 $-kx$,其中 k 称为弹簧的弹性系数或劲度系数.(2)摩擦阻力.这种力一般与 P 点的运动速度 $\dfrac{dx}{dt}$ 成正比,而方向与速度向量相反,即它可表示为 $-r\dfrac{dx}{dt}$,r 称为阻力系数.

根据牛顿第二定律,P 处所受的力为

$$m\frac{d^2x}{dt^2}=-r\frac{dx}{dt}-kx,$$

或

$$\frac{d^2x}{dt^2} + \frac{r}{m}\frac{dx}{dt} + \frac{k}{m}x = 0. \tag{12.16}$$

这是一个常系数的二阶线性齐次方程．与方程(12.13)比较，$p=\frac{r}{m}$, $q=\frac{k}{m}$；而 $p^2-4q=\frac{1}{m^2}(r^2-4mk)$．它的解就有三种可能的情况：

(1) $r^2-4mk>0$，这时有两个不同的解：$e^{-\frac{rt}{2m} \pm \frac{t}{2m}\sqrt{r^2-4mk}}$．

(2) $r^2-4mk<0$，这时有两个不同的解，即

$$e^{-\frac{rt}{2m}}\cos\frac{1}{2m}\sqrt{4mk-r^2}\,t, \quad e^{-\frac{rt}{2m}}\sin\frac{1}{2m}\sqrt{4mk-r^2}\,t.$$

(3) $r^2-4mk=0$，这种情况留给读者考虑．

第一种情况由于弹性系数 k 及质量 m 都比较小，而阻力系数 r 又比较大，所以解 $x(t)$ 随 t 的增大而减少并当 $t\to\infty$ 时而趋于零．第二种情况是阻力系数 r 较小而 m 和 k 较大，于是出现随 t 增大而 $x(t)$ 围绕平衡点 $x=0$ 来回摆动的现象，但总的趋势是 $t\to\infty$ 时 $x(t)\to0$（这两种情况分别见图 12.7 及图 12.8）．

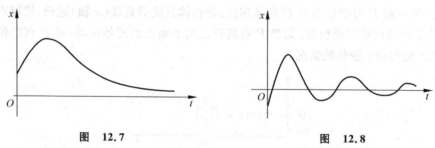

图 12.7　　　　　　　　　　　图 12.8

例 12.20（有外力的弹簧振动）　在例 12.19 中，如果弹簧还受一个周期的外力 $F\sin\omega t$ 作用，求解这个方程．

解　在方程(12.16)中加上外力，得到一个非齐次方程

$$\frac{d^2x}{dt^2} + \frac{r}{m}\frac{dx}{dt} + \frac{k}{m}x = F\sin\omega t.$$

为了使符号简明一些，记 $\frac{r}{m}=2a$, $\frac{k}{m}=\omega_0^2$．这里只考虑 $a^2>\omega_0^2$ 的情况，这时方程(12.16)的两个解为 $x_{1,2}=e^{-\left(a\pm\sqrt{a^2-\omega_0^2}\right)t}$．它们的朗斯基行列式为

$$W(x_1,x_2) = \begin{vmatrix} x_1 & x_2 \\ x_1' & x_2' \end{vmatrix} = 2\sqrt{a^2-\omega_0^2}\,e^{-2at}.$$

根据(12.15)式，得到非齐次方程的一个特解

12.4 二阶常系数线性方程的应用

$$x_0(t) = \frac{F}{2\sqrt{a^2-\omega_0^2}} \left\{ \frac{(a-\sqrt{a^2-\omega_0^2})\sin\omega t - \omega\cos\omega t}{(a-\sqrt{a^2-\omega_0^2})^2 + \omega^2} \right.$$
$$\left. - \frac{(a+\sqrt{a^2-\omega_0^2})\sin\omega t - \omega\cos\omega t}{(a+\sqrt{a^2-\omega_0^2})^2 + \omega^2} \right\}.$$

通解为 $x(t) = C_1 x_1(t) + C_2 x_2(t) + x_0(t)$.

由这个解可以看出,当 t 充分大时, $x_1(t), x_2(t)$ 都很小. 也就是当时间一长,主要起作用的就是外力项.

例 12.21 (RLC 电路) 一个包含了电容(C)、电感(L)及电阻(R)的闭合电路,当电容器已充电,电路中有电流 $I(t)$ 通过而产生电磁振荡,求电容器中的电压 $V_C(t)$.

解 如图 12.9,已知的一些条件如下:

(1) 如果电容器中一端的电量为 $Q(t)$,而此端对另一端的电压为 $V_C(t)$,则有

$$Q(t) = CV_C(t),$$

或

$$I(t) = \frac{dQ(t)}{dt} = C\frac{dV_C}{dt},$$

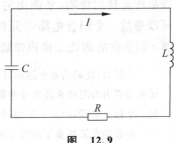

图 12.9

其中比例常数 C 称为电容.

(2) 根据欧姆定律,闭路中电阻 R 的电压与电流 $I(t)$ 成正比,比例常数就是电阻 R.

$$V_R(t) = RI(t) = RC\frac{dV_C(t)}{dt}.$$

(3) 闭路中的电感电压为

$$V_L(t) = L\frac{dI(t)}{dt},$$

其中比例常数 L 称为自感.

(4) 最后,根据基尔霍夫电压原理:一个闭路的电压之和为零,即

$$V_C + V_R + V_L = 0.$$

据此,就得到一个关于 $V_C(t)$ 的二阶线性方程

$$LC\frac{d^2V_C(t)}{dt^2} + RC\frac{dV_C(t)}{dt} + V_C(t) = 0,$$

或者

$$\frac{d^2V_C}{dt^2} + \frac{R}{L}\frac{dV_C}{dt} + \frac{1}{LC}V_C = 0. \tag{12.17}$$

同样，如果记 $2a = \dfrac{R}{L}, \omega_0^2 = \dfrac{1}{LC}$，则(12.16)式和(12.17)式就都变成同一个方程了。这里我们不需要再一次去解方程(12.16)，只是通过这两个例子来说明：在人们考虑不同的领域中的某些现象时，有时会发现这些现象之间的共同点，在一阶线性方程的例子中，放射性衰变就和人口的增长这两个不同的现象有共同所满足的微分方程（只是有符号的差别，因为一个是衰变，而另一个是增长）。在二阶方程中，描述弹簧振动和电磁振荡这两个不同现象的二阶线性方程的形式竟是完全一样的。通常人们就称这两类不同的现象满足同一个数学模型。

同样一个方程可以描述不同的实际问题，就使我们可以根据研究其中一种现象所得到的性质，来推出另一种研究还不多的现象的某些性质，例如我们可以通过一个闭合电路中元件的选择（即调整方程的系数）而得到电容电压随 t 而变化的曲线来模拟弹簧的振动。

* 最后，我们简要介绍如何利用微积分这个工具，根据牛顿的第二运动定律和万有引力定律来推出开普勒关于行星运动的三大定律。这是历史上微积分的一个伟大贡献，也是牛顿创建微积分的动力之一。

开普勒在第谷多年的天文观测数据的基础上，总结出行星绕日运动的三大定律。有了微积分之后，人们才发现这三大定律只不过是上述两个牛顿定律的推论。

下面就是这个证明。

开普勒的三大定律是：

(1) 行星在以太阳为一个焦点的椭圆轨道上围绕太阳运动。

(2) 连接行星与太阳的向径，在相等的时间里扫过相等的面积。

(3) 行星在其轨道上运行的周期的平方与该轨道的半长轴的立方成正比。

证明行星围绕太阳运行的轨道与太阳处在同一个平面上要涉及几何特别是向量方面的一些知识，与微积分的关系不大，因此将它割舍。

我们假定行星和太阳处在一个平面里，用以证明的主要工具除了微积分之外是牛顿第二运动定律和万有引力定律。虽然在这一章里我们曾多次应用了这两条定律，但那仅仅是针对直线运动的情形，现在不同了，行星显然是沿着曲线围绕太阳运动的，而力和加速度又恰恰是有方向的。

在分析力的时候，常见的做法是将它分解成水平方向和竖直方向的两个分力。设有 A, B 两个质点，A 的质量为 M，位于平面直角坐标系的原点，B 的质量为 m，位于点 (x, y)，它们之间的距离

$$R = \sqrt{x^2 + y^2}.$$

质点 B 受到质点 A 的引力大小是

12.4 二阶常系数线性方程的应用

$$F = -\frac{GmM}{R^2},$$

方向朝着原点,因此用"$-$"号表示.水平方向的分力 F_x 和竖直方向的分力 F_y 分别为

$$F_x = F\cos\alpha = -\frac{GmM}{R^2} \cdot \frac{x}{R} = -GmM\frac{x}{R^3},$$

$$F_y = F\sin\alpha = \frac{GmM}{R^2} \cdot \frac{y}{R} = -GmM\frac{y}{R^3}.$$

这是大家熟悉的,见图 12.10.因此牛顿第二定律可表示为

$$F_x = ma_x, \quad F_y = ma_y, \tag{12.18}$$

其中的 a_x 和 a_y 分别是水平方向和竖直方向的加速度分量.

下面证明开普勒定律.

假定行星只受到太阳引力的作用.先建立直角坐标系,设太阳位于坐标原点.行星在时刻 t 时的位置是 $(x(t), y(t))$,因此它与太阳的距离是 $R(t) = \sqrt{[x(t)]^2 + [y(t)]^2}$,并设行星在时刻 t_0 时经过 y 轴,见图 12.11.

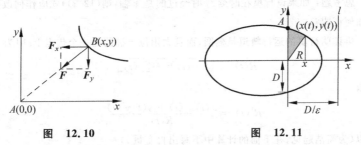

图 12.10 图 12.11

将牛顿万有引力定律和第二运动定律结合起来,公式(12.18)的形式是

$$\frac{d^2 x}{dt^2} = -GM \times \frac{x(t)}{R(t)^3}, \tag{12.19}$$

$$\frac{d^2 y}{dt^2} = -GM \times \frac{y(t)}{R(t)^3}. \tag{12.20}$$

开普勒第二定律说,行星与太阳的连线从时刻 t 到时刻 t_0 扫过的面积(即图 12.11 中阴影部分的面积)与时间差的比是个固定的常数,我们用数学公式表示这一点:由图 12.11,扫过的面积等于一段椭圆周下的曲边四边形的面积减去一个直角三角形的面积.由例 10.9,前者的面积可以写成一个线积分,于是所扫过的面积就是

$$\frac{1}{2}\int -y\,dx + x\,dy - \frac{xy}{2} = \frac{1}{2}\left(\int_0^{(x,0)} + \int_{(x,0)}^{(x,y)} + \int_{(x,y)}^{A} + \int_{A}^{(0,0)}\right)(-y\,dx + x\,dy) - \frac{1}{2}xy$$

$$= \frac{1}{2}\left(0 + x\int_{(x,0)}^{(x,y)} dy + \int_{(x,y)}^{A}(-y\,dx + x\,dy) + 0\right) - \frac{xy}{2},$$

而此面积对时间 t 的变化率就是

$$\frac{1}{2}(x'y+xy'+yx'-xy')-\frac{1}{2}(x'y+xy')=-\lambda,$$

整理得
$$x(t)y'(t)-x'(t)y(t)=2\lambda. \tag{12.21}$$

下面来证明这一点.将(12.19)式乘上 y,(12.20)式乘上 x,两式相减得
$$x\frac{\mathrm{d}^2 y}{\mathrm{d}t^2}-y\frac{\mathrm{d}^2 x}{\mathrm{d}t^2}=0,$$

或者
$$\left(x\frac{\mathrm{d}y}{\mathrm{d}t}-y\frac{\mathrm{d}x}{\mathrm{d}t}\right)'=0.$$

因此
$$x(t)y'(t)-x'(t)y(t)=C.$$

根据某个时刻例如时刻 t_0 时的观测资料确定常数,定义它为 2λ,这就是 (12.21)式,开普勒第二定理得证.

思考题:如果设行星在时刻 t_0 时经过的是 x 轴,则(12.21)式应作何改变? 又如何证明?

再证明行星的运行轨道是椭圆,而且太阳位于椭圆的一个焦点上.因为
$$R(t)=\sqrt{[x(t)]^2+[y(t)]^2},$$

导数
$$R'(t)=\frac{x(t)x'(t)+y(t)y'(t)}{R(t)},$$

所以(为简洁起见,在下面的计算中不写出自变量 t)
$$\frac{\mathrm{d}}{\mathrm{d}t}\left(\frac{y}{R}\right)=y'\cdot\frac{1}{R}+y\cdot\left(-\frac{1}{R^2}\right)\cdot\frac{xx'+yy'}{R}$$
$$=\frac{1}{R^3}[y'(x^2+y^2)-y(xx'+yy')]=\frac{x}{R^3}(xy'-x'y)$$
$$=\frac{2\lambda x}{R^3} \quad (\text{由}(12.21)\text{式})$$
$$=-\frac{2\lambda}{GM}\frac{\mathrm{d}^2 x}{\mathrm{d}t^2} \quad (\text{由}(12.19)\text{式}),$$

积分得
$$\frac{y}{R}=-\frac{2\lambda}{GM}\frac{\mathrm{d}x}{\mathrm{d}t}+A, \tag{12.22}$$

其中的 A 是常数.类似可以算得
$$\begin{cases}\dfrac{\mathrm{d}}{\mathrm{d}t}\left(\dfrac{x}{R}\right)=-\dfrac{2\lambda}{GM}\dfrac{\mathrm{d}^2 y}{\mathrm{d}t^2},\\ \dfrac{x}{R}=\dfrac{2\lambda}{GM}\dfrac{\mathrm{d}y}{\mathrm{d}t}+B,\end{cases} \tag{12.23}$$

其中的 B 是另一个常数.将(12.23)式乘上 x,(12.22)式乘上 y,两式相加得

$$\frac{x^2+y^2}{R} = \frac{2\lambda}{GM}(xy'-yx') + Bx + Ay,$$

整理得 $Ay+Bx+\dfrac{4\lambda^2}{GM}=\sqrt{x^2+y^2}$.

如果 $A=B=0$,则这是一个以原点为中心的圆的方程.但因为观察到行星围绕太阳运动时有"近日点"和"远日点",所以不可能有这种情形发生.

因此 A 和 B 不全为零.这时上式是一个以原点为其一个焦点,以直线

$$l: AY+BX+\frac{4\lambda^2}{GM}=0$$

为其一条准线的圆锥曲线的方程,因为等号的右边是点(x,y)到原点的距离,而左边是它到 l 的距离的 $\sqrt{A^2+B^2}$ 倍.根据天文学的观测,行星围绕太阳的运动轨道是封闭的,因此它只能是一个椭圆的方程.椭圆的离心率为 $\varepsilon=\sqrt{A^2+B^2}$.

由此我们证明了开普勒第一定律.

开普勒第三定律的证明:设行星围绕太阳运动的周期是 T,则根据开普勒第二定律,λT 等于椭圆的面积 πab,其中,a 和 b 分别是椭圆的半长轴和半短轴.因为原点不是椭圆的中心,所以设 D 是椭圆的半正焦弦的长度(见图 12.11),则计算可得 $a=D(1-\varepsilon^2)^{-1}$,而且原点到准线的距离等于 $\dfrac{D}{\varepsilon}$.由准线的方程可得原点到准线的距离是 $\dfrac{4\lambda^2}{GM\varepsilon}$.由

$$\frac{4\lambda^2}{GM\varepsilon} = \frac{D}{\varepsilon},$$

得

$$D = \frac{4\lambda^2}{GM}.$$

将上式及 $b=a(1-\varepsilon^2)^{\frac{1}{2}}$ 代入等式 $(\lambda T)^2=(\pi ab)^2$ 得

$$\lambda^2 T^2 = \pi^2 \cdot [a \cdot D(1-\varepsilon^2)^{-1}] \cdot a^2(1-\varepsilon^2) = \frac{4\pi^2}{GM}\lambda^2 a^3,$$

或者

$$T^2 = \frac{4\pi^2}{GM}a^3.$$

因此,对于太阳系中的任意行星,$\dfrac{T^2}{a^3}$ 是常数.这就是开普勒第三定律.

复习题 12

1. 设函数 $f(x)$ 连续,且 $\lim\limits_{x\to+\infty}f(x)=b$. $y(x)$ 满足 $y'+ay=f(x)$ $(a>0)$,证明 $\lim\limits_{x\to+\infty}y(x)=\dfrac{b}{a}$.

2. 设 $y_1(x), y_2(x)$ 是微分方程 $y''+p(x)y'+q(x)y=0$ 的两个解,$p(x)$,$q(x)$ 连续. 若函数 $f(x)=\dfrac{y_2(x)}{y_1(x)}$ 在某个点 x_0 取得极值,证明 $y_1(x)$ 与 $y_2(x)$ 线性相关.

3. 利用变量替换 $x=e^t$,求下列微分方程的通解.

(1) $x^2y''+2xy'-2y=x^2+2$;

(2) $x^2y''-3xy'+4y=x+x^2\ln x$;

(3) $x^3y'''+3x^2y''-2xy'+2y=0$;

(4) $x^3y'''+2xy'-2y=3x+x^2\ln x$.

4. 已知函数 $f(u)$ 具有二阶连续导数,并且 $z=f(e^x\sin y)$ 满足等式
$$\frac{\partial^2 z}{\partial x^2}+\frac{\partial^2 z}{\partial y^2}=e^{2x}z,$$
求 $f(u)$ 的表达式.

5. 设可导函数 $f(x)$ 满足
$$f(x)\cos x+2\int_0^x f(t)\sin t\,dt=x+1,$$
求 $f(x)$ 的表达式.

6. 设 $f(x)$ 具有二阶连续导数,且曲线积分 $\int_L [f'(x)+6f(x)+4e^{-x}]y\,dx+f'(x)\,dy$ 在 xOy 平面上与路径无关,求 $f(x)$ 的表达式.

7. 已知函数 $f(x)$ 满足方程 $(x^3+1)f''(x)+x^2f'(x)-4xf(x)=0$,求 $f(x)$ 的麦克劳林级数.

习题答案

习题 7.1

1. (1) $f(1,2)=-2, f(2,1)=7$；
   (2) $f(1,-1)=0, f(1,2)=-3$；
   (3) $f(1,2)=3+2\sqrt{2}, f(2,1)=5+\sqrt{2}$；
   (4) $f(0,0)=0, f(1,1)=e^2, f(-1,-1)=e^2$；
   (5) $f(1,e)=1, f(e,1)=-2$；
   (6) $f(\pi,\pi)=-\pi, f(-\pi,-\pi)=\pi$；
   (7) $f(1,1,1)=e, f(1,0,1)=1$；
   (8) $f(1,2,3)=\dfrac{1}{6}\ln 432, f(3,2,1)=\dfrac{1}{6}\ln 432$.

2. (1) $D=\mathbb{R}^2$；
   (2) $D=\{(x,y)\,|\,(x,y)\in\mathbb{R}^2, x\neq y\}$；
   (3) $D=\{(x,y)\,|\,(x,y)\in\mathbb{R}^2, y\geqslant x^2\}$；
   (4) $D=\{(x,y)\,|\,(x,y)\in\mathbb{R}^2, x\neq \pm y\}$；
   (5) $D=\{(x,y)\,|\,(x,y)\in\mathbb{R}^2, x^2+y^2>1\}$；
   (6) $D=\{(x,y)\,|\,(x,y)\in\mathbb{R}^2, x\neq 0, y\neq 0\}$；
   (7) $D=\{(x,y)\,|\,(x,y)\in\mathbb{R}^2, x^2+y^2\leqslant 1\}$；
   (8) $D=\{(x,y)\,|\,(x,y)\in\mathbb{R}^2, x>y^2\}$；
   (9) $D=\{(x,y,z)\,|\,(x,y,z)\in\mathbb{R}^3, x^2+y^2+z^2>1\}$.

3. (1) 平面；
   (2) 平面；
   (3) 以 z 轴为对称轴，顶点在原点，开口朝上的旋转抛物面；
   (4) 以 z 轴为对称轴，顶点在 $(0,0,4)$，开口朝下的旋转抛物面；

(5) 球心在原点,半径为 3 的上半球面;

(6) 准线为 $\begin{cases} z=9-x^2, \\ y=0, \end{cases}$ 母线平行于 y 轴的抛物柱面;

(7) 以 z 轴为对称轴,顶点在 $(0,0,6)$,开口朝下的锥面;

(8) 中心在原点,三个半轴长分别为 $3,2,6$ 的上半椭球面.

4. (1) $y=x^2+C$;   (2) $x^2-y^2=C$;   (3) $x^2+y^2=4-C$ $(C \leqslant 4)$;

(4) $y=\sin x+C$;   (5) $9x^2+16y^2=144-C$ $(C \leqslant 144)$.

5. (1) $D=\{(x,y) \mid (x,y) \in \mathbb{R}^2, x \geqslant 0, y > -x\}$,不是开集,正 y 轴上的点属于 D,但不是 D 的内点;

(2) $D=\{(x,y) \mid (x,y) \in \mathbb{R}^2, y \geqslant x^2\}$,不是开集,抛物线 $y=x^2$ 上的点属于 D,但不是 D 的内点;

(3) $D=\{(x,y) \mid (x,y) \in \mathbb{R}^2, y \neq 0, x \neq y^2\}$,是开集,$D$ 中的任意一点都是 D 的内点;

(4) $D=\{(x,y) \mid (x,y) \in \mathbb{R}^2, -y \leqslant x \leqslant y, y > 0\} \cup \{(x,y) \mid (x,y) \in \mathbb{R}^2, y \leqslant x \leqslant -y, y < 0\}$,不是开集,$x = \pm y (y \neq 0)$ 上的点属于 D,但不是 D 的内点.

习题 7.2

1. (1) $f(tx,ty)=t^3 \left(x^3+y^3-xy^2 \sin \dfrac{x}{y} \right)$;

(2) $f(x+y, x-y, xy)=(x+y)^{xy}+(xy)^{2x}$.

2. (1) $F(f(t), g(t))=t$;   (2) $F(f(t), g(t))=t^2+\mathrm{e}^{\mathrm{e}^t}$.

习题 7.3

1. (1) $(0,1,2)$;   (2) $(0,-2,-1)$;

(3) $\left(-\dfrac{3\sqrt{3}}{2}, -\dfrac{3}{2}, 1 \right)$;   (4) $(2, -2\sqrt{3}, 6)$.

2. (1) $(0,0,1)$;   (2) $(0,0,-2)$;

(3) $\left(-\dfrac{3}{4}, \dfrac{3\sqrt{3}}{4}, \dfrac{3\sqrt{3}}{2} \right)$;   (4) $(-\sqrt{2}, -\sqrt{6}, -2\sqrt{2})$.

3. (1) $r=2\cos\theta, r\sin\varphi=2\cos\theta$;

(2) $r(\cos\theta+\sin\theta)+z=1, r\sin\varphi(\cos\theta+\sin\theta)+r\cos\varphi=1$;

(3) $z=r^2\cos 2\theta, \cos\varphi=r\sin^2\varphi\cos 2\theta$;

(4) $r^2+z^2=r(\cos\theta+\sin\theta)+z, r=\sin\varphi(\cos\theta+\sin\theta)+\cos\varphi$.

习题 7.4

1. (1) 0;　　(2) ln2;　　(3) $-\dfrac{1}{4}$;　　(4) 0;　　(5) 0;　　(6) $\dfrac{1}{2}$;

   (7) $\dfrac{1}{3}$;　　(8) 0;　　(9) 0;　　(10) 0.

2. (1) 因为 $\lim\limits_{\substack{x\to 0\\y=x}}\dfrac{3x-2y}{2x-3y}=-1, \lim\limits_{\substack{x\to 0\\y=-x}}\dfrac{3x-2y}{2x-3y}=1$,所以 $\lim\limits_{\substack{x\to 0\\y\to 0}}\dfrac{3x-2y}{2x-3y}$ 不存在.

   (2) 因为 $\lim\limits_{\substack{x\to 0\\y=x}}\dfrac{x^2y^2}{x^2y^2+(x-y)^2}=1, \lim\limits_{\substack{x\to 0\\y=-x}}\dfrac{x^2y^2}{x^2y^2+(x-y)^2}=0$,所以 $\lim\limits_{\substack{x\to 0\\y\to 0}}\dfrac{x^2y^2}{x^2y^2+(x-y)^2}$ 不存在.

   (3) 因为 $\lim\limits_{\substack{x\to 0\\y=kx}}\dfrac{xy}{x^2+y^2}=\dfrac{k}{1+k^2}$,所以 $\lim\limits_{\substack{x\to 0\\y\to 0}}\dfrac{xy}{x^2+y^2}$ 不存在.

   (4) 因为 $\lim\limits_{\substack{x\to 0\\y=x}}\dfrac{xy}{x+y}=0, \lim\limits_{\substack{x\to 0\\y=-x-x^2}}\dfrac{xy}{x+y}=1$,所以 $\lim\limits_{\substack{x\to 0\\y\to 0}}\dfrac{xy}{x+y}$ 不存在.

   (5) 因为 $\lim\limits_{\substack{x\to 0\\y=0\\z=0}}\dfrac{4x+y-3z}{2x-5y+2z}=2, \lim\limits_{\substack{y\to 0\\x=0\\z=0}}\dfrac{4x+y-3z}{2x-5y+2z}=-\dfrac{1}{5}$,所以 $\lim\limits_{\substack{x\to 0\\y\to 0\\z\to 0}}\dfrac{4x+y-3z}{2x-5y+2z}$ 不存在.

3. 提示：$\left|\dfrac{xy}{\sqrt{x^2+y^2}}\right|\leqslant\dfrac{1}{2}\sqrt{x^2+y^2}$.

4. (1) $\{(x,y)\mid x=0\}$;　　(2) $\{(x,y)\mid y^2=2x\}$;

   (3) $\{(x,y)\mid y^2=2x\}$;　　(4) $\{(x,y)\mid 3x+5y=0\}$.

5. 提示：

   (1) $|xy-x_0y_0|\leqslant|y||x-x_0|+|x_0||y-y_0|$;

   (2) $|x+2y-(x_0+2y_0)|\leqslant|x-x_0|+2|y-y_0|$;

   (3) $\left|\dfrac{y}{x}-\dfrac{y_0}{x_0}\right|\leqslant\dfrac{|y_0||x-x_0|+|x_0||y-y_0|}{|x||x_0|}$;

   (4) $\left|\sqrt{x^2+y^2}-\sqrt{x_0^2+y_0^2}\right|\leqslant\sqrt{(x-x_0)^2+(y-y_0)^2}$.

6. 提示：取 $\varepsilon=\dfrac{2}{3}f(x_0,y_0)>0$,由于 $\lim\limits_{\substack{x\to x_0\\y\to y_0}}f(x,y)=f(x_0,y_0)$,所以存在 $\delta>0$,当 $\sqrt{(x-x_0)^2+(y-y_0)^2}<\delta$ 时,有 $|f(x,y)-f(x_0,y_0)|<\dfrac{2}{3}f(x_0,y_0)$.

复习题 7

1. 提示：取 $x=y$ 与 $x=y^2$ 两条路径.
2. 提示：对于任意固定的 y，由于 $\lim\limits_{x\to+\infty}f(x,y)=+\infty$，$\lim\limits_{x\to-\infty}f(x,y)=-\infty$，所以总存在 x，使得 $f(x,y)=0$.
3. 提示：由于 $\lim\limits_{\substack{x\to\infty\\y\to\infty}}f(x,y)=-\infty$，所以存在 $M>0$，当 $\sqrt{x^2+y^2}>M$ 时，$f(x,y)<f(0,0)$.
   取 $D=\{(x,y)\mid x^2+y^2\leqslant M^2\}$，则存在 $(x_0,y_0)\in D$，使得 $f(x_0,y_0)\geqslant f(x,y)$，$(x,y)\in D$.
   当 $\sqrt{x^2+y^2}>M$ 时，$f(x,y)<f(0,0)\leqslant f(x_0,y_0)$.
4. 提示：与 3 题类似.
5. 提示：若 $f(x_0,y_0)>c$，取 $\varepsilon=\dfrac{1}{2}[f(x_0,y_0)-c]>0$，
   由于 $\lim\limits_{\substack{x\to x_0\\y\to y_0}}f(x,y)=f(x_0,y_0)$，所以存在 $\delta>0$，
   当 $(x,y)\in U((x_0,y_0),\delta)$ 时，有 $|f(x,y)-f(x_0,y_0)|<\varepsilon$，从而
   $$f(x,y)>f(x_0,y_0)-\dfrac{1}{2}[f(x_0,y_0)-c]$$
   $$=\dfrac{1}{2}[f(x_0,y_0)+c]>c.$$

习题 8.1

1. (1) $\dfrac{\partial z}{\partial x}=2xy+y^2,\dfrac{\partial z}{\partial y}=x^2+2xy$；

   (2) $\dfrac{\partial z}{\partial x}=\dfrac{y(y^2-x^2)}{(x^2+y^2)^2},\dfrac{\partial z}{\partial y}=\dfrac{x(x^2-y^2)}{(x^2+y^2)^2}$；

   (3) $\dfrac{\partial z}{\partial x}=e^{xy}[y(\sin x+\cos y)+\cos x],\dfrac{\partial z}{\partial y}=e^{xy}[x(\sin x+\cos y)-\sin y]$；

   (4) $\dfrac{\partial z}{\partial x}=\dfrac{2x}{x^2+y^2},\dfrac{\partial z}{\partial y}=\dfrac{2y}{x^2+y^2}$；

   (5) $\dfrac{\partial z}{\partial x}=\dfrac{y}{\sqrt{1-(xy)^2}},\dfrac{\partial z}{\partial y}=\dfrac{x}{\sqrt{1-(xy)^2}}$；

   (6) $\dfrac{\partial z}{\partial x}=\dfrac{1}{1+(x+y)^2},\dfrac{\partial z}{\partial y}=\dfrac{1}{1+(x+y)^2}$；

(7) $\dfrac{\partial z}{\partial x}=(1+xy)^x\left(\ln(1+xy)+\dfrac{xy}{1+xy}\right),\dfrac{\partial z}{\partial y}=x^2(1+xy)^{x-1}$;

(8) $\dfrac{\partial u}{\partial x}=\dfrac{\partial u}{\partial y}=\dfrac{\partial u}{\partial z}=\mathrm{e}^{x+y+z}$;

(9) $\dfrac{\partial u}{\partial x}=\dfrac{x}{\sqrt{x^2+y^2+z^2}},\dfrac{\partial u}{\partial y}=\dfrac{y}{\sqrt{x^2+y^2+z^2}},\dfrac{\partial u}{\partial z}=\dfrac{z}{\sqrt{x^2+y^2+z^2}}$;

(10) $\dfrac{\partial u}{\partial x}=yz\mathrm{e}^{xyz}(2+xyz),\dfrac{\partial u}{\partial y}=xz\mathrm{e}^{xyz}(2+xyz),\dfrac{\partial u}{\partial z}=xy\mathrm{e}^{xyz}(2+xyz)$.

2. (1) $\mathrm{d}z=\left(y+\dfrac{1}{y}\right)\mathrm{d}x+x\left(1-\dfrac{1}{y^2}\right)\mathrm{d}y$;

   (2) $\mathrm{d}z=\dfrac{2}{1+x^2+y^2}(x\mathrm{d}x+y\mathrm{d}y)$;

   (3) $\mathrm{d}u=-\dfrac{2}{(x^2+y^2+z^2)^2}(x\mathrm{d}x+y\mathrm{d}y+z\mathrm{d}z)$;

   (4) $\mathrm{d}u=\left(\dfrac{x}{y}\right)^z\left(\dfrac{z}{x}\mathrm{d}x-\dfrac{z}{y}\mathrm{d}y+\ln\dfrac{x}{y}\mathrm{d}z\right)$.

3. (1) $\mathrm{d}z=\dfrac{1}{3}(\mathrm{d}x+\mathrm{d}y)$;

   (2) $\mathrm{d}z=-2(\mathrm{d}x+\mathrm{d}y)$.

4. (1) $\dfrac{\partial^2 z}{\partial x^2}=12x^2+2y^2,\dfrac{\partial^2 z}{\partial y^2}=12y^2+2x^2,\dfrac{\partial^2 z}{\partial x\partial y}=4xy$;

   (2) $\dfrac{\partial^2 z}{\partial x^2}=\dfrac{2}{x^3 y},\dfrac{\partial^2 z}{\partial y^2}=\dfrac{2}{xy^3},\dfrac{\partial^2 z}{\partial x\partial y}=\dfrac{1}{x^2 y^2}$;

   (3) $\dfrac{\partial^2 z}{\partial x^2}=-\dfrac{x}{(x^2+y^2)^{\frac{3}{2}}}$,

   $\dfrac{\partial^2 z}{\partial y^2}=\dfrac{1}{(x+\sqrt{x^2+y^2})(x^2+y^2)}\left(\dfrac{x^2}{\sqrt{x^2+y^2}}-\dfrac{y^2}{x+\sqrt{x^2+y^2}}\right)$,

   $\dfrac{\partial^2 z}{\partial x\partial y}=-\dfrac{y}{(x^2+y^2)^{\frac{3}{2}}}$;

   (4) $\dfrac{\partial^2 z}{\partial x^2}=\dfrac{2xy}{(x^2+y^2)^2},\dfrac{\partial^2 z}{\partial y^2}=-\dfrac{2xy}{(x^2+y^2)^2},\dfrac{\partial^2 z}{\partial x\partial y}=\dfrac{y^2-x^2}{(x^2+y^2)^2}$.

5. 提示：

   (1) $\dfrac{\partial z}{\partial x}=\dfrac{1}{x^2}\mathrm{e}^{-\left(\frac{1}{x}+\frac{1}{y}\right)},\dfrac{\partial z}{\partial y}=\dfrac{1}{y^2}\mathrm{e}^{-\left(\frac{1}{x}+\frac{1}{y}\right)}$;

   (2) $\dfrac{\partial^2 u}{\partial x^2}=\dfrac{y^2+z^2}{(x^2+y^2+z^2)^{\frac{3}{2}}},\dfrac{\partial^2 u}{\partial y^2}=\dfrac{x^2+z^2}{(x^2+y^2+z^2)^{\frac{3}{2}}}$,

   $\dfrac{\partial^2 u}{\partial z^2}=\dfrac{x^2+z^2}{(x^2+y^2+z^2)^{\frac{3}{2}}}$.

6. $\dfrac{\partial^2 f(0,0,1)}{\partial x^2}=2,\ \dfrac{\partial^2 f(1,0,2)}{\partial x\partial z}=2,\ \dfrac{\partial^3 f(2,0,1)}{\partial x\partial z^2}=0.$

7. (1) $\dfrac{dz}{dt}=12t''$;

 (2) $\dfrac{dz}{dt}=e^t(\sin 2t+2\cos 2t)+e^{2t}(2\sin t+\cos t)$;

 (3) $\dfrac{\partial z}{\partial s}=\left(\dfrac{2}{t}-t^2\right)\dfrac{s}{t}-2st\ln\dfrac{s}{t},\ \dfrac{\partial z}{\partial t}=\left(t^2-\dfrac{2}{t}\right)\dfrac{s^2}{t^2}-s^2\ln\dfrac{s}{t}$;

 (4) $\dfrac{\partial u}{\partial s}=\dfrac{2s^3t^2}{\sqrt{1+s^4t^2}},\ \dfrac{\partial u}{\partial t}=\dfrac{s^4 t}{\sqrt{1+s^4t^2}}$;

 (5) $\dfrac{\partial z}{\partial s}=-\dfrac{t}{s^2+t^2},\ \dfrac{\partial z}{\partial t}=\dfrac{s}{s^2+t^2}.$

8. 提示:

 (1) $\dfrac{\partial z}{\partial x}=y+f\left(\dfrac{y}{x}\right)-\dfrac{y}{x}f'\left(\dfrac{y}{x}\right),\ \dfrac{\partial z}{\partial y}=x+f'\left(\dfrac{y}{x}\right)$;

 (2) $\dfrac{\partial^2 z}{\partial x^2}=\dfrac{1}{2}[f''(x-cy)+f''(x+cy)],$

 $\dfrac{\partial^2 z}{\partial y^2}=\dfrac{c^2}{2}[f''(x-cy)+f''(x+cy)].$

9. (1) $\dfrac{\partial^2 z}{\partial x^2}=\dfrac{2y\dfrac{\partial z}{\partial x}-e^z\left(\dfrac{\partial z}{\partial x}\right)^2}{e^z-xy},\ \dfrac{\partial^2 z}{\partial x\partial y}=\dfrac{z+y\dfrac{\partial z}{\partial y}+x\dfrac{\partial z}{\partial x}-e^z\dfrac{\partial z}{\partial x}\dfrac{\partial z}{\partial y}}{e^z-xy},$

 其中 $\dfrac{\partial z}{\partial x}=\dfrac{yz}{e^z-xy},\ \dfrac{\partial z}{\partial y}=\dfrac{xz}{e^z-xy}$;

 (2) $\dfrac{\partial^2 z}{\partial x^2}=\dfrac{(2yz^2-4x)\dfrac{\partial z}{\partial x}+2xyz\left(\dfrac{\partial z}{\partial x}\right)^2-2z}{x^2-xyz^2},$

 $\dfrac{\partial^2 z}{\partial x\partial y}=\dfrac{z^3+(3yz^2-6x)\dfrac{\partial z}{\partial y}+3xz^2\dfrac{\partial z}{\partial x}+6xyz\dfrac{\partial z}{\partial x}\dfrac{\partial z}{\partial y}}{3(x^2-xyz^2)},$

 其中 $\dfrac{\partial z}{\partial x}=\dfrac{yz^3-6xz}{3(x^2-xyz^2)},\ \dfrac{\partial z}{\partial y}=\dfrac{xz^3-3y^2}{3(x^2-xyz^2)}.$

10. 提示: $\dfrac{\partial z}{\partial x}=\dfrac{\dfrac{z}{x^2}f_2'-f_1'}{\dfrac{1}{y}f_1'+\dfrac{1}{x}f_2'},\ \dfrac{\partial z}{\partial y}=\dfrac{\dfrac{z}{y^2}f_1'-f_2'}{\dfrac{1}{y}f_1'+\dfrac{1}{x}f_2'}.$

11. (1) 2.691; (2) 4.998; (3) 2.022.

12. (1) $f(x,y)=1-\dfrac{1}{2}x^2+\dfrac{1}{2}y^2+o(x^2+y^2)$;

(2) $f(x,y)=\sqrt{2}+\dfrac{\sqrt{2}}{2}(y-1)-\dfrac{\sqrt{2}}{2}x^2+\dfrac{\sqrt{2}}{8}(y-1)^2+o(x^2+(y-1)^2)$.

习题 8.2

1. (1) $\mathrm{grad}f=(2xy+2y)\boldsymbol{i}+(x^2+2x)\boldsymbol{j}$;

   (2) $\mathrm{grad}f=(1+xy)\mathrm{e}^{xy}\boldsymbol{i}+x^2\mathrm{e}^{xy}\boldsymbol{j}$;

   (3) $\mathrm{grad}f=y^2(\sin x+x\cos x)\boldsymbol{i}+2xy\sin x\boldsymbol{j}$;

   (4) $\mathrm{grad}f=\dfrac{y^3}{(x+y)^2}\boldsymbol{i}+\dfrac{xy(2x+y)}{(x+y)^2}\boldsymbol{j}$;

   (5) $\mathrm{grad}f=y^2\mathrm{e}^{y-z}\boldsymbol{i}+(2+y)xy\mathrm{e}^{y-z}\boldsymbol{j}-xy^2\mathrm{e}^{y-z}\boldsymbol{k}$;

   (6) $\mathrm{grad}f=\left(y\ln(x+y+z)+\dfrac{xy}{x+y+z}\right)\boldsymbol{i}+\left(x\ln(x+y+z)+\dfrac{xy}{x+y+z}\right)\boldsymbol{j}$
   $+\dfrac{xy}{x+y+z}\boldsymbol{k}$.

2. (1) $-\dfrac{8}{5}$;   (2) $\dfrac{7}{2}\sqrt{2}$;   (3) $-\dfrac{\sqrt{5}}{5}\mathrm{e}$;

   (4) $\sqrt{3}+\dfrac{1}{\mathrm{e}}$;   (5) $-\dfrac{3}{7}\sqrt{14}$;   (6) $\sqrt{3}$.

3. (1) $\boldsymbol{v}=\dfrac{\sqrt{148}}{74}\boldsymbol{i}-\dfrac{3\sqrt{148}}{37}\boldsymbol{j}$, $\sqrt{148}$;   (2) $\boldsymbol{v}=\dfrac{\sqrt{3}}{2}\boldsymbol{i}+\dfrac{1}{2}\boldsymbol{j}$, 1;

   (3) $\boldsymbol{v}=\dfrac{\sqrt{3}}{3}\boldsymbol{i}+\dfrac{\sqrt{3}}{3}\boldsymbol{j}+\dfrac{\sqrt{3}}{3}\boldsymbol{k}$, $\sqrt{3}$;   (4) $\boldsymbol{v}=\dfrac{\sqrt{3}}{3}\boldsymbol{i}+\dfrac{\sqrt{3}}{3}\boldsymbol{j}+\dfrac{\sqrt{3}}{3}\boldsymbol{k}$, $\dfrac{\sqrt{3}}{10}$.

4. 略.

习题 8.3

1. (1) $3x+2y+\sqrt{3}z=16$, $\dfrac{x-3}{3}=\dfrac{y-2}{2}=\dfrac{z-\sqrt{3}}{\sqrt{3}}$;

   (2) $3x+y-z=9$, $\dfrac{x-3}{3}=y-1=1-z$;

   (3) $x+y-z=2$, $2-x=2-y=z-2$;

   (4) $3x+2y-12z=-30$, $\dfrac{x-4}{3}=\dfrac{y-9}{2}=\dfrac{5-z}{12}$.

2. $(3,-1,-14)$.

3. $8x-3y-z=\dfrac{35}{4}$.

4. 提示：证明两曲面在$(0,-1,2)$处的法向量平行.

5. 提示：证明两曲面在相交处的法向量垂直.

6. (1) $(1,0)$; (2) $(0,0),(3,6),(3,-6)$;
   (3) $(0,0),(2,-2),(-2,-2)$; (4) $\left(\dfrac{1}{2},-1\right)$.

7. (1) $\dfrac{1}{4}$; (2) 6; (3) -18; (4) $\dfrac{342}{49}$.

8. 等腰直角三角形；周长为$(\sqrt{2}+1)c$，c为斜边长.

9. $\sqrt{3}\sqrt[3]{\dfrac{9}{2}}$.

10. $2\sqrt{14}$.

11. (1) $7,-4$; (2) $13,1$; (3) $\dfrac{2\sqrt{2}-1}{2},-2$;
    (4) $\dfrac{24}{25}\sqrt{\dfrac{3}{5}},-\dfrac{24}{25}\sqrt{\dfrac{3}{5}}$.

复习题 8

1. 略.

2. 提示：取$y=kx$，说明$f(x,y)$在$(0,0)$处不连续，从而不可微.

3. 提示：求出$\dfrac{\partial f(0,0)}{\partial x}$，$\dfrac{\partial f(0,0)}{\partial y}$，说明$f(\Delta x,\Delta y)-f(0,0)\neq\dfrac{\partial f(0,0)}{\partial x}\Delta x+\dfrac{\partial f(0,0)}{\partial y}\Delta y+o\left(\sqrt{(\Delta x)^2+(\Delta y)^2}\right)$.

4. $0,0;0,\dfrac{1}{2}$.

5. $\dfrac{2}{\sqrt{\dfrac{x_0^2}{a^4}+\dfrac{y_0^2}{b^4}+\dfrac{z_0^2}{c^4}}}$.

6. 切点$\left(\dfrac{a}{\sqrt{3}},\dfrac{b}{\sqrt{3}},\dfrac{c}{\sqrt{3}}\right)$，最小体积$\dfrac{\sqrt{3}}{2}abc$.

7. 提示：求abc在条件$a+b+c=k$下的最大值.

习题 9.1

1. (1) 6; (2) 15; (3) 9.
2. 9.

3. 12.

4. (1) $0 < \iint\limits_D xy(x+y)\,dxdy < 2$;

   (2) $0 \leq \iint\limits_D (x^2+2y^2+2)\,dxdy < 12\pi$.

5. (1) $\iint\limits_D (x+y)^2\,dxdy > \iint\limits_D (x+y)^3\,dxdy$;

   (2) $\iint\limits_D e^{x^2+y^2}\,dxdy < \iint\limits_D e^{(x^2+y^2)^2}\,dxdy$.

习题 9.2

1. (1) $\dfrac{1}{2}$; (2) $\dfrac{15}{2}$; (3) $\dfrac{1}{2}(e-1)^2$; (4) $2(\sin 2 - 2\cos 2)$;

   (5) $\dfrac{62}{15} - \dfrac{6}{5}\sqrt{3}$; (6) $1 - \ln 2$.

2. (1) $\dfrac{8}{3}$; (2) $\dfrac{32}{3}$; (3) $\dfrac{5}{6}$; (4) $\dfrac{32}{3}$; (5) $\dfrac{1}{4}(e-1)^2$.

3. (1) 4; (2) -2; (3) $\dfrac{33}{140}$; (4) $-\dfrac{8}{3}$;

   (5) 0; (6) $e-2$; (7) $\dfrac{64}{15}$; (8) $\dfrac{13}{6}$.

4. (1) $\int_0^1 dy \int_y^1 f(x,y)\,dx$; (2) $\int_0^4 dx \int_{\frac{x}{2}}^{\sqrt{x}} f(x,y)\,dy$;

   (3) $\int_0^1 dy \int_y^{\sqrt[3]{y}} f(x,y)\,dx$; (4) $\int_{-1}^0 dx \int_{-x}^1 f(x,y)\,dy + \int_0^1 dx \int_x^1 f(x,y)\,dy$;

   (5) $\int_0^1 dy \int_{2-y}^{1+\sqrt{1-y^2}} f(x,y)\,dx$; (6) $\int_{-1}^1 dx \int_0^{\sqrt{1-x^2}} f(x,y)\,dy$;

   (7) $\int_0^1 dy \int_{e^y}^e f(x,y)\,dx$; (8) $\int_{-1}^1 dx \int_{x^2-1}^0 f(x,y)\,dy$;

   (9) $\int_1^2 dy \int_y^2 f(x,y)\,dx$.

习题 9.3

1. (1) $\int_0^{2\pi} d\theta \int_0^2 f(r\cos\theta, r\sin\theta)\,rdr$; (2) $\int_{-\frac{\pi}{2}}^{\frac{\pi}{2}} d\theta \int_0^{2\cos\theta} f(r\cos\theta, r\sin\theta)\,rdr$;

   (3) $\int_0^{\pi} d\theta \int_0^{2\sin\theta} f(r\cos\theta, r\sin\theta)\,rdr$; (4) $\int_0^{2\pi} d\theta \int_1^2 f(r\cos\theta, r\sin\theta)\,rdr$.

2. (1) $\pi(e^4-1)$; (2) $\pi(18\ln3-8)$; (3) $\dfrac{\pi^2}{6}$;

(4) $\dfrac{4}{3}\pi$; (5) $\dfrac{\pi}{4}\ln2$; (6) 28π;

(7) $\dfrac{4}{3}(\sqrt{2}+\ln(\sqrt{2}+1))$; (8) $\pi\left(\dfrac{\pi}{2}-1\right)$.

3. 提示:

(1) 求极限 $\lim\limits_{A\to+\infty}\int_0^{\frac{\pi}{2}}d\theta\int_0^A \dfrac{r}{(1+r^2)^2}dr$;

(2) 求极限 $\lim\limits_{A\to+\infty}\int_{-A}^A \dfrac{1}{\sigma\sqrt{2\pi}}e^{-\frac{(x-\mu)^2}{2\sigma^2}}dx$.

4. (1) $\dfrac{7}{6}\ln2$; (2) π; (3) $3-2\sqrt{2}$.

5. 略.

习题 9.4

1. (1) $\left(2,\dfrac{7}{6}\right)$; (2) $\left(0,\dfrac{3}{8}\pi\right)$; (3) $\left(\dfrac{21}{16},\dfrac{3}{8}\left(\dfrac{1}{4}+\ln2\right)\right)$;

(4) $\left(\dfrac{85}{168},\dfrac{85}{189}\right)$; (5) $\left(\dfrac{3}{7}a,\dfrac{3}{7}a\right)$.

*2. 提示: 利用公式 $\bar{x}=\dfrac{\iint\limits_D x\rho(x,y)dxdy}{\iint\limits_D \rho(x,y)dxdy}$, $\bar{y}=\dfrac{\iint\limits_D y\rho(x,y)dxdy}{\iint\limits_D \rho(x,y)dxdy}$.

3. (1) $\dfrac{\sqrt{61}}{3}$; (2) $\dfrac{\pi}{3}$; (3) $\dfrac{\pi}{6}(17\sqrt{17}-1)$;

(4) $4a^2\left(\dfrac{\pi}{2}-1\right)$; (5) $8\sqrt{2}$; (6) $16a^2$.

习题 9.5

1. (1) 55; (2) $\dfrac{189}{2}$; (3) $\dfrac{1}{3}$; (4) $\dfrac{3}{2}(3e^4+1)$.

2. (1) $\dfrac{736}{15}$; (2) $\dfrac{32}{5}\sqrt{2}$.

3. (1) $\dfrac{1}{364}$; (2) $\dfrac{1}{48}$.

4. (1) $\int_0^1 dx \int_0^{\sqrt{1-x^2}} dy \int_0^{\sqrt{1-x^2-y^2}} f(x,y,z) dz$;

(2) $\int_0^2 dz \int_z^{2-z} dx \int_0^{9-x^2} f(x,y,z) dy$.

5. (1) $\dfrac{32}{3}\pi$;   (2) 14π;   (3) $\dfrac{\pi}{10}$;   (4) $\dfrac{1}{8}$.

6. (1) $\dfrac{128}{5}\pi$;   (2) $\dfrac{736}{45}\pi$;   (3) $\dfrac{\pi}{8}$;   (4) $\dfrac{32}{15}\pi$.

7. (1) $\left(0,0,\dfrac{2}{5}a\right)$;   (2) $\left(0,0,\dfrac{16a}{15\pi}\right)$.

复习题 9

1. 0.

2. $\pi(a+b)R^2$.

3. $\dfrac{59}{480}\pi R^5$.

4. 提示：交换积分顺序.

5. $\dfrac{1}{2}\pi a^2$.

6. $\sqrt{\dfrac{2}{3}}R$.

7. $\boldsymbol{F}=(F_x,F_y,F_z)$，其中

$$F_x = 0, \quad F_y = \dfrac{4GmM}{\pi R^2}\left(\ln\dfrac{R+\sqrt{R^2+a^2}}{a} - \dfrac{R}{\sqrt{R^2+a^2}}\right),$$

$$F_z = -\dfrac{2GmM}{R^2}\left(1 - \dfrac{a}{\sqrt{R^2+a^2}}\right).$$

8. $G\dfrac{\pi a^2 h\rho}{\left(b-\dfrac{h}{2}\right)^2}$，$G$ 为引力常数.

习题 10.1

1. (1) $\mathrm{div}\boldsymbol{F}=4x,\mathrm{curl}\boldsymbol{F}=2y\boldsymbol{i}+2y\boldsymbol{k}$;

(2) $\mathrm{div}\boldsymbol{F}=0,\mathrm{curl}\boldsymbol{F}=\boldsymbol{0}$;

(3) $\mathrm{div}\boldsymbol{F}=0,\mathrm{curl}\boldsymbol{F}=\boldsymbol{0}$;

(4) $\mathrm{div}\boldsymbol{F}=2x\sin y+2y\sin(xz)+xy\cos z$,

$$\text{curl}\bm{F} = x(\sin z - y^2\cos xz)\bm{i} - y\sin z\bm{j} + (y^2 z\cos xz - x^2\cos y)\bm{k}.$$

2. 提示：利用梯度、散度、旋度的计算公式.

3. (1) $2\pi a^{2n+1}$；　　(2) $2\pi a(a^2+c^2)$；　　(3) $14(2\sqrt{2}-1)$；

   (4) $2(e^a-1)+\dfrac{\pi}{4}ae^a$；　　(5) $\dfrac{\sqrt{3}}{2}\left(1-\dfrac{1}{e^2}\right)$.

4. $\left[0, \dfrac{3}{20}\dfrac{(17^2\sqrt{17}-1)}{(17\sqrt{17}-1)} - \dfrac{1}{4}\right]$.

5. 设半圆周的方程为 $y=\sqrt{a^2-x^2}$，则质心坐标为 $\left(0, \dfrac{2}{\pi}a\right)$.

6. (1) $\dfrac{100}{3}$；　(2) 12；　(3) -4；　(4) $a^3\pi$；　(5) -2π；

   (6) $\dfrac{1}{4}e^4 + \dfrac{2}{3}e^3 - e + \dfrac{1}{2e^2} - \dfrac{5}{12}$；　(7) 19；　(8) -5π.

7. (1) $\dfrac{618}{5}$；　(2) 0；　(3) $\dfrac{441}{4}$.

习题 10.2

1. (1) $-\dfrac{64}{15}$；　(2) $-\dfrac{1}{3}$；　(3) 0；　(4) 0；　(5) $\dfrac{1}{4}\sin 2 - \dfrac{7}{6}$.

2. (1) πab；　(2) $\dfrac{3}{8}\pi a^2$；　(3) $3\pi a^2$.

3. (1) 0；　(2) 0.

4. (1) 178；　(2) e；　(3) $\dfrac{37}{2}$；　(4) -15.

5. (1) $\varphi(x,y) = \dfrac{1}{2}x^2 + xy - \dfrac{1}{2}y^2$；　(2) $\varphi(x,y) = 3x^2y^2 - xy^3$；

   (3) $\varphi(x,y) = x^2\cos y + y^2\sin x$.

6. $\dfrac{7}{12}\pi$.

7. (1) 略；　(2) 0；　(3) $\sqrt{2}\pi$.

习题 10.3

1. (1) $\dfrac{8}{3}\sqrt{3}$；　(2) $\dfrac{1}{12}\left(5\sqrt{5}+\dfrac{1}{5}\right)\pi$；　(3) 9；　(4) $\dfrac{64\sqrt{2}}{15}$.

2. (1) $4\pi a^2$；　(2) $\dfrac{4}{3}\pi a^4$；　(3) $\dfrac{8}{3}\pi a^4$.

3. $\left\{0, 0, 1 - \dfrac{1}{5} \cdot \dfrac{6\sqrt{3}+1}{3\sqrt{3}-1}\right\}.$

4. (1) $\dfrac{45}{4}$;　(2) 16;　(3) -3π;　(4) $\dfrac{2\pi a^7}{105}$;　(5) $\dfrac{3}{2}\pi$;　(6) $\dfrac{1}{8}$.

5. $\pi a h(a+h)$.

习题 10.4

1. (1) 6;　(2) $\dfrac{64}{3}\pi$;　(3) 4π;　(4) $\dfrac{12}{5}\pi a^5$;　(5) $\dfrac{2}{5}\pi a^5$.

2. (1) 8π;　(2) 2;　(3) $\dfrac{\pi}{4}$;　(4) 4π.

3. (1) 0;　(2) -6π;　(3) -1.

复习题 10

1. $\dfrac{\sqrt{2}}{16}\pi.$

2. $2\pi \arctan \dfrac{H}{R}.$

3. $\dfrac{2}{15}.$

4. $\dfrac{1}{2}\ln(x^2+y^2).$

5. 提示：利用高斯公式.

6. 略.

7. 提示：
(1) 利用方向导数的计算公式及高斯公式；
(2) 利用(1)的结果；
(3) 利用(2)的结果.

8. 提示：利用第 7 题(1)的结果.

习题 11.1

1. (1) $a_n = \dfrac{n}{n+1}$,收敛,1;　(2) $a_n = \dfrac{(-1)^n n}{2n-1}$,不收敛；

(3) $a_n = \dfrac{n}{n^2-(n-1)^2}$,收敛,$\dfrac{1}{2}$;　(4) $a_n = \dfrac{2^n}{n^2}$,不收敛.

2. (1) $e^{\frac{1}{3}}$; (2) $e^{-\frac{1}{3}}$; (3) 1; (4) e^{-1}.

3. 提示：证明$\{a_n\}$单调有界；$\lim\limits_{n\to\infty}a_n=\sqrt{2}$.

4. (1) 收敛，$\frac{1}{4}$; (2) 收敛，$\frac{3}{2}$; (3) 收敛，$\frac{1}{6}$; (4) 发散;

   (5) 收敛，$-\ln 2$; (6) 发散.

5. (1) 收敛; (2) 发散; (3) 发散; (4) 发散.

6. $\frac{1}{3}\pi a^2$.

习题 11.2

1. (1) 发散; (2) 收敛; (3) 收敛; (4) 收敛;

   (5) 收敛$(a>2)$，发散$(0<a\leqslant 2)$; (6) 收敛; (7) 收敛.

2. 略.

3. 提示：$\{a_n\}$有界，$0<a_n^2\leqslant Ma_n$.

4. 提示：证明$\{a_n\}$从某一项开始都大于零，且与$\left\{\dfrac{1}{n}\right\}$等价.

5. 提示：证明$\left\{\dfrac{a_n}{b_n}\right\}$有界，即$0\leqslant\dfrac{a_n}{b_n}\leqslant M$.

习题 11.3

1. $1-\dfrac{1}{2^2}+\dfrac{1}{3}-\dfrac{1}{4^2}+\cdots+\dfrac{1}{2k-1}-\dfrac{1}{(2k)^2}+\cdots$.

2. $u_n=1+\dfrac{1}{n}$.

3. 不能，例如$u_n=\dfrac{(-1)^n}{\sqrt{n}}$.

4. (1) 条件收敛; (2) 条件收敛; (3) 条件收敛;

   (4) 条件收敛; (5) 绝对收敛; (6) 绝对收敛;

   (7) 条件收敛; (8) 绝对收敛.

5. 提示：利用$0\leqslant w_n-u_n\leqslant v_n-u_n$.

习题 11.4

1. (1) $\infty,(-\infty,+\infty)$; (2) $0,\{0\}$; (3) $\infty,(-\infty,+\infty)$;

   (4) $0,\{1\}$; (5) $\dfrac{1}{2},\left(-\dfrac{3}{2},-\dfrac{1}{2}\right)$; (6) $1,\left(-\dfrac{5}{2},-\dfrac{1}{2}\right)$;

(7) $\frac{2}{3}, [-1, \frac{1}{3})$;   (8) $2, (-\frac{1}{2}, \frac{7}{2}]$.

2. $(-2, 4)$.

3. 提示：利用逐项求导公式.

习题 11.5

1. (1) $\sum_{n=0}^{\infty} \frac{\ln^n a}{n!} x^n$;   (2) $\sum_{n=0}^{\infty} \frac{x^{2n+1}}{(2n+1)!}$;

   (3) $\sum_{n=1}^{\infty} \frac{(-1)^n}{(2n-1)!} \left(x - \frac{\pi}{2}\right)^{2n-1}$;   (4) $\sum_{n=0}^{\infty} \frac{\sin\left(a + \frac{n\pi}{2}\right)}{n!} (x-a)^n$.

2. (1) $\sum_{n=0}^{\infty} x^{2n}, (-1, 1)$;   (2) $\sum_{n=1}^{\infty} (-1)^{n-1} n x^{n-1}, (-1, 1)$;

   (3) $\sum_{n=0}^{\infty} (-1)^n \frac{2^n}{3^{n+1}} x^n, \left(-\frac{3}{2}, \frac{3}{2}\right)$;   (4) $\sum_{n=1}^{\infty} \frac{(-1)^{n-1}}{n} (x-1)^n, (0, 2]$;

   (5) $\sum_{n=1}^{\infty} \frac{(-1)^{n-1}}{n(n+1)} x^{n+1}, [-1, 1]$;

   (6) $\sum_{n=0}^{\infty} \frac{(-1)^n}{(2n+1)!(2n+1)} x^{2n+1}, (-\infty, +\infty)$;

   (7) $\sum_{n=0}^{\infty} \frac{(-1)^n}{(2n)!(4n+1)} x^{4n+1}, (-\infty, +\infty)$;

   (8) $\sum_{n=0}^{\infty} \frac{(-1)^n}{(2n+1)^2} x^{2n+1}, [-1, 1]$;

   (9) $1 + \sum_{n=1}^{\infty} \frac{(-1)^{n-1}}{(n-1)!} \left(1 - \frac{1}{n}\right) x^n, (-\infty, +\infty)$;

   (10) $\sum_{n=1}^{\infty} \frac{(-1)^n}{n} (x+1)^{2n}, (-2, 0)$.

3. (1) $x + x^2 + \frac{1}{3} x^3 + \cdots$;   (2) $x - x^2 + \frac{1}{3} x^4 + \frac{1}{30} x^5 + \cdots$;

   (3) $x + \frac{1}{3} x^3 + \cdots$.

4. (1) $\frac{x}{1+x}, (-1, 1)$;   (2) $\frac{1}{x^2} e^x - \frac{1}{x} - \frac{1}{x^2}, x \neq 0; \frac{1}{2}, x = 0$;

   (3) $\ln \frac{1}{1-2x}, \left(-\frac{1}{2}, \frac{1}{2}\right)$;   (4) $\frac{2}{2-x}, (-2, 2)$;

   (5) $\frac{x(3-x)}{(1-x)^2}, (-1, 1)$;   (6) $\frac{x}{2-x^2}, (-\sqrt{2}, \sqrt{2})$;

(7) $-\dfrac{1}{x^3}, (-2, 0)$;   (8) $\ln\dfrac{1}{2-x}, [0, 2)$;

(9) $2x\arctan x - \ln(1+x^2), [-1, 1]$;

(10) $\dfrac{1}{4x^2}\ln\dfrac{1+x}{1-x} + \dfrac{1}{2}\dfrac{\arctan x}{x^2}, 0 < |x| < 1; 0, x = 0$;

(11) $\left(\dfrac{1}{4}x^2 + \dfrac{1}{2}x + 1\right)e^{\frac{x}{2}} - 1, (-\infty, +\infty)$.

5. (1) $2\sum\limits_{k=1}^{\infty}\dfrac{\sin(2k-1)x}{2k-1}$;

(2) $\dfrac{1}{l} + \dfrac{4}{\pi}\sum\limits_{k=1}^{\infty}\dfrac{1}{k}\sin\dfrac{k\pi}{2l}\cos\dfrac{k\pi}{2l}\cdot\cos\dfrac{k\pi x}{l}$;

(3) $\dfrac{2l}{\pi}\sum\limits_{k=1}^{\infty}\dfrac{(-1)^{k-1}}{k}\sin\dfrac{k\pi x}{l}$;

(4) $\dfrac{l}{2} - \dfrac{4l}{\pi^2}\sum\limits_{k=1}^{\infty}\dfrac{1}{(2k-1)^2}\cos\dfrac{(2k-1)\pi x}{l}$.

6. $\dfrac{8}{\pi}\sum\limits_{k=1}^{\infty}\dfrac{k}{(2k-1)(2k+1)}\sin 2kx$.

7. $\dfrac{1}{2l} + \dfrac{2l}{\pi^2}\sum\limits_{k=1}^{\infty}\dfrac{1}{k^2}\left(1 - \cos\dfrac{k\pi}{l}\right)\cos\dfrac{k\pi x}{l}$.

习题 11.6

1. (1) $\ln\sqrt{3}$;   (2) $\dfrac{1}{2}$;   (3) 1;

   (4) $\dfrac{\pi}{2}$;   (5) $\dfrac{\pi^2}{8}$;   (6) -1.

2. (1) 收敛；

   (2) $\max\{p, q\} > 1$ 时收敛，
   $\max\{p, q\} \leqslant 1$ 时发散；

   (3) 收敛；

   (4) 收敛.

3. 略.

复习题 11

1. 8

2. $\sum\limits_{n=1}^{\infty}v_n$ 不一定收敛，例如 $u_n = \dfrac{(-1)^n}{\sqrt{n}}, v_n = \dfrac{(-1)^n}{\sqrt{n}} + \dfrac{1}{n}$.

3. 提示：反证. 若假设 $\sum_{n=1}^{\infty} u_{2n-1}$ 收敛，则 $\sum_{n=1}^{\infty} u_n = 2\sum_{n=1}^{\infty} u_{2n-1} - \sum_{n=1}^{\infty} (-1)^{n-1} u_n$ 收敛.

4. 提示：利用 $f(x) - f(-x) = \sum_{n=0}^{\infty} 2a_{2n+1} x^{2n+1} = 0, x \in (-R, R)$.

5. $f(x) = x + \sum_{n=1}^{\infty} (-1)^n \dfrac{(2n-1)!!}{(2n)!!(2n+1)} x^{2n+1}, x \in [-1, 1]$.

6. $f(x) = \sum_{n=1}^{\infty} (-1)^{n-1} \left(\dfrac{1}{x}\right)^n, |x| > 1$.

7. $\sqrt[4]{8}$. 提示：利用对数运算性质.

8. (1) $2e$；　　(2) $\dfrac{1}{2}(\cos 1 + \sin 1)$.

习题 12.1

1. (1) 是解，求导一次便可；
   (2) 是解，将一阶导数，二阶导数代入验证；
   (3) 是解，在 $x^2 - xy + y^2 = C$ 两端关于 x 求导一次；
   (4) 是解，在 $y = \ln(xy)$ 两端关于 x 求导两次.

2. 提示：在 $xy = \dfrac{1}{2} x e^x + C_1 e^x + C_2 e^{-x}$ 两端关于 x 求导两次.

3. 提示：若 $\varphi(x_0) = 0$，利用 $\begin{cases} y' + P(x)y = 0, \\ y(x_0) = 0 \end{cases}$ 只有零解，可知 $\varphi(x) \equiv 0$.

习题 12.2

1. (1) $y = e^{Cx}$；　　(2) $\arcsin y = \arcsin x + C$；
   (3) $e^y = \dfrac{C}{e^x + 1} + 1$；　　(4) $\sin x \sin y = C$；
   (5) $y = \ln \dfrac{e^{2x} + 1}{2}$；　　(6) $x - \ln(e^x + 1) = \ln \cos y - \ln \sqrt{2}$.

2. (1) $y = x e^{Cx+1}$；　　(2) $y = \sqrt[3]{\dfrac{1}{2} x^3 + Cx}$；
   (3) $2e^{\frac{x}{y}} = \dfrac{C-x}{y}$；　　(4) $y = x\sqrt{2(\ln x + 2)}$；
   (5) $\ln(4y^2 + (x-1)^2) + \arctan \dfrac{2y}{x-1} = C$.

3. (1) $y = e^{-x}(C+x)$; (2) $y = \cos x(C - 2\cos x)$;

   (3) $x = \dfrac{C}{\ln y} + \ln\sqrt{y}$; (4) $y = \dfrac{1}{x}(\pi - 1 - \cos x)$;

   (5) $x = Ce^{\sin y} - 2(\sin y + 1)$.

4. (1) $y = \dfrac{2}{Ce^{-x^2} - 1}$; (2) $y = \sqrt[3]{\dfrac{1}{Ce^x - 2x - 1}}$;

   (3) $xy = e^{Cx}$; (4) $y = \arcsin x$.

5. 速度 $v(t)$ 满足 $\begin{cases} mv' = mg - kv, \\ v(0) = 0. \end{cases}$ $v(t) = \dfrac{mg}{k}(1 - e^{-\frac{k}{m}t})$.

6. $y = y(x)$ 满足方程 $x^2 + xyy' = y^2$,解得 $y^2 = x^2(C - \ln x^2)$.

习题 12.3

1. (1) $y = (C_1 + C_2 x)e^{-3x}$;

   (2) $y = (C_1\cos x + C_2\sin x)e^{-2x}$;

   (3) $y = (C_1 + C_2 x)e^{-x} + \left[C_3\cos\left(\dfrac{\sqrt{3}}{2}x\right) + C_4\sin\left(\dfrac{\sqrt{3}}{2}x\right)\right]e^{\frac{x}{2}}$;

   (4) $y = C_1 e^{2x} + C_2 e^{-\frac{4}{3}x}$;

   (5) $y = (C_1 + C_2 x)e^{-x} + C_3 + C_4 x + C_5 x^2 + C_6 x^3$;

   (6) $y = C_1 e^{-x} + C_2 e^{-2x} + C_3 e^{-3x}$.

2. (1) $y'' - 4y = 0$; (2) $y'' - 2y' + y = 0$;

   (3) $y''' + y' = 0$; (4) $y''' + y'' - y' - y = 0$.

3. (1) $y = ae^{4x}$; (2) $y = (ax^2 + bx + C)e^x$;

   (3) $y = xe^x[(a_1 x + b_1)\cos 2x + (a_2 x + b_2)\sin 2x]$;

   (4) $y = C + a\cos 4x + b\sin 4x$; (5) $y = a\cos kx + b\sin kx$;

   (6) $y = ax^3$.

4. (1) $y = C_1 e^x + C_2 e^{-3x} - \dfrac{4}{3}\left(x + \dfrac{2}{3}\right)$;

   (2) $y = C_1 e^{\frac{x}{2}} + C_2 e^{-x} + e^x$;

   (3) $y = C_1 e^x + C_2 e^{2x} - x\left(\dfrac{1}{2}x + 1\right)e^x$;

   (4) $y = C_1 e^x + C_2 e^{2x} + \dfrac{1}{10}(\cos x - 3\sin x)$;

   (5) $y = (C_1\cos x + C_2\sin x)e^{-2x} + \dfrac{1}{8}(\sin x - \cos x)$.

5. (1) $y = \dfrac{1}{2}e^{-x} - \dfrac{1}{5}e^{-2x} + \dfrac{1}{10}(\sin x - 3\cos x)$;

(2) $y = \dfrac{1}{4}(e^{-x} + \sin x - \cos x)$.

6. (1) $y = C_1 x + \dfrac{C_2}{x}$;   (2) $y = C_1 x + \dfrac{C_2}{x^2}$.

7. $a = -3, b = 2, c = -1, y = C_1 e^x + C_2 e^{2x} + x e^x$.

8. $\sqrt{\dfrac{6}{g}} \ln(6 + \sqrt{35})$.

9. $x = a\cos\sqrt{\dfrac{g}{2a}}t$,挂有三个重物时的平衡点为坐标原点.

10. $\mathrm{d}y = \dfrac{mv}{mg - B\rho - kv}\mathrm{d}v$, $y = -\dfrac{m}{k}v - \dfrac{m(mg - B\rho)}{k^2}\ln\dfrac{mg - B\rho - kv}{mg - B\rho}$.

复习题 12

1. 提示:$y(x) = e^{-ax}\left(C + \displaystyle\int_0^x f(t)e^{at}\mathrm{d}t\right)$.

2. 提示:利用 $f'(x_0) = \dfrac{y_2'(x_0)y_1(x_0) - y_2(x_0)y_1'(x_0)}{y_1^2(x_0)} = 0$.

3. (1) $y = C_1 x + \dfrac{C_2}{x^2} + \dfrac{1}{4}x^2 - 1$;

(2) $y = C_1 x^2 + C_2 x^2 \ln x + x + \dfrac{1}{6}x^2 \ln^3 x$;

(3) $y = C_1 x + C_2 x \ln x + \dfrac{C_3}{x^2}$;

(4) $y = [C_1 + C_2\cos(\ln x) + C_2\sin(\ln x)]x + 3x\ln x + x^2\left(\dfrac{1}{2}\ln x - 1\right)$.

4. $f(u) = C_1 e^u + C_2 e^{-u}$.

5. $f(x) = \cos x + \sin x$.

6. $f(x) = C_1 e^{-2x} + C_2 e^{3x} - e^{-x}$.

7. $f(x) = \displaystyle\sum_{n=0}^{\infty} a_n x^n, a_{n+3} = -\dfrac{n-2}{n+3}a_n, a_2 = 0, a_0, a_1$ 任意.